U0166413

建筑工程建设及
工程设施安装研究

严胤杰 刘 滔 李振洪 著

吉林科学技术出版社

图书在版编目（CIP）数据

建筑工程建设及工程设施安装研究 / 严胤杰， 刘滔，
李振洪著． -- 长春：吉林科学技术出版社，2022.8
　ISBN 978-7-5578-9401-6

　Ⅰ．①建… Ⅱ．①严… ②刘… ③李… Ⅲ．①建筑安
装—研究 Ⅳ．① TU758

　中国版本图书馆 CIP 数据核字（2022）第 113584 号

建筑工程建设及工程设施安装研究

著	严胤杰　刘　滔　李振洪
出 版 人	宛　霞
责任编辑	王明玲
封面设计	李　宝
制　版	宝莲洪图
幅面尺寸	185mm × 260mm
开　本	16
字　数	380 千字
印　张	17
印　数	1–1500 册
版　次	2022年8月第1版
印　次	2022年8月第1次印刷

出　版	吉林科学技术出版社
发　行	吉林科学技术出版社
地　址	长春市南关区福祉大路5788号出版大厦A座
邮　编	130118
发行部电话/传真	0431-81629529　81629530　81629531
	81629532　81629533　81629534
储运部电话	0431-86059116
编辑部电话	0431-81629510
印　刷	廊坊市印艺阁数字科技有限公司

书　号	ISBN 978-7-5578-9401-6
定　价	70.00 元

前　言

近年来，随着我国国民经济的持续增长，建筑工程行业步入了一个空前的快速发展时期，建筑设备日益更新，施工技术不断提升，新材料、新工艺、新方法等不断涌现，安装施工水平也大为提高。给排水、采暖工程作为安装工程的重要组成部分，发展更为迅速。同时，其也对工程造价人员的技术水平和管理能力提出了更高的要求。

随着我国国民经济的飞速发展，建设工程的规模日益扩大，呈现出蓬勃发展的势头。从建设行业的角度来说，提高施工人员的技术水平和专业技能，可以有效地提高产品质量和社会效益。从施工人员的角度来说，提高自身的技术水平和专业技能，特别是一些关键技术的操作水平，可以大大提升劳动生产率，在降低劳动强度的同时可以加快工程进度，减少事故的发生。所以提高施工人员的专业水平，已成为当今建设行业的重中之重。

近几年来，国内建筑市场发展迅速，新材料、新工艺、新技术不断涌现。但是在发展与创新背后，质量问题凸显出来。质量问题往往都是由于细小差错或关键技术的失误发展而成，俗话说工程质量百年大计，它不仅关系着国民经济的健康、持续、稳定的发展，更关系着人民生命、财产的安全，所以我们必须坚持质量第一。

近十年来，随着科技的进步和工程技术人员的不断创新与实践，这些工程在理论与工程实践上取得了一些重大科技成果，有了明显的技术进步，为建筑电气、给排水、暖通工程的进一步发展创造了良好条件。

由于编者水平有限，书中难免有错误和不当之处，恳请读者批评指正。

前言

目 录

第一章 建筑电气的电工电子基础 ……………………………………………1

　第一节 直流电路 ………………………………………………………………1

　第二节 直流电路的基本分析方法 …………………………………………4

　第三 单相正弦交流电路 ……………………………………………………6

　第四节 三相正交 ……………………………………………………………10

　第五节 半导体二极管和三极管 …………………………………………13

　第六节 数字电路的基本知识 ……………………………………………17

第二章 变压器与三相异步电动机 …………………………………………21

　第一节 磁路与变压器 ……………………………………………………21

　第二节 三相异步电动机 …………………………………………………26

　第三节 常用的低压控制电器 ……………………………………………37

　第四节 三相异步电动机的基本控制电路 ………………………………40

第三章 建筑供电与配电 ……………………………………………………43

　第一节 电力系统概述 ……………………………………………………43

　第二节 民用建筑及建筑施工现场供电 …………………………………45

　第三节 建筑工地负荷计算 ………………………………………………47

　第四节 低压供配电系统 …………………………………………………49

　第五节 低压供配电线路导线的选择 ……………………………………52

第四章 常用建筑电气设备 …………………………………………………55

　第一节 建筑电气设备概述 ………………………………………………55

　第二节 照明设备 …………………………………………………………55

第三节　常用低压电器的选择及配电保护装置 ┈┈┈┈┈┈┈┈┈ 58

第四节　低压配电设备 ┈┈┈┈┈┈┈┈┈┈┈┈┈┈┈┈┈┈┈┈ 71

第五节　电梯 ┈┈┈┈┈┈┈┈┈┈┈┈┈┈┈┈┈┈┈┈┈┈┈┈ 72

第六节　建筑电气工程图基本知识 ┈┈┈┈┈┈┈┈┈┈┈┈┈┈┈ 77

第五章　建筑电气安全技术 ┈┈┈┈┈┈┈┈┈┈┈┈┈┈┈┈┈┈ 81

第一节　人体触电预防 ┈┈┈┈┈┈┈┈┈┈┈┈┈┈┈┈┈┈┈┈ 81

第二节　接地与接零 ┈┈┈┈┈┈┈┈┈┈┈┈┈┈┈┈┈┈┈┈┈ 84

第三节　低压配电系统的保护 ┈┈┈┈┈┈┈┈┈┈┈┈┈┈┈┈┈ 86

第四节　建筑防雷 ┈┈┈┈┈┈┈┈┈┈┈┈┈┈┈┈┈┈┈┈┈┈ 87

第六章　建筑给水系统 ┈┈┈┈┈┈┈┈┈┈┈┈┈┈┈┈┈┈┈┈ 91

第一节　建筑给水系统的分类与组成 ┈┈┈┈┈┈┈┈┈┈┈┈┈ 91

第二节　建筑结构 ┈┈┈┈┈┈┈┈┈┈┈┈┈┈┈┈┈┈┈┈┈┈ 92

第三节　给水管材、附件与水表 ┈┈┈┈┈┈┈┈┈┈┈┈┈┈┈ 144

第四节　建筑给水升压设备 ┈┈┈┈┈┈┈┈┈┈┈┈┈┈┈┈┈ 153

第七章　建筑给水系统设计 ┈┈┈┈┈┈┈┈┈┈┈┈┈┈┈┈┈ 158

第一节　给水管道的布置与敷设 ┈┈┈┈┈┈┈┈┈┈┈┈┈┈┈ 158

第二节　给水所需水量及水压 ┈┈┈┈┈┈┈┈┈┈┈┈┈┈┈┈ 161

第三节　给水设计流量与管道水力计算 ┈┈┈┈┈┈┈┈┈┈┈┈ 163

第四节　水量调节与水质防护 ┈┈┈┈┈┈┈┈┈┈┈┈┈┈┈┈ 165

第八章　建筑消防给水系统 ┈┈┈┈┈┈┈┈┈┈┈┈┈┈┈┈┈ 170

第一节　建筑消防给水系统 概述 ┈┈┈┈┈┈┈┈┈┈┈┈┈┈┈ 170

第二节　消防栓给水系统 ┈┈┈┈┈┈┈┈┈┈┈┈┈┈┈┈┈┈ 171

第三节　闭式自动喷水灭火系统 ┈┈┈┈┈┈┈┈┈┈┈┈┈┈┈ 178

第四节　开式自动喷水灭火系统 ┈┈┈┈┈┈┈┈┈┈┈┈┈┈┈ 187

第九章　建筑排水系统 ┈┈┈┈┈┈┈┈┈┈┈┈┈┈┈┈┈┈┈┈ 192

第一节　建筑排水体制和排水系统的组成 ┈┈┈┈┈┈┈┈┈┈┈ 192

第二节　排水管材及附件 ································· 194

第三节　卫生器具 ································· 196

第四节　排水管道布置与敷设 ································· 198

第五节　通气管系统 ································· 203

第六节　高层建筑排水系统 ································· 205

第七节　污（废）水抽升与局部污水处理 ································· 206

第十章　空调系统 ································· 209

第一节　空调系统的分类 ································· 209

第二节　全空气系统 ································· 218

第三节　空气水系统 ································· 223

第四节　冷剂式系统 ································· 227

第五节　空调系统的选择与划分原则 ································· 229

第十一章　典型建筑暖通空调系统设计 ································· 232

第一节　多层实验办公建筑供暖工程设计 ································· 232

第二节　高层住宅建筑供暖工程设计 ································· 235

第三节　综合性公共建筑中央空调工程设计 ································· 238

第四节　特殊建筑环境暖通空调工程设计——医院手术部净化空调 ································· 241

第五节　特殊建筑环境暖通空调工程设计——建筑防排烟 ································· 246

第十二章　绿色建筑暖通空调设计 ································· 252

第一节　绿色建筑的内涵及基本要求 ································· 252

第二节　绿色建筑的暖通空调技术措施 ································· 254

第三节　绿色建筑设计示例 ································· 257

结　语 ································· 261

参考文献 ································· 262

第一章　建筑电气的电工电子基础

第一节　直流电路

一、电路的基本概念

1. 电路的组成

电路是由许多电气设备或电器元件按一定方式组合起来的电流的通路。比较复杂的电路呈网状，也常被称为网络。

电路主要具有两个功能：一是在电路中随着电流的流动，它能实现电能与其他能量的转换、分配和传输。例如，发电厂的发电机将热能、水能等转变为电能，通过变压器输电线路等输送到建筑工地，在那里电能又被转换为机械能（搅拌机）、光能（照明）等；二是用来实现信号的传递与处理，还可以实现对信息的测量和存储。例如，电脑、电视可以实现对信号的处理及信息的储存，并将电信号转换为清晰的图像和声音。

不管电路的结构是简单还是复杂，电路都由电源、负载和中间环节三部分组成。

电源是提供电能的设备，电源的作用是将非电能转换成电能，如发电机、电池等，它是电路运行的能量源泉。

负载是用电设备，负载的作用是将电能转换成非电能，如电视机电灯和电动机等，它是电路中的主要耗能器件。

中间环节是连接电源和负载的部分，起到传输、分配、控制和处理电能或电信号的作用，如输电线、开关和保护设备等。

如图 1-1（a）是一个手电筒的实际电路。

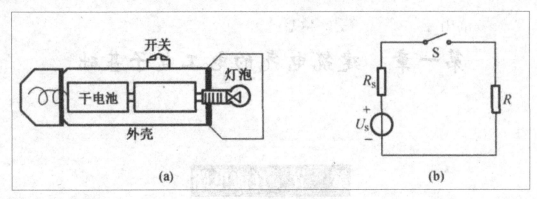

图 1-1　手电筒电路图

根据电路中不同的电流的性质，电路可分为直流电路和交流电路。如果电路中的电压和电流不随时间变化的电路称为直流电路；如果电路中的电压和电流随时间变化的电路称为交流电路。

2.电路模型与理想电路元件

为了便于理论研究，揭示电路的内在规律，根据实际电气设备和器件的主要物理特性进行理想化和简单化处理，从而建立的物理模型或数学模型被称为理想电路元件。

由理想电路元件组成的电路称为电路模型。手电筒电路的电路模型如图 1-1（b）所示。干电池用电动势 U_s 表示，内电阻用 R_s 表示，灯泡电阻用 R 表示，开关用理想开关 S 表示。

二、电路的主要物理量

在进行电路理论的研究过程中常涉及一些基本物理量，如电荷、磁通（磁通链）、电流、电压、电动势、能量和电功率，它们的基本单位见表 1-1。

表 1-1　物理量的基本单位

物理量	符号表示	基本单位
电荷	Q	库仑 /C
磁通（链）	φ	韦伯 /Wb
电流	I	安培 /A
电压（电动势）	U	伏特 /V
能量	W	焦耳 /J
功率	P	瓦特 /W

电压、电流是客观存在的物理现象，是电路中最基本的物理量，也是具有方向的物理

量，首先理解电压、电流的定义和其关于方向（或称为极性）的规定并在电路中进行相应的标注，才能列出求解电路问题的计算方程。

1. 电流

电荷的定向移动形成电流。衡量电流大小的量是电流强度，简称电流。所以电流既是一种物理现象，又是一个物理量。电流强度在量值上等于单位时间内通过导体某一截面的电荷量，用符号 i 表示。即

$$i = \frac{q}{d}$$

式中 dq 是在极短时间 dt 内通过导体某一截面 S 的电荷量。

若电流大小和方向随时间变化被称为交变电流，简称为交流（AC）。

若电流的大小和方向不随时间变动，即等于定值，则这种电流称为直流（恒定）电流，简称为直流（DC）。直流电流常用大写的字母 I 表示，即

$$I = \frac{q}{t}$$

通常规定，正电荷的运动的方向为电流的实际方向。由于电路中实际运动的是电子，所以电流的方向是电子移动的反方向。

在国际单位制（SI）中，若电荷的单位为库仑（C），时间的单位为秒（s），则电流的单位为安［培］（A），即若 1 s 内通过某处的电荷量为 1 C，则电流为 1 A。在计量较小的电流时，电流强度单位是 mA（毫安）、μA（微安）。它们的关系为

$$1A = 10^3 mA = 10^6 \mu A$$

电流方向的表示方法有两种：用箭头表示；用双下标表示。如 I_{ab}（表示电流从 a 流向 b），I_{ba}（表示电流从 b 流向 a）。

2. 电位与电压

（1）电位电荷在电场或电路中具有一定的能量，电场力将单位正电荷从某一点沿任意路径移到参考点所做的功称为该点的电位或电势。电位是一个相对物理量，任意一点的电位都是相对参考点而言的。所以计算电位首先要选择好参考点，参考点的电位一般规定为零。某点电位比参考点高，该点电位为正，反之为负。参考点一般指定电路中接地或接机壳的点。

电路中任一点的电位（如 A 点）可用 U_A 或 u_A 表示。

（2）电压电路中 A，B 两点间的电位差称为电压 u_{AB}，即将单位正电荷从 A 点移动到 B 点电场力所做的功。例如 A，B 两点的电位分别为 u_A，u_B，则两点之间的电压 u_{AB} 为

$$u_{AB} = u_A - u_B$$

$$u_{AB} = \frac{dW}{dq}$$

式中，dW 为电场力所做的功。

按电压随时间变化的情况，可分为直流电压与交流电压。当电压的大小和方向不随时间变化时，称为直流（恒定）电压，通常用大写字母 U 表示。

在国际单位制中，电位、电压的单位是伏[特]（V），简称伏。若电场力将 1 C（库仑）正电荷由 A 点转移到 B 点时所做的功为 1 J（焦耳），则 A，B 两点间的电压为 1 V。电压的单位还有 μV，mV 和 kV。它们的关系为

$$1kV=10^3V$$

$$1V=10^3mV=10^6\mu V$$

电压表明了单位正电荷在电场力作用下转移时所做的功，也就是转移过程中电能的减少，而减少电能体现为电位的降低，电压的实际方向是电位降低的方向。

电压方向的表示方法有三种：用 +、- 号表示相对极性的正负；用箭头表示电压降的方向（从正极指向负极）；用双下标表示，如 U_{AB}（表示正极为 A，负极为 B），U_{BA}（表示正极为 B，负极为 A）。

第二节　直流电路的基本分析方法

一、电阻的连接及等效变换

1. 等效变换的概念

在对电路进行分析计算时，将多个元件组成的电路化简为只有少数几个元件或者一个元件组成的电路，并确保未被化简电路的电压和电流保持不变，这种变换称为等效变换。

如图 1-2 所示电路，N_1 和 N_2 通过两个端钮和外部电路相连，它们的内部电路不一定相同，如果电压和电流的关系完全相同，则说明两个端口电路是等效的。

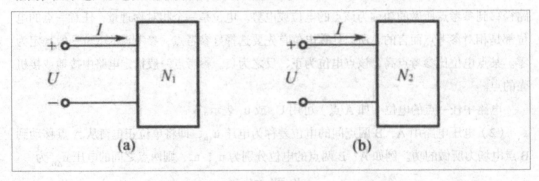

图 1-2　等效电路

2. 串联电阻的计算

两个或两个以上的电阻一个接一个地顺序相联，就称为电阻的串联。串联电路的一个

主要特点就是在串联电阻中流过的是同一个电流。电阻串联后可用一等效电阻来代替。

如图 1-3 所示电路，设 N_1 和 N_2 两个电路均由线性电阻组成，其内部不含独立电源，则

$$R=R_1+R_2+R_3$$

经等效变换后，在同一个电压 U 的作用下，电流 I 保持不变，所在的串联电路中，等效电阻等于各个串联电阻之和。

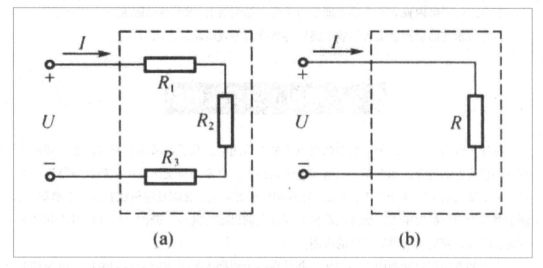

如图 1-3　串联电阻

当多个电阻串联时，其各自电压为

$$U_K = R_K I = \frac{R_K}{R} U$$

上式称为分压公式，从式中可知各个串联电阻的电压与电阻值成正比；同理，串联电路中电阻的功率与电阻值也成正比。

二、戴维南定理

有两个端子和外电路相接的网络称为二端网络，也称为二端口网络。内部不含电源的称为无源二端网络，含有电源称为有源二端网络。任何实际的电源，例如电池，就是一个有源二端网络。

有些有源二端网络不仅产生电源，本身还消耗电能。在对外部电路等效的条件下，即保持它们的输出电压和电流不变的条件下，它们产生电能的作用可以用一个理想电源元件来表示，消耗电能的作用可以用一个理想电阻元件来表示，这就是戴维南定理所要叙述的内容。

戴维南定理指出：对外部电路而言，任何一个线性有源二端网络，都可以用一个理想

电压源与电阻串联的电路模型代替，这个电路模型称为电压源模型，简称电压源。电压源中理想电压源的电压 U_s 等于原有源二端网络的开路电压 U_{oc}；电压源的内电阻 R_0 等于原有源二端网络的开路电压 U_{oc} 与短路电流 I_{sc} 之比，也等于将原有源二端网络内部的独立电源置零（即将所有理想电压源短路，所有理想电流源开路）后，在端口处得到的等效电阻。

用戴维南定理分析问题的步骤：

1. 断开所要求解的支路或局部网络，求出所余二端有源网络的开路电压 U_{oc}；

2. 令二端网络内独立源为零（即变为无源二端网络），求等效电阻 R_0；

3. 将待求支路或网络接入等效电路后得戴维南等效电路，求出解。

第三　单相正弦交流电路

在现代电力技术中，无论是生产用电还是生活用电，几乎都采用正弦交流电。即使某些应用直流电的场合，如电车、电解和电子仪器等，也多是将交流电经整流设备整流而得到。由于交流电具有容易生产、变压、输送和分配等特点，交流发电机比直流发电机简单，便于制造大容量的发电机，交流电动机比直流电动机结构简单、造价低、运行可靠和维护方便，所以正弦交流电得到广泛的应用。

大小和方向随时间做周期性变化，并且在一个周期内的平均值为零的电压、电流和电动势称为交流电。随时间按正弦规律变化的交流电压、电流和电动势统称为正弦交流电，简称交流电。

正弦交流电路和直流电路具有根本的区别，但直流电路的分析方法原则上也适用于正弦交流电路。由于正弦交流电路中电压和电流的大小和方向随时间按正弦规律变化，因此分析和计算比直流电路复杂得多。

一、正弦交流电的基本概念

随时间按正弦规律变化的电压、电流、电动势统称为正弦量。如图 1-4（a）所示电路，其电流按正弦规律变化，当其参考方向如图所示时，电流随时间变化的波形如图 1-4（b）所示，在 $0 \sim t_1$ 时间间隔内，电流实际方向与参考方向一致，为正电流；在 $t_1 \sim t_2$ 时间间隔内，电流实际方向与参考方向相反，为负电流。前者称为正半周电流，后者称为负半周电流。

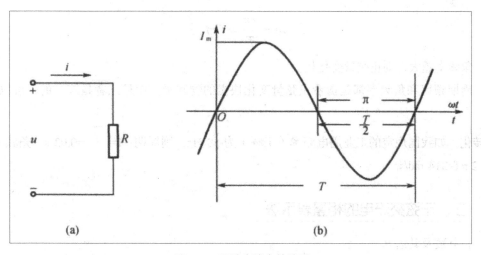

图1-4 正弦交流电的波形

正弦交流电流的数学表达式为

$$i(t) = I_m \sin(\omega t + \theta)$$

上式中I_m，ω，θ称为正弦量的三要素，分别称为幅值、角频率和初相位。一旦这三个常数确定，即可唯一确定一个正弦量。

1. 瞬时值、幅值和有效值

在交流电中反映正弦量大小的物理量有3个：瞬时值、最大值和有效值。正弦量在任一时刻的实际值就是它的瞬时值，用小写字母表示，如i, u, e等。

$$e = E_m \sin \omega t$$

$$u = U_m \sin \omega t$$

$$i = I_m \sin \omega t$$

正弦量瞬时值中的最大值，叫幅值，也叫峰值，用大写字母下标"m"表示，如I_m，U_m，E_m等，幅值为正值。电路的一个主要作用是转换能量，正弦量的瞬时值和最大值都不能确切反映它们在转换能量方面的效果，为此，引入有效值。用大写字母表示，如I，U等。交流电的有效值是根据它的热效应确定的。

交流电流i通过电阻R在一个周期内所产生的热量和直流电流I通过同一电阻R在相同时间内所产生的热量相等，则这个直流电流I的数值叫做交流电流i的有效值。

2. 周期、频率和角频率

周期T表示正弦量完整变化一周所需的时间，单位是秒（s）。周期越长，则正弦量变化得越慢，反之则越快。频率f为周期的倒数，表示每秒内变化的周数，单位是赫兹（Hz）。显然，频率越高，则正弦量变化得越快，反之则慢。

正弦量变化的快慢除用周期和频率表示外，还可用正弦是对应的角度随时间变化的速率来表示，称为角频率，用ω表示，单位是弧度每秒（rad/s）。由于一周期为2π，所以：

$$\omega = \frac{2\pi}{T} = 2\pi f$$

角频率越大，则正弦量变化越快。

周期频率和角频率都是衡量正弦量变化快慢的物理量，而且三者是统一的，可以互相转化。如我国规定的工业用电频率（工频）为 50 Hz，则周期：T= $\frac{1}{f}$ =0.02 s，角频率：ω=2πf=314 rad/s。

二、正弦交流电的相量表示法

1. 复数及其运算

（1）复数的表示方法

相量表示法实质是用复数表示正弦量的方法。已知复数 A 的直角坐标式为

A=a+bi

上式称为复数的代数式。式中，a 为实部，b 为虚部，$i = \sqrt{-1}$ 称为虚数单位。在电工基础中已用来表示电流，故虚数单位用 j 表示。

在平面直角坐标系，横轴表示复数的实部，也称为实轴；纵轴表示复数的虚部，也称为虚轴；则这两个坐标轴所在的平面称为复平面。这样，每一个复数在复平面上都可找到唯一的点与之对应，而复平面上每一点也都对应着唯一的复数。如图 1-5 上的 A 点表示复数 A=5+j4 在复平面上的位置。

复数也可以用复平面上的复矢量表示。如图 1-6 复平面中的复矢量 OA 表示复数 A。它的长度为复数的模，与实轴正方向夹角 θ 称为复数 A 的辐角；在实轴和虚轴的投影分别为复数的实部 a 和虚轴 b。由图得：

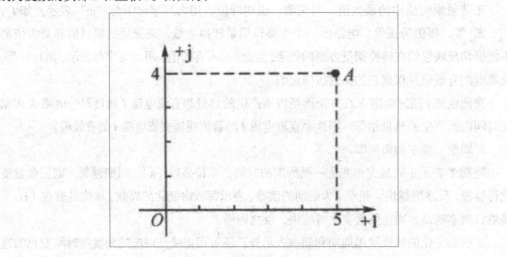

图 1-5 复数在复平面上的表示

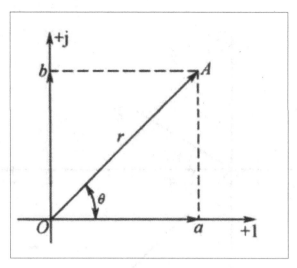

图 1-6　复数的矢量表示

$$\left.\begin{array}{l} a = r\cos\theta \\ b = r\sin\theta \end{array}\right\}$$

式中，r 称为复数的模，模总是取正值，θ 称为复数 A 的辐角。

（2）复数的四则运算

在复数的四则运算时，复数的相加或相减的运算必须用代数形式来进行。即复数相加减时，将实部和实部相加减，虚部和虚部相加减。

例如，设 $A_1=a_1+jb_1$，$A_2=a_2+jb_2$

则 $A_1 \pm A_2=(a_1 \pm a_2)+j(b_1 \pm b_2)$

2. 正弦量的相量表示法

对于任意一个正弦量，都能找到一个与之相对应的复数，由于这个复数与一个正弦量相对应，把这个复数称作相量。在大写字母上加一点来表示正弦量的相量。如电流、电压的最大值相量用 $\dot{U}_m$ $\dot{U}_m$，$\dot{I}_m$ 表示，有效值的相量用 $\dot{U}$，$\dot{I}$ 表示。

只有同频率的正弦量才能相互运算，运算方法按复数的运算规则进行。把用相量表示正弦量进行正弦交流电路运算的方法称为相量法。

相量和复数一样，也可以在复平面上作图表示，这种画在复平面上表示相量的图形称为相量图，如图 1-7 所示。显然，只有相同频率的正弦量才能画在同一相量图上。作相量图时，实轴和虚轴可以省略而不画出来。

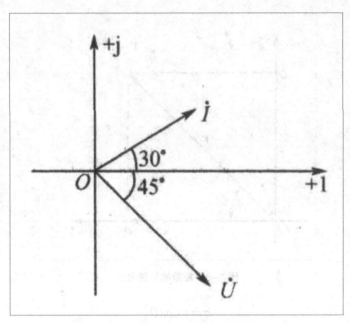

图 1-7　电压、电流的相量图

第四节　三相正交

　　现代电力系统中，电能的生产、输送和分配几乎都采用三相正弦交流电。三相交流电比单相交流电优越，所以在电力系统中广泛应用。

一、对称三相正弦量

　　三个频率相同、幅值相等和相位依次相差 120° 的正弦电压（或电流）称为对称的三相正弦量。三相正弦交流电压通常是由三相交流发电机产生的。图 1-8（a）是三相交流发电机的原理图。三相交流发电机主要由定子和转子两部分组成。其定子安装有三个完全相同的线圈，分别称为 U_1U_2，V_1V_2，W_1W_2 线圈，其中 U_1，V_1，W_1 为三个线圈的始端；U_2，V_2，W_2 为三个绕组的末端。三个线圈在空间位置上彼此相差 120° ；在转子的铁芯上绕有励磁绕组，用直流励磁，当转子以角速度 w 按顺时针方向旋转时，在三个线圈中将产生有特定相互关系的感应电动势。由于结构上采取措施，三相交流发电机产生的三相电动势和三相电压几乎总是对称的，而且也是正弦量。可见，三相交流发电机产生的三相电压频率相同、幅值相等和相位互差 120° ，即它们是对称的三相正弦量。

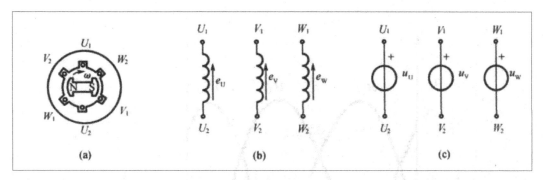

图 1-8 三相交流发电机

三相线圈产生的感应电动势的参考方向如图 1-8（b）所示，通常规定电动势的参考方向由线圈的末端指向始端。若用电压源表示三相电压，通常规定电压源的参考方向由线圈始端指向末端，其参考极性如图 1-8（c）所示。每一相线圈中产生的感应电压称为电源的一相，依次称为 U 相、V 相、W 相，其电压分别记为 u_U，u_v u_w。

以对称三相电压（U 相为参考正弦量）为例，三相交流电有如下几种表示方法。

1. 瞬时值表达式

$$\left.\begin{aligned}
u_U &= U_m \sin \omega t \\
u_V &= U_m \sin(\omega t - 120^\circ) \\
u_W &= U_m \sin(\omega t - 240^\circ) = U_m \sin(\omega t + 120^\circ)
\end{aligned}\right\}$$

2. 波形图表示如图 1-9 所示。

对称三相电动势和电流具有相同的特性。能够提供这样一组对称三相正弦电压的就是对称三相电源，通常所说的三相电源都是指对称三相电源。

对称三相正弦量达到最大值（或零值）的先后顺序称为相序，上述 U 相超前于 V 相，V 相超前于 W 相的顺序称为正相序，简称为正序。则 U 相超前于 V 相，W 相超前于 V 相的顺序称为逆序。无特别说明，三相电源均认为是正序对称的。工程上以黄、绿、红三种颜色分别作为 U，V，W 三相的标志。

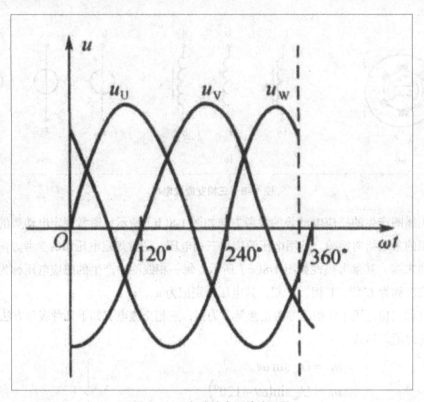

图 1-9　三相交流电压的波形图

二、三相电路的功率

1. 有功功率

在三相电路中，三相负载的总有功功率等于各相负载的有功功率之和，即

$$P = P_U + P_V + P_W = U_U I_U \cos\varphi_U + U_V I_V \cos\varphi_V + U_W I_W \cos\varphi_W$$

在对称三相电路中，各相负载的有功功率相等，三相总有功功率则为

$$P = P_U + P_V + P_W = 3U_P I_P \cos\varphi_P$$

式中，U_p 是相电压，I_p 是相电流，ϕ_p 是相电压与相电流之间的相位差，等于负载的阻抗角。

总有功功率也可写为

$$P = \sqrt{3} U_L I_L \cos\varphi_P$$

式中，U_L 是线电压，I_L 是线电流，ϕ_p 仍然是相电压与相电流之间的相位差，等于负载的阻抗角。

2. 无功功率

同理，三相负载的总无功功率为

$$Q = Q_U + Q_V + Q_W = U_U I_U \sin\varphi_U + U_V I_V \sin\varphi_V + U_W I_W \sin\varphi_W$$

在对称三相电路中有

$$Q_P = 3U_P I_P \sin\varphi_P = \sqrt{3}U_L I_L \sin\varphi_P$$

3. 视在功率

在三相电路中，三相负载的总视在功率定为

$$S = \sqrt{P^2 + Q^2}$$

三相负载对称的情况下，有

$$S = 3U_P I_P = \sqrt{3}U_1 I_1$$

第五节　半导体二极管和三极管

一、半导体的基本知识

物体根据导电能力的强弱可分为导体、半导体和绝缘体三大类。凡容易导电的物质（如金、银、铜、铝、铁等金属物质）称为导体；不容易导电的物质（如玻璃、橡胶、塑料、陶瓷等）称为绝缘体；导电能力介于导体和绝缘体之间的物质（如硅、锗、硒等）称为半导体。半导体之所以得到广泛的应用，是因为它具有热敏性、光敏性和掺杂性等特殊性能。用得最多的半导体材料是硅 Si 和锗 Ge，它们都是四价元素，即最外层轨道上的电子是 4 个。每个价电子都与相邻原子的一个价电子形成共价键，为两个原子所共有，从而形成一种稳定的原子结构，如图 1-10 所示。

1. 本征半导体

纯净的半导体晶体称为本征半导体。在室温下本征半导体的导电性能很差。但是，如果能从外界获得一定的能量（如光照、温升等），有些价电子就会挣脱共价键的束缚而成为自由电子，在共价键中留下一个空位，这个空位称为"空穴"。空穴一出现，附近的价电子很容易被吸引过来填充，这样又形成了新的空穴。从整体上看空穴也在运动。自由电子带负电荷，空穴带正电荷。通常将可运动的带电粒子称为"载流子"，自由电子和空穴都是载流子。因此在半导体中存在着两种载流子，带正电的空穴和带负电的自由电子。在纯净的半导体中，价电子受到较大的束缚力，只能产生少量的载流子，所以电阻率很大。

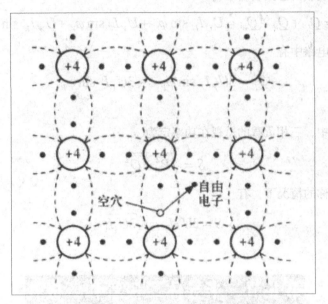

图 1-10　硅晶体中共价键结构示意图

2. 杂质半导体

所谓杂质半导体是在纯净的硅中掺入少量的杂质，其导电能力大大增强。根据掺入杂质的不同，可将杂质半导体分为两类。

（1）N 型半导体

当在四价的硅元素中掺入少量的五价磷元素，磷原子的外层有五个电子，其中四个与硅的外层电子组成共价键，多余的一个电子便成为自由电子。原子中自由电子的数量增加以后，导电能力大大增加。由于自由电子的浓度大于空穴的浓度，参与导电的多数载流子是自由电子，少数载流子是空穴，故把这类半导体称为 N 型半导体。

（2）P 型半导体

如果在四价的硅元素中掺入少量的三价硼元素。硼原子的外层只有三个电子，在与硅原子的外层电子组成共价键的过程中多出一个空位，即多了一个空穴。空穴的浓度大于自由电子的浓度，这样，参与导电的空穴就成为多数载流子，自由电子成为少数载流子。所以这类半导体称为 P 型半导体。

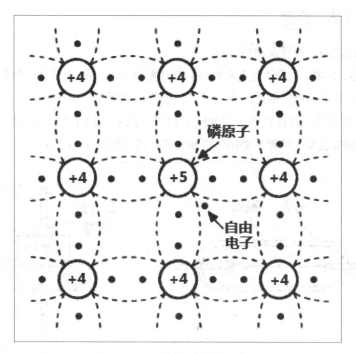

图 1-11　N 型半导体结构示意图

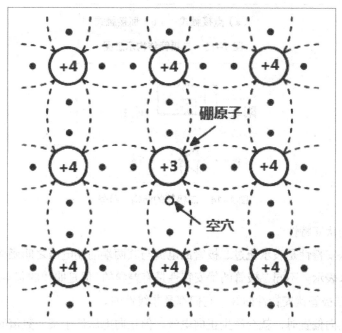

图 1-12　P 型半导体结构示意图

二、半导体二极管

1. 二极管的结构、符号及类型

二极管根据结构的不同分为点接触型和面接触型两类。点接触型二极管如图 1-13(a)所示。由于其高频特性好,因此二点接触型二极管主要用于高频和小功率工作以及用作数字电路中的开关元件。面接触型极管如图 1-13(b)所示。由于工作频率低,可允许通过大电流,因此面接触型二极管主要用作整流元件。符号如图 1-14 所示。

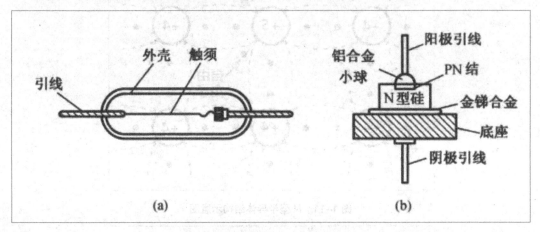

(a)点接触式;(b)面接触式

图 1-13 二极管结构示意图

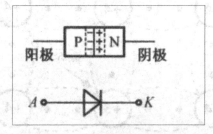

图 1-14 二极管的结构和符号

2. 二极管的伏安特性

二极管的伏安特性是表示流过二极管的电流与其两端的端电压之间函数关系,伏安特性可以用曲线来表示。不同二极管的伏安特性是有差异的,但是曲线的基本形状是相似的。图 1-15 所示为二极管伏安特性曲线,它们都是非线性的。

当二极管正向偏置时,就会产生正向电流。但正向电压低于某一数值时,正向电流非常小,近似为零,这个电压称为死区电压,锗管约为 0.1 V,硅管约为 0.5 V(图 1-15 中的 A 点)。从特性曲线可以看出,二极管导通后,正向电流在相当的范围内变化时,二极管的端电压变化不大,锗管约为 0.2~0.3 V,硅管约为 0.6~0.7 V。

当二极管反向偏置时,反向电流非常小。小功率管硅管的反向电流约为 1μA,锗管

也只有几十 μA。此时，二极管在电路中相当于一个开关断开的状态。

如果把反向电压加大至某数值时，反向电流会突然加大，并急剧增长，这种现象称为击穿（图 1-15 中的 B 点）。此时二极管已失去单向导电特性。大的反向电流流过 PN 结会产生大量的热量，将二极管烧坏。产生击穿时的电压称为反向击穿电压，用 UR 表示。各类二极管的反向击穿电压大小不同，通常为几十至几百伏。有时为了简化电路分析，将二极管理想化，理想二极管正向电压为零，反向电阻为无穷大。

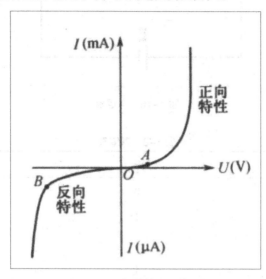

图 1-15　二极管伏安特性曲线

第六节　数字电路的基本知识

一、基本逻辑门

数字电路重点研究电路的输入与输出之间的关系。在数字电路中输入信号视为"原因"，输出信号视为"结果"，输入信号和输出信号之间的因果关系就称为逻辑关系，所以数字电路也称为逻辑电路。逻辑门电路是数字电路中最基本的单元。

1. 与门电路

与逻辑是指当决定事件发生的所有条件 A，B 均具备时，事件 Y 才发生，与逻辑又称为逻辑乘。

例如图 1-16 电路所示，把两个开关 S_1 和 S_2 串联后再与一盏灯串接到电源上，当两只开关中有一个或一个以上闭合时，灯都不亮，只有两只开关均闭合时，灯才亮。

完整地表示输入输出之间逻辑关系的表格称为真值表。若开关接通为"1"、断开为"0"，灯亮为"1"、不亮为"0"，则图1-16所示关系的真值表如表1-2所示。

与逻辑通常用逻辑函数表达式表示为：Y=A·B。

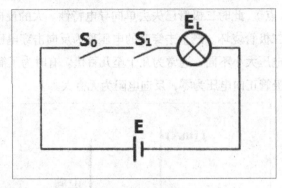

图 1-16 与逻辑

表 1-2 真值表

A	B	Y
0	0	0
0	1	0
1	0	0
1	1	1

2. 或门电路

或逻辑是指当决定事件发生的各种条件 A，B 中只要具备一个或一个以上时，事件 Y 就发生，或逻辑又称为逻辑加。例如图 1-17（a）电路所示，把两个开关 S_1 和 S_2 并联后与一盏灯串联接到电源上，当两只开关中有一个或一个以上闭合时灯均能亮，只有两个开关全断开时灯才不亮，由真值表可得输入与输出的逻辑关系为"有 1 出 1，全 0 出 0"，真值表见表 1-3，其逻辑函数表达式为：Y=A+R

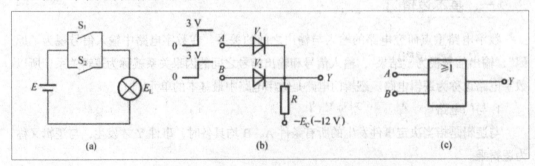

（a）或逻辑；（b）二极管或门电路；（c）或门逻辑符号

图 1-17 或门

表 1-3　真值表

A	B	Y
0	0	0
0	1	1
1	0	1
1	1	1

实现或逻辑运算的电路叫或门电路,用二极管实现"或"逻辑的电路如图 1-17(b)所示;图 1-17(c)是或门的逻辑符号。

二、复合逻辑门

在逻辑代数中,除了与、或、非三种基本逻辑运算外,还有与非、或非、与或非、异或、同或等复合逻辑运算,实现复合逻辑运算的门电路称复合门电路。其中与非门是目前生产量最大、应用最广泛的集成门电路。

1. 与非门

由一个与门和一个非门组合成与非门,其相应的逻辑关系为:$Y = \overline{A \bullet B}$。

对应的真值表见表 1-4,可得输入与输出的逻辑关系为"有 0 出 1,全 1 出 0"。逻辑表示符号如图 1-18 所示。

表 1-4　与非门真值表

A	B	Y
0	0	1
0	1	1
1	0	1
1	1	0

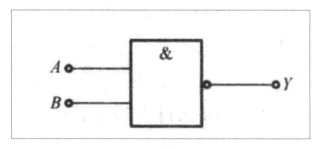

图 1-18　与非门逻辑符号

2. 或非门

由一个或门和一个非门组合成或非门，其相应的逻辑关系为：$Y = \overline{A+B}$。

对应的真值表见表 1-5，得输入与输出的逻辑关系为"有 1 出 0，全 0 出 1"。逻辑表示符号如图 1-19 所示。

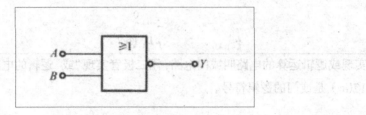

图 1-19　或非门逻辑符

表 1-5　或非门真值表

A	B	Y
0	0	1
0	1	0
1	0	0
1	1	0

第二章 变压器与三相异步电动机

第一节 磁路与变压器

一、磁路的基本物理量及基本定律

1. 磁路

磁路是磁通所经过的闭合回路，实质上也就是局限在一定路径内的磁场。磁路中的磁通可由励磁线圈中的励磁电流产生，也可由永久磁铁产生；磁路中可有气隙，也可没有气隙。一般情况下，由电流产生的磁通是分布于整个空间的。但是，在电磁铁中，由于采用了铁磁材料制成的导磁体，从而使磁通主要集中于导磁体和工作气隙之中。通过工作气隙的磁通称为主磁通，也称为工作磁通，常用 ϕm 来表示。而铁磁材料的磁导率是空气的几千倍至几万倍，因此还有一部分磁通不通过工作气隙，而只通过线圈周围空间和部分导磁体形成回路，这些磁通称为漏磁通。当工作气隙较小，且磁路又不太饱和时，漏磁通远小于主磁通，往往可以忽略不计。

2. 全电流定律

当导体中有电流流过时，就会产生与该载流导体相交的磁通。全电流定律实际上就是描述电流产生磁的本质，并阐明电流与其磁场的大小及方向的关系。

设空间有 n 根载流导体，导体中的电流分别为 I_1, I_2, I_3, $\cdots$，则沿任何闭合回路 1，磁场强度 H 的线积分均等于该回路所包围的导体电流的代数和，表达式为

$$\oint Hdl = \sum I$$

式中 $\sum I$ ——回路所包围的全电流。

若导体电流的方向与积分路径的方向符合右手螺旋关系，则该电流取正号，反之取负号。电流的正方向与由其所产生的磁场正方向必须符合右手螺旋关系。

在电机和变压器中，常把整个磁路分成若干段，每一段磁路内的磁场强度 H、导磁材料及导磁面积 S 均相同，则全电流定律可简化为

$$H_1 l_1 + H_2 l_2 + H_3 l_3 + H_\delta \delta + H_4 l_4 + H_5 l_5 = N$$

即

$$\sum H_k l_k = N = F$$

式中

H_k——第 k 段磁路的磁场强度，A/m；

l_k——第 k 段磁路的平均长度，m；

F——作用在整个磁路上的磁通势，A，F=NI；

N——线圈匝数；

$H_k l_k$——第 k 段磁路上的磁压降。

公式表明，作用在整个磁路上的总磁通势等于各段磁路的磁压降之和。

第 k 段磁路上的磁压降可写成

$$H_k l_k = \frac{B_K}{\mu_K} l_k = \frac{1}{\mu_K} \frac{\varphi}{S_K} l_k = \varphi R_{mk}$$

$$R_{mk} = \frac{l_k}{\mu_K S_K}$$

式中，R_{mk}——第 k 段磁路的磁阻，

则对于无分支磁回路可写成

$$\sum H_k l_k = NI = F = \sum \varphi R_{mk} = \varphi \sum R_{mk}$$

或

$$\sum \varphi = F / \sum R_{mk}$$

式中，$\sum R_{mk}$——整个磁路的总磁阻。

二、变压器

变压器是一种静止电器，它利用电磁感应作用将一种电压、电流的交流电转换成同频率的另一种电压和电流的交流电能。在电力系统和电子线路中，变压器都有着广泛的应用。

在电力系统中，变压器是一种重要的电气设备。在远距离输电时，把交流电功率从发电站输送到远距离的用电区，电压越高，则线路电流越小，因此线路的用铜量、电压降落和损耗就越小。由于发电机的电压受绝缘限制，电压不能做得很高（一般为 10.5~20kV 左右），因此需用升压变压器将发电机发出的电压升高到输电电压（220~750kV 或更高），再由输电线路输送出去，电能输送到用电区后，再用降压变压器将电压降低后送到配电区，供各种动力和照明设备使用。所以变压器的生产和使用，对电力系统具有重要意义。

变压器的种类很多，可按其用途、结构、相数、冷却方式等方式来进行分类。

按用途不同变压器可分为电力变压器（又可分为升压变压器、降压变压器、配电变压器、厂用变压器等）、特种变压器（包括电炉变压器、整流变压器、电焊变压器等）、仪用互感器（电压互感器、电流互感器）、试验用高压变压器和调压器等。

按绕组数目分为双绕组、三绕组、多绕组变压器和自耦变压器。

按铁芯结构可分为心式变压器和壳式变压器。

按相数的不同分为单相、三相、多相变压器。

按调压方式可分为有载调压变压器和无励磁调压变压器。

按冷却方式不同可分为干式变压器、油浸式自冷变压器、油浸式风冷变压器、油浸式强迫油循环变压器、充气式变压器等。

电力变压器一般都为油浸式。在电子电路中，变压器还可以用来耦合电路、传递信号、实现阻抗匹配等。

（一）变压器的结构

从变压器的功能来看，变压器主要由铁芯和绕组组成，它们是变压器进行电磁感应的基本部分，称为器身；油箱作为变压器的外壳，起冷却、散热和保护作用；变压器油对器身起着冷却和绝缘介质的作用；套管主要起绝缘作用。下面对每部分的结构及作用作简要介绍。

1. 铁芯

铁芯是变压器导磁的主磁路，由铁芯柱和铁轭组成。安装绕组的部分叫作铁芯柱，连接各铁芯柱形成闭合磁路的部分叫作铁轭。为了具有较高的磁导率以及减少磁滞和涡流损耗，铁芯多采用 0.35mm 厚的硅钢片叠装而成，片间彼此绝缘。

另外，为了尽量减少变压器的励磁电流、铁芯中不能有间隙，因此相邻两层铁芯叠片的接缝要相互错开。

按铁芯的构造，变压器可分为心式和壳式两种。心式结构的变压器其铁芯柱被绕组包围，壳式结构则是铁芯包围绕组。壳式结构的机械强度较好，但制造工序复杂，铁芯材料用料多，一般小型干式变压器多采用这种结构。心式结构比较简单，绕组的安装和绝缘比较容易，所以电力变压器广泛采用心式结构。

绕组是变压器的电路部分。其外形一般都是圆柱形，这种形状具有较好的机械性能，不易变形，同时便于绕制，通常用漆包线或纱包线绕成。

绕组由线圈组成，与电源相连的绕组称为一次绕组，与负载相连的绕组称为二次绕组；按结构分为高压绕组（电压较高，匝数较多）和低压绕组（电压较低，匝数较少）。根据高压绕组和低压绕组的相对位置，变压器绕组可分为同心式和交叠式两类。

（1）同心式绕组：高、低压绕组都绕制成圆筒形。为了增加高低压绕组之间的电磁耦合作用，将它们同心地套在铁芯柱上。为了减少绕组对地（铁芯）的绝缘距离，一般将低压绕组套在里面靠近心柱，高压绕组套在低压绕组的外面。同心式绕组的结构简单，制造方便，同心式变压器常采用同心式绕组。

（2）交叠式绕组（饼式绕组）：低压绕组和高压绕组各分成若干个线饼，沿着心柱的高度交错地排列。为了减少绝缘距离，通常靠近铁轭处放置低压绕组。交叠式绕组的漏抗较小，易于构成多条并联支路，故主要用于低电压、大电流的电炉变压器和电焊变压器以及壳式变压器中。

2. 变压器油

电力变压器的铁芯和绕组组成变压器的器身，放在装有变压器油的油箱内，变压器油既是绝缘介质又是冷却介质。

变压器油是一种具有介电强度高、着火点高而凝固点低的矿物油，要求灰尘等杂质及水分越少越好，少量水分的存在可能使绝缘强度大大降低，因此防止潮湿空气侵入油中是十分重要的。此外，变压器油在较高湿度下长期与空气接触时会老化而产生悬浮物，堵塞油道且使酸度增加损坏绝缘，故受潮和老化的变压器油必须经过过滤等处理后方能使用。

3. 油箱及附件

（1）油箱

油浸式变压器的外壳就是油箱，箱中盛有用于绝缘的变压器油，可保护变压器铁芯和绕组不受外力和潮气的侵蚀，并通过油的对流对铁芯与绕组进行散热。油箱的结构与变压器的容量或发热情况密切相关，容量越大发热问题就越严重。小容量变压器采用平板式油箱，用钢板焊成；容量稍大时，为增加散热面积而在油箱壁焊有散热器油管，称为管式油箱；容量很大时，为了提高冷却效果可采用散热器式油箱，甚至采用强迫油循环冷却方式。

（2）储油箱

为了减少油与空气的接触面积以降低油的氧化速度和水分的侵入，在油箱上面安装圆筒形的储油箱。储油箱通过连通管与油箱相通，变压器油的热胀冷缩而形成的油面高度的升降便限制在储油箱中。储油箱油面上部的空气由一通气管道与外部自由流通，在空气管道中设有吸湿器，空气中的水分大部分被吸湿器吸收。储油箱底部有沉积器，便于定期放出水分和沉淀杂质。

（3）气体继电器

在储油箱和油箱的连通管中装有气体继电器，当变压器内部发生故障或油箱漏油使油面下降时，它可以发出报警信号或跳闸信号以及自动切断变压器电源。

（4）安全气道

安全气道又称为防爆管，当变压器发生严重故障而产生大量气体，致使油箱内部压力超过某一限度时，油气将冲破防爆管，从而降低油箱内的压力，避免油箱爆裂。

（5）绝缘套管

变压器的引线从油箱内引到箱外时，必须经过绝缘套管，使带电的引线和接地的油箱绝缘。绝缘套管的结构取决于电压等级，1 kV 以下采用实心磁套管，10~35 kV 采用空心空气或充油式套管。为了增加表面的放电距离，套管外形做成多级伞形，绕组电压越高，级数就越多。

（6）分接开关

分接开关分为有载分接开关和无励磁分接开关，用来调节绕组的分接头。一般变压器均采用无励磁分接开关，这种分接开关只能在断电情况下进行调节，可改变高压绕组的匝数（即改变电压比），从而调节变压器的输出电压。如果要求在通电情况下调节绕组分接头，则应装设有载分接开关，其结构比较复杂。

（二）变压器的型号和额定数据

1. 变压器的型号

每一台变压器都有一个铭牌，铭牌上标注着变压器的型号、额定数据及其他数据。变压器的型号是用字母和数字表示的，字母表示类型，数字表示额定容量和额定电压，例如：SL-1000/10

其中，S 代表三相，L 代表铝线，1000 代表额定容量为 1000V·A，10 代表变压器额定电压为 10 kV。

2. 变压器的额定数据

额定值是制造厂在规定使用环境和运行条件下的重要技术数据，是制造厂设计和试验变压器的依据。在额定条件下运行时，可以保证变压器长期可靠地工作，并具有优良的性能。额定值通常标注在变压器的铭牌上，故也称为铭牌值。

变压器的额定数据主要有：

（1）额定容量 S_N：是变压器的额定视在功率，单位为 kV·A，它是在铭牌上所规定的额定状态下变压器输出视在功率的保证值。对于三相变压器，额定容量是指三相的总容量。

（2）额定电压 U_{2N}/U_{1N}：U_{1N} 是指电源加到一次绕组上的额定电压，U_{2N} 是一次绕组加上额定电压后二次绕组开路及变压器空载运行时二次绕组的端电压，单位为 V 或 kV。

（3）额定电流 I_{1N}/I_{2N}：根据额定容量和额定电压算出的电流值，单位为 A 或 kA。

对于三相变压器而言，不管一、二次绕组是 Y 或 △连接，铭牌上标注的额定电压和额定电流均为有效值。

对于单相变压器：

$$I_{1N} = \frac{S_N}{U_{1N}}, I_{2N} = \frac{S_N}{U_{2N}}$$

对于三相变压器：

$$I_{1N} = \frac{S_N}{\sqrt{3}U_{1N}}, I_{2N} = \frac{S_N}{\sqrt{3}U_{2N}}$$

例如，额定容量 Sw=100kV·A，额定电压 U_{1N}/U_{2N}=35000/400 V 的三相变压器，求一、二次侧的额定电流。

解：

$$I_{1N} = \frac{S_N}{\sqrt{3}U_{1N}} = \frac{100 \times 10^3}{\sqrt{3} \times 35000}A = 1.65A$$

$$I_{2N} = \frac{S_N}{\sqrt{3}U_{2N}} = \frac{100 \times 10^3}{\sqrt{3} \times 400}A = 144.3A$$

（4）额定频率 f_N：我国规定标准工业用电频率为 50 Hz。

除了上述额定数据外，变压器的铭牌上还标注有相数、效率、温升、阻抗电压标幺值、运行方式（长期连续或短时运行）、冷却方式、接线图及联结组别、总重量等参数。

第二节　三相异步电动机

一、三相异步电动机的工作原理和基本结构

（一）三相异步电动机的工作原理

1.旋转磁场的产生

直流电动机是通过一个静止的磁场与通入电枢绕组中的电流相互作用而产生一个恒定方向的电磁转矩，使电动机转动。与其不同，异步电动机则是通过一个旋转的磁场，在转子绕组内产生感应电动势和感应电流，从而产生电磁转矩来实现转动。所以，三相异步电动机工作的前提条件是如何产生一个旋转的磁场。

所谓旋转磁场就是一种极性和大小不变，且以一定转速旋转的磁场。理论分析和实践证明，在对称三相绕组中流过对称三相交流电时会产生这种旋转磁场。

定子铁芯中嵌放三相定子绕组，每相绕组均只有一个线圈，分别是 U_1U_2、V_1V_2、W_1W_2，三相绕组对称放置，空间互差 120°。定子绕组外接三相电源，流经绕组的三相电流对称，相序为 U-V-W，电流的参考方向是从绕组的首端指向末端，其中

$$i_U = I_m \sin \omega t$$
$$i_V = I_m \sin(\omega t - 120°)$$
$$i_W = I_m \sin(\omega t - 240°)$$

为了研究磁场的变化情况，选取 wt=0、wt=2π/3、wt=4π/3、wt=2π 四个时刻，根据电流的实际方向，定出不同时刻磁场的实际方向，如图 2-1 所示。由图可见，三相电流产生了一个两极磁场（一对磁极），随着电流的交变，磁场在空间发生旋转，所以，三相对称电流流经三相对称绕组时，会产生一个旋转磁场。

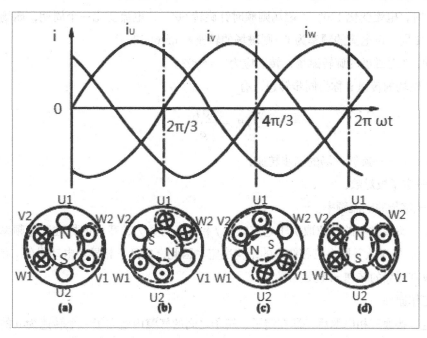

图 2-1 对称三相电流的波形图及两极电动机旋转磁场的产生

旋转磁场产生的条件：一是空间对称的三相定子绕组，二是通入三相对称电流。

2. 旋转磁场的方向

由图 2-1 可以看出，当某一相绕组中的电流达到最大值时，旋转磁场的轴线方向与该相绕组的轴线重合。三相电流是按相序先后达到正向最大值的，所以，旋转磁场的旋转方向取决于绕组中三相电流的相序。三相电流相序为 U-V-W，三相绕组 U_1U_2、V_1V_2、W_1W_2，按顺时针方向排列，绕组中的电流按顺时针方向先后达到最大值，故旋转磁场的转向为顺时针。如果将定子绕组的三相电源线中的任意两相交换，则绕组中三相电流的相序即由顺时针变为逆时针，旋转磁场也相应地逆时针反向旋转。

3. 旋转磁场的转速

旋转磁场的磁极对数值 p 与定子绕组的组成有关，每相绕组只有一个线圈，彼此在空间互差 120°，流过三相对称电流时产生的旋转磁场只有一对磁极，即 p=1，每相绕组由两个线圈串联组成，如 U 相绕组由线圈 U_1U_2 与 $U_1'U_2'$ 串联成 $U_1U_2U_1'U_2'$，首端为 U1 末端为 U2'，同样，V 相绕组为 $V_1V_2V_1'V_2'$，W 相绕组为 $W_1W_2W_1'W_2'$，各相绕组首端之间相差 60° 空间角度，末端之间相差 60° 空间角度，均匀分布在定子铁芯中。选取 wt=0、wt=$2\pi/3$、wt=$4\pi/3$、wt=2π 四个时刻，分别确定四个时刻旋转磁场的方向。旋转磁场有两对磁极，即 p=2，旋转方向为顺时针。同样,若每相绕组由三个线圈串联组成，并在定子铁芯中均匀排列，则可产生 3 对磁极的旋转磁场。

由图 2-1 可知，p=1 时，电流变化 120°，磁场则顺时针旋转 120°；电流变化一个周期，磁场则顺时针旋转一周。设电流的频率为 f，则磁场的转速是 n=60f，单位为 r/min。

p=2 时，电流变化 120°，磁场则顺时针旋转 60°；电流变化一个周期，磁场则顺时针旋转 1/2 周。设电流的频率为 f，则磁场的转速是 m=60f/2。

同理，3 对磁极的旋转磁场，转速应为 m=60f/3。

旋转磁场的转速 n 称为同步转速，有

$$n_1 = \frac{60 f_1}{p}$$

式中，n_1——旋转磁场的同步转速；

p——定子极对数；

f_1——定子的电流频率。

可见，旋转磁场的转速取决于电流频率 f 和磁极对数力，我国的标准工业频率规定为 f=50 Hz，磁极对数 p 则由三相绕组的结构决定。因此，成品三相异步电动机的 f 和力都是定值，故其磁场的转速 m 也是常数。

4. 工作原理

当定子接通三相电源后，即在定子、转子之间的气隙内建立了一个转速为 n 的旋转磁场。

磁场旋转时将切割转子导体，根据电磁感应定律可知，在转子导体中将产生感应电动势 e，其方向可由右手定则确定。假设磁场顺时针方向旋转，导体相对磁极则为逆时针方向切割磁力线。在导条内产生感应电流 i，磁场又会对转子导体产生电磁力 f，f 的方向由左手定则确定。于是在电磁转矩 T 的驱动下，转子就会沿着 m 的方向转起来。

由此可知，三相异步电动机是通过载流的转子绕组在磁场中受力而使电动机旋转的，而转子绕组中的电流由电磁感应产生，并非外部输入，故三相异步电动机又称为三相感应电动机。

5. 转差率

三相异步电动机只有在 n ≠ n_1 时，转子绕组与气隙旋转磁通密度之间才有相对运动，才能在转子绕组中感应电动势、电流，产生电磁转矩。可见，三相异步电动机运行时转子的转速 n 总是与同步转速 n_1 不相等，"异步"的名称就是由此而来的。即使轴上不带任何机械负载，转子也不可能加速到与 n_1 相等。转子转速 n 永远低于 n_1，因为当 n=n_1 时，转子导体对气隙磁场的相对切割速度 △ n=n_1-n=0，即 △ v=0，转子就不会再产生感应电动势，则 E_2=-I_2=0。

通常把同步转速 n_1 和电动机转子转速 n 之差与同步转速 n_1 的比值称为转差率（也叫作转差或者滑差），用 s 表示，即

$$s = \frac{n_1 - n}{n_1}$$

虽然 s 是一个没有单位的量,但它的大小能反映电动机转子的转速,例如:n=0 时,s=1;n=n1 时,s=0;n>n1 时,s<0。

正常运行的异步电动机,转子转速 n 接近同步转速 n1,转差率 s 很小,一般 s=0.01~0.05。

例:某三相异步电动机,电源频率为 50Hz,空载转差率 S_0=0.00267,额定转速 n_N=730 r/min,试求:电动机的极对数 2p、同步转速 n_1、空载转速 n_0、额定转差率 SN。

解:旋转磁场的同步转速为

$$n_1 = \frac{60 f_1}{p} = \frac{60 \times 50}{p} = \frac{3000}{p}$$

异步电动机满载时,s<0.06,故异步电动机的额定转速略小于磁场同步转速,由此可知 m=750 r/min,p=4,2p=8。

额定转差率为

$$s = \frac{n_1 - n}{n_1} = \frac{750 - 730}{750} = 2.67\%$$

空载转速为

$$n_0 = (1-s_0)n_1 = (1-0.267\%) \times 750 \text{ r/min} = 748 \text{ r/min}$$

(二)三相异步电动机的基本结构

三相异步电动机主要由定子和转子两大部分组成,定子与转子之间是气隙,基本结构包括:转子绕组、端盖、轴承、定子绕组、转子、定子、集电环、出线盒。

1.异步电动机的定子

异步电动机的定子由机座、定子铁芯和定子绕组三部分组成。

(1)定子铁芯

定子铁芯是异步电动机主磁通磁路的一部分,装在机座里。由于电机内部的磁场是交变的磁场,为了降低定子铁芯里的铁损,定子铁芯采用 0.35~0.5mm 厚的硅钢片叠压而成,在硅钢片的两面还应涂上绝缘漆。定子的槽形分为三种类型:开口槽、半开口槽、半闭口槽。

(2)定子绕组

高压大、中型容量的异步电动机三相定子绕组通常采用 Y 连接,只有三根引出线,对于中、小容量的低压异步电动机,通常把定子三相绕组的六根出线头都引出来,根据需要可接成 Y 或 △ 联结。

(3)机座

机座的作用主要是固定与支撑定子铁芯。

2.异步电动机的转子

异步电动机的转子主要是由转子铁芯、转子绕组和转轴三部分组成的。

(1)转子铁芯

转子铁芯也是电动机主磁通磁路的一部分，用 0.35~0.5mm 厚的硅钢片叠压而成。

（2）转子绕组

三相异步电动机按转子绕组结构的不同，可分为绕线式转子和笼型转子两种，根据转子的不同，异步电动机分为绕线转子异步电动机和笼型异步电动机。

1）绕线式转子绕组与定子绕组相似，也是嵌放在转子槽内的对称三相绕组，通常采用 Y 连接。转子绕组的 3 条引线分别接到 3 个集电环上，用一套电刷装置，以便与外电阻接通。一般把外接电阻串入转子绕组回路中，用以改善电动机的运行性能。

2）笼型转子绕组与定子绕组大不相同，它是一个短路绕组。在转子的每个槽内放置一根导条。每根导条都比铁芯长，在铁芯的两端用两个铜环将所有的导条都短路起来。如果把转子铁芯去掉，剩下的绕组形状像个松鼠笼子，因此叫作笼型转子。槽内导条材料有铜的，也有铝的。

3. 气隙

异步电动机定、转子之间的空气间隙简称为气隙，它比同容量直流电动机的气隙要小得多。在中、小型异步电动机中，气隙一般为 0.2~1.5 mm。

异步电动机的励磁电流是由定子电源供给的。气隙较大时，磁路的磁阻较大。若要使气隙中的磁通达到一定的要求，则相应的励磁电流也就大了，从而影响电动机的功率因数。为了提高功率因数，尽量让气隙小些。但也不应太小，否则，定、转子有可能发生摩擦与碰撞。如果从减少附加损耗以及减少高次谐波磁动势所产生磁通的角度来看，又希望气隙大一点，所以设计电动机时应全盘考虑。

（三）三相异步电动机的铭牌数据

异步电动机的机座上都有一个铭牌，铭牌上标有型号和各种额定值。

1. 型号

为了满足工农业生产的不同需要，我国生产了多种型号的电动机，每一种型号代表一系列电动机产品。同一系列电动机的结构、形状相似，零部件通用性很强，容量是按一定比例递增的。

型号是由产品名称中最有代表意义的大写字母及阿拉伯数字表示的，例如：Y 表示异步电动机，R 代表绕线式，D 表示多速等。

国产异步电动机的主要系列有以下两种。

Y 系列：为全封闭、自扇风冷、笼型转子异步电动机。该系列具有高效率、起动转矩大、噪声低、振动小、性能优良和外形美观等优点。

DO2 系列：为微型单相电容运转式异步电动机，广泛用作录音机、家用电器、风扇、记录仪表的驱动设备。

2. 额定值

额定值是设计、制造、管理和使用电动机的依据。

（1）额定功率 P ：是指电动机在额定负载运行时，轴上所输出的机械功率，单位是 W 或 kW。

（2）额定电压 Uv ：是指电动机正常工作时，定子绕组所加的线电压，单位是 V。

（3）额定电流 IN ：是指电动机输出功率时，定子绕组允许长期通过的线电流，单位是 A。

（4）额定频率 fN ：我国的电网频率为 50 Hz。

（5）绝缘等级：是指电动机所用绝缘材料的等级。它规定了电动机长期使用时的极限温度与温升。温升是绝缘允许的温度减去环境温度（标准规定为 40℃）和测温时方法不同所产生的误差值（一般为 5℃）。

（6）接线方法：定子绕组有 Y 和△两种接法。

（7）工作方式：电动机的工作方式分为连续工作制、短时工作制与断续周期工作制，选用电动机时，不同工作方式的负载应选用对应工作方式的电动机。

此外，铭牌上还标明绕组的相数与接法（Y 或△）等。对于绕线转子异步电动机，还标明转子的额定电动势及额定电流。

二、三相异步电动机的机械特性

异步电动机具有结构简单，运行可靠、价格低、维护方便等一系列的优点，因此，异步电动机被广泛应用在电力拖动系统中。尤其是随着电力电子技术的发展和交流调速技术的日益成熟，异步电动机在调速性能方面大大提高。目前，异步电动机的电力拖动已被广泛地应用在各个工业电气自动化领域中。就三相异步电动机的机械特性出发，主要简述电动机的启动、制动、调速等技术问题。

（一）三相异步电动机的机械特性

三相异步电动机的机械特性是指电动机的转速 n 与电磁转矩 T_{em} 之间的关系。由于转速 n 与转差率 S 有一定的对应关系，所以机械特性也常用 $T_{em}=f(S)$ 的形式表示。三相异步电动机的电磁转矩表达式有三种形式，即物理表达式，参数表达式和实用表达式。物理表达式反映了异步电动机电磁转矩产生的物理本质，说明了电磁转矩是由主磁通和转子有功电流相互作用而产生的。参数表达式反映了电磁转矩与电源参数及电动机参数之间的关系，利用该式可以方便地分析参数变化对电磁转矩的影响和对各种人为特性的影响。实用表达式简单、便于记忆，是工程计算中常采用的形式。电动机的最大转矩和启动转矩是反映电动机的过载能力和启动性能的两个重要指标，最大转矩和启动转矩越大，则电动机的过载能力越强，启动性能越好。

三相异步电动机的机械特性是一条非线性曲线，一般情况下，以最大转矩（或临界转差率）为分界点，其线性段为稳定运行区，而非线性段为不稳定运行区。固有机械特性的线性段属于硬特性，额定工作点的转速略低于同步转速。人为机械特性曲线的形状可用参数表达式分析得出，分析时关键要抓住最大转矩、临界转差率及启动转矩这三个量值随参数的变化规律。

三相异步电动机的机械特性简单概括就是：在电动机的定子电压、频率还有绕组参数不变的情况下，电动机的转速或转差率与电磁转矩之间的关系，即n=f(T)或s=f(T)转速与转差率有某种程度上的对应关系。机械特性可以用函数来表示，也可以用曲线来表示。用函数表达机械特性曲线时有三种表达形式，包括物理表达式、参数表达式以及实用表达式。物理表达式描述的是异步电动机电磁转矩是如何产生的，可知是因为主磁通与转子有功电流互相作用得以产生的电磁转矩。参数表达式描述的是电动机和电源参数和电磁转矩的关系。应用这一关系式，能够便捷地描述参数变化对电磁转矩以及人为特性的影响。实用表达式简单方便，有利于记忆，常常出现在工程计算中。

三相异步电动机的机械特性包括固有机械特性和人为机械特性。固有机械特性指的是异步电动机在工作时达到额定电压和额定频率时，电动机按照正确的接线方式，在定子还有转子中没有外接电容电抗电阻时得到的机械特性曲线。人为机械特性指的是人为改变电源电压、电流频率、定子极对数以及定子与转子电路的电阻与阻抗能够得到的不同机械特性。

用来反映过载能力和启动性能的两个非常主要的指标是电动机的最大转矩和启动转矩。电动机的过载能力、启动性能和最大转矩、启动转矩有相同的变化趋势。三相异步电动机的机械特性是以一条非线性曲线表现出来的。

1. 三相异步电动机的固有机械特性

将定子对称三相绕组按规定的接线方式连接，不经任何阻抗（电阻或电抗）而直接施以额定电压、额定频率的对称三相电压，转子回路也不串任何阻抗，直接自行短接。在这种情况下的感应电动机的n=f(T)关系，称为固有机械特性，其上有几个特殊运行点：

（1）起动点A。该点的s=1，对应的电磁转矩为固有的起动转矩T_{st}，即为直接起动时的起动转矩；对应的定子电流即为直接起动时的起动电流I_{st}。

（2）临界点P。该点的$s=s_m$；对应的电磁转矩T_{st}即为电动机所能提供的最大转矩。

（3）额定点B。在固有特性上，额定点B所对应的$n=n_N$，$T=T_N$，$I=I_N$，$I_2=I_{2N}$，$P_2=P_N$，即该机运行于额定状态。

（4）同步点H。同步点又称为理想空载点，该点$n=n_1$（即s=0），T=0，$E_2=0$，$I_2=0$，$I_1=I_m$，电动机处于理想空载状态。

2. 三相异步电动机的人为机械特性

人为机械特性就是人为地改变电源参数或电动机参数而得到的机械特性。三相异步电动机的人为机械特性主要有以下两种。

（1）降低定子电压的人为机械特性

在电磁转矩的参数表达式中，保持其他量都不变，只改变定子电压的大小。由于异步电动机的磁路在额定电压下工作于近饱和点，故不宜再升高电压，所以只讨论降低定子电压 U1 时的人为机械特性。

由机械特性参数表达式可知，当定子电压 U_1 降低时，电磁转矩与 U_1^2 成正比地降低，则最大电磁转矩 T_m 与起动转矩都随电压二次方降低；同步点不变；临界转差率与电压无关，即 s_m 也保持不变。

（2）转子串电阻的人为机械特性

转子串电阻的方法适用于绕线转子异步电动机。在转子回路内串人三相对称电阻时，同步点不变；s_m 与转子电阻呈正比变化；而最大电磁转矩 T_m 因与转子电阻无关而不变。

（二）三相异步电动机的启动

小容量的三相异步电动机可以采用直接启动，容量较大的笼型电动机可以采用降压启动。降压启动分为定子串接电阻或电抗降压启动。Y-D 降压启动和自耦变压器降压启动。定子串电阻或电机降压启动时，启动电流随电压一次方关系减小，而启动转矩随电压的平方关系减小，它适用于轻载启动。Y-D 降压启动只适用于正常运行时为三角形联结的电动机，其启动电流和启动转矩均降为直接启动时的 1/3，它也适用于轻载启动。自耦变压器降压启动时，启动电流和启动转矩均降为直接启动时的 $1/k^2$（k 为自耦变压器的变比），适合带较大的负载启动。

绕线转子异步电动机可采用转子串接电阻或频敏变阻器启动，其启动转矩大，启动电流小，适用于中、大型异步电动机的重载启动。软启动器是一种集电机软启动、软停车和多种保护功能于一体的新型电动机控制装置，国外称为 Soft Starter。它的主要构成是串接于电源与被控电动机之间的三相反并联晶闸管及其电子控制电路。运用串接于电源与被控电动机之间的软启动器，以不同的方法，控制其内部晶闸管的导通角，使电动机输入电压从零以预设函数关系逐渐上升，直至启动结束，赋予电动机全电压，即为软启动。在软启动过程中，电动机启动转矩逐渐增加，转速也逐渐增加。软启动器实际上是个调压器，用于电动机启动时，输出只改变电压并没有改变频率。

（三）三相异步电动机的制动

三相异步电动机也有三种制动状态：能耗制动、反接制动（电源两相反接和倒拉反转）和回馈制动。这三种制动状态的机械特性曲线、能量转换关系及用途、特点等均与直流电动机制动状态类似。

（四）三相异步电动机的调速

三相异步电动机的调速方法有变极调速、变频调速和变转差率调速。其中变转差率调速包括绕线转子异步电动机的转子串接电阻调速、串级调速和降压调速。变极调速是通过改变定子绕组接线方式来改变电机极数，从而实现电机转速的变化。变极调速为有级调速，变极调速时的定子绕组联结方式有三种：Y-YY、顺串 Y-反串 Y、D-YY。其中 Y-YY 连接方式属于恒转矩调速方式，另外两种属于恒功率调速方式。变极调速时，应对调定子两相接线，这样才能保证调速后电动机的转向不变。

变频调速是现代交流调速技术的主要方向，它可实现无级调速，适用于恒转矩和恒功率负载。

绕线转子电动机的转子串接电阻调速方法简单，易于实现，但调速是有级的，不平滑，且低速时特性软，转速稳定性差，同时转子铜损耗大，电动机的效率低。串级调速克服了转子串接电阻调速的缺点，但设备要复杂得多。异步电动机的降压调速主要用于通风机、泵类负载的场合，或高转差率的电动机上，同时应采用速度负反馈的闭环控制系统。把电压和频率固定不变的工频交流电变换为电压或频率可变的交流电的装置称作"变频器"。为了产生可变的电压和频率，该设备首先要把电源的交流电变换为直流电（DC），这个过程叫整流。再把直流电（DC）变换为交流电（AC），这个过程叫逆变，把直流电变换为交流电的装置叫逆变器。对于逆变为频率可调、电压可调的。

三、三相异步电动机的电力拖动

（一）三相异步电动机的起动与反转

三相异步电动机的起动就是转子转速从零开始到稳定运行为止的这一过程。衡量异步电动机起动性能的好坏要从起动电流、起动转矩、起动过程的平滑性、起动时间及经济性等方面来考虑，其中最主要的是：电动机应有足够大的起动转矩；在保证一定大小的起动转矩的前提下，起动电流越小越好。

异步电动机在刚起动时 $s=1$，若忽略励磁电流，则起动电流即短路电流，其数值很大，一般用起动电流倍数来表示。

起动电流倍数是指电动机的起动电流与额定电流的比值，为 5~8 倍，这样大的起动电流，一方面在电源和线路上产生很大的压降，影响其他用电设备的正常运行，使电灯亮度减弱，电动机的转速下降，欠电压继电保护动作而将正在运转的电气设备断电；另一方面，电流很大将引起电动机发热，特别是对频繁起动的电动机，其发热更为厉害。

那么起动电流大时，起动转矩又如何呢？起动时虽然电流很大，但定子绕组阻抗压降变大，电压为定值，则感应电动势将减小，主磁通将减小，并且起动时电动机的功率因数很小，所以起动转矩并不大。

总之，异步电动机在起动时存在以下两种矛盾：起动电流大，而电网承受冲击电流的能力有限；起动转矩小，而负载又要求有足够的转矩才能起动。下面分别讨论不同情况下的异步电动机的常用起动方法。

1.笼型异步电动机的起动

（1）直接起动

直接起动就是利用开关或接触器将电动机的定子绕组直接接到具有额定电压的电网上，也称为全压起动。这种起动方法的优点是操作简便，起动设备简单；缺点是起动电流大，会引起电网电压波动。现代设计的笼型异步电动机，本身都允许直接起动。因此，对于笼型异步电动机而言，直接起动方法的应用主要受电网容量的限制。

对于一般小型笼型异步电动机，如果电源容量足够大时，应尽量采用直接起动方法。对于某一电网，多大容量的电动机才允许直接起动，可按经验公式来确定，即电动机的起动电流倍数必须符合电网允许的起动电流倍数，才允许直接起动，否则应采取减压起动。一般10kW以下的电动机都可以直接起动。随电网容量的加大，允许直接起动的电动机容量也变大。

（2）减压起动

若电动机容量较大，则不能直接起动。此时，若仍是轻载起动，起动时的主要矛盾就是起动电流大而电网允许冲击电流有限的矛盾，对此只有减小起动电流才能予以解决。而对于笼型异步电动机，减小起动电流的主要方法是减压起动。

减压起动是指电动机在起动时降低加在定子绕组上的电压，起动结束后再恢复额定电压运行的起动方式。

减压起动虽然能降低电动机起动电流，但由于电动机的转矩与电压的二次方成正比，因此减压起动时电动机的转矩也减小较多，故此法一般适用于电动机空载或轻载起动。减压起动的方法有以下几种。

1）定子串接电抗器的减压起动方法：起动时，将电抗器（或电阻）接入定子电路，分掉一部分电压，从而起到降压的作用；起动后，切除所串的电抗器（或电阻），电动机在全压下正常运行。

三相异步电动机定子边串入电抗器（或电阻）起动时，定子绕组实际所加电压降低，从而减小了起动电流。但定子串电阻起动时，能耗较大，实际应用不多。

2）Y-△减压起动方法：在起动时将定子绕组接成星形，起动完毕后再换接呈三角形。

注意：此方法只适用于正常运行时定子绕组接呈三角形的电动机，其每相绕组均引出两个出线端，三相共引出六个出线端。这样，在起动时就把定子每相绕组上的电压降到正常工作电压的1/3。三角形联结时每相绕组的相电压与线电压相等，相电流是线电流的1/3，即三角形起动时的起动转矩是直接起动时的1/3。

3）自耦减压起动方法：就是在起动时，利用三相自耦变压器降低加到电动机定子绕组的电压，以减小起动电流的起动方法。

（3）深槽式与双笼式电动机的起动

从笼型电动机的起动情况看，若采用全压起动，则起动电流过大，既影响电网电压，又不利于电机本身；若采用减压起动，虽然可以减少起动电流，但起动转矩也相应减小。若适当增加转子电阻，就可以在一定范围内提高起动转矩、减小起动电流。为此，人们通过改进笼结构，利用趋肤效应来实现转子电阻的自动调节，即起动时电阻较大，正常运转时电阻变小，以达到改善起动性能的目的。这种具有改善起动性能的笼型电动机有深槽式和双鼠笼式两种。

1）深槽式异步电动机的转子槽做得又深又窄，当转子绕组有电流时，槽中漏磁通的分布是越靠底边导体所链的漏磁通越多，槽漏抗越大。

在起动时，转子频率高，漏抗在阻抗中占主要部分。这时，转子电流的分布基本上与漏抗成反比，其效果犹如导体有效高度及截面积缩小，增大了转子电阻，因而可以增大起动转矩，改善电动机的起动性能。这种在频率较高时，电流主要分布在转子的上部的现象，称之为趋肤效应。

正常运转时，转子电流频率很小，相应漏抗减少，这时导体中电流分配主要取决于电阻，且均匀分布，趋肤效应消失，转子电阻减小，于是深槽式电动机获得了与普通笼型电动机相近的运行特性。但深槽式电动机由于其槽狭而深，故正常工作时漏抗较大，致使电动机功率因数过载能力稍有降低。

2）双笼型异步电动机的转子上安装了两套笼。两个笼间由狭长的缝隙隔开，显然里面的笼相连的漏磁通比外面的笼的大得多。外面的笼导条较细，采用电阻率较大的黄铜或铝青铜等材料制成，故电阻较大，称为起动笼；里面的笼截面积较大，采用电阻率较小的纯铜等材料制成，故电阻较小，称为运行笼。

2. 三相绕线转子异步电动机的起动

中、大容量电动机重载起动时，起动的两种矛盾同时起作用，问题最尖锐。如果上述特殊形式的笼型转子电动机还不能适应，则只能采用绕线转子异步电动机了。在绕线转子异步电动机的转子上串接电阻时，如果阻值选择合适，可以既增大起动转矩，又减小起动电流，两种矛盾都能得到解决。三相绕线转子异步电动机的起动方法通常有转子串接电阻起动和转子串接频敏变阻器起动两种方法。

（1）转子串接电阻起动方法

绕线转子异步电动机的转子是三相绕组，它通过集电环与电刷可以串接附加电阻，因此可以实现一种几乎理想的起动方法，即在起动时，在转子绕组中串接适当的起动电阻，以减小起动电流，增加起动转矩，待转速基本稳定时，将起动电阻从转子电路中切除，进入正常运行。

转子串电阻起动，在整个起动过程中产生的转矩都是比较大的，适合于重载起动，广泛用于桥式起重机、卷扬机、龙门起重机等重载设备。其缺点是所需起动设备较多，起动时有一部分能量消耗在起动电阻上，起动级数也较小。

（2）转子串接频敏变阻器起动方法

转子串频敏变阻器起动，能克服串接变阻器起动中分级切除电阻造成起动不平滑、触头控制可靠性差等缺点。

所谓频敏变阻器，实质上是一台铁损很大的电抗器。它是一个三相铁芯线圈，其铁芯不用硅钢片而用厚钢板叠成。铁芯中产生涡流损耗和一部分磁滞损耗，铁芯损耗相当于一个等效电阻，其线圈又是一个电抗，其电阻和电抗都随频率变化而变化，故称为频敏变阻器。

起动时，$s=1$，$f_2=f_1=50\text{Hz}$，此时频敏变阻器的铁芯损耗大，等效电阻大，既限制了起动电流，增大了起动转矩，又提高了转子回路的功率因数。

随着转速 n 升高，s 下降，f_2 减小，铁芯损耗和等效电阻也随之减小，相当于逐渐切除转子电路所串的电阻。起动结束时，频敏变阻器基本上已不起作用，可以予以切除。

频敏变阻器起动具有结构简单、造价便宜、维护方便、无触点、运行可靠，起动平滑等优点。但与转子串电阻起动相比，在同样的起动电流下，因它具有一定的线圈电抗，功率因数较低，起动转矩要小一些，故一般适用于电动机的轻载起动。

3. 三相异步电动机的反转

由三相异步电动机的工作原理可知，电动机的旋转方向取决于定子旋转磁场的旋转方向。因此，只要改变旋转磁场的旋转方向，就能使三相异步电动机反转。方法是将三相定子绕组首端的任意两根与电流相连的线对调就改变了绕组中电流的相序，I 的方向变了，则电动机的转向与输出转矩的方向也都随着发生了变化。

（二）三相异步电动机的调速

为提高生产率和保证产品质量，常要求生产机械能在不同的转速下进行工作，但三相异步电动机的调速性能远不如直流电动机。近年来，随着电力电子技术的发展，异步电动机的调速性能大有改善，交流调速应用日益广泛，在许多领域有取代直流调速系统的趋势。

调速是指在生产机械负载不变的情况下，人为地改变电动机定子、转子电路中的有关参数，来达到速度变化的目的。

从异步电动机的转速关系式可以看出，异步电动机调速可分为以下三大类：

1. 改变定子绕组的磁极对数——变极调速。

2. 改变供电电网的频率——变频调速。

3. 改变电动机的转差率。方法有改变电压调速、绕线转子电动机转子串电阻调速和串级调速。

第三节　常用的低压控制电器

电器是指在电能的产生，传输、分配和使用中，能实现对电路的切换、控制、保持、变换、调节等作用的电气设备，是电力拖动和自动控制系统的基本组成部分。通常，高压电器是指额定电压为 3 kV 或 3 kV 以上的电器。低压电器是指正弦交流电压 1000 V 或直流电压 1200V 以下的电器，它是自动控制系统的基本组成元件。

一、交流接触器

接触器是一种用来频繁接通和切断交直流主电路的自动切换电器。它主要用于控制电动机、电焊机等设备。由于具有低压释放保护功能，可频繁及远距离控制等优点，被广泛应用于自动控制线路中。接触器通常分为交流接触器和直流接触器。

1. 交流接触器的结构

（1）电磁机构：主要由线圈、动铁芯、静铁芯组成。

（2）触头系统：是执行元件，包括主触头和辅助触头。主触头通常为三对常开触头，辅助触头为常开、常闭触头各两对。

（3）灭弧装置：交流接触器的主触头在切断电路时会产生较强的电弧，为保护触头不会被灼伤，减少电路分断时间，必须安装灭弧装置。通常采用的灭弧装置有电动力灭弧、纵缝灭弧、栅片灭弧、磁吹灭弧等。

（4）其他部件：包括复位弹簧、缓冲弹簧、触点压力弹簧、传动机构、外壳等。

2. 交流接触器的工作原理

交流接触器主触头的动触头装在与动铁芯相连的绝缘杆上，静触头则固定在壳体上。当线圈通电后，线圈电流产生磁场，使静铁芯产生电磁吸力将动铁芯向下吸合，动铁芯带动相连的动触头动作，使常闭触头断开，常开触头闭合。接触器的主触头使主电路接通，辅助触头接通相应的控制电路。当线圈断电后，静铁芯的电磁吸力消失，动铁芯在反作用弹簧力的作用下复位，各触头也随之复位，关断主电路和控制电路。

3. 交流接触器的特点及选用

交流接触器的主要特点：动作快、触头多、操作方便和便于远距离控制。不足是噪声大、寿命短，只能通断负荷电流，不具备保护功能，应用时与熔断器、热继电器等保护电器配合使用。

交流接触器在选用时，注意接触器的类型、主触头额定电流额定电压、触头的数量及种类等方面。

二、继电器

继电器是一种按照某种输入信号的变化来自动实现接通或断开电路的控制元件，它是一种小信号控制电器，它通常反映电流、电压、时间、速度、温度等变化信号来通断小电流回路或控制其他回路的通断。继电器的种类较多，按输入信号可分为电压继电器、电流继电器时间继电器、速度继电器和热继电器等。按工作原理可分为电磁式继电器、感应式继电器、电动式继电器和热继电器等。

1. 中间继电器

中间继电器的实质是一种电压继电器，可用来实现信号的传递和放大，实现多路同时控制，起到中间转换的作用。中间继电器的结构、工作原理与接触器类似，主要由线圈静铁芯、动铁芯、触头系统和复位弹簧等组成。

中间继电器的触头较多，没有主、辅之分，一般为8对，可组成4对常开、4对常闭；6对常开、2对常闭或8对常开等三种形式。每对触头允许通过的电流大小相同，额定电流为 5 A，有的可达 10 A。

中间继电器主要应用在：当其他继电器的触头数或容量不够时，可通过中间继电器的转换增大容量；可将一个输入信号变为多个输入信号，实现多路同时控制；可用于手动控制电路的欠压和失压保护及其他保护性电路。

中间继电器的选用主要根据电路中的电压等级，而触头数量、种类、容量等因素是否满足要求也是考虑的内容。

2. 热继电器

热继电器是利用电流的热效应对电动机和其他用电设备进行过载保护的保护电器。电动机在运行时常遇到过载的情况，若过载时间较长，使电动机的绕组温升超过允许值，将会加剧绕组绝缘老化，缩短使用年限。所以电动机在长期运行时，都要加过载保护装置。

（1）热继电器的结构

热继电器由热元件、触头、动作机构、复位按钮和整定电流装置等部分组成。

1）热元件是由双金属片及绕在双金属片上的电阻丝组成。双金属片作为测量元件，是由两种热膨胀系数不同的金属片复合而成。使用时，将电热丝串联在电动机的主电路中。

2）热继电器的触头有两组，有一个公共动触头，一个常开静触头和一个常闭静触头组成一对常开触头和常闭触头，常闭触头连接在电动机的控制电路中。

3）热继电器的动作机构由导板、温度补偿双金属片、推杆、杠杆、拉簧等组成。

4）热继电器的复位按钮的作用是在热继电器动作后，温度降低到允许值后，进行手动复位的按钮，不按复位按钮电机主回路不通，电机不工作。

5）整定电流装置是由旋钮和偏心轮组成，在整定电流装置上刻有整定电流值，旋动旋钮即可调节。

（2）热继电器的工作原理

热继电器的热元件串联在电动机的主电路中，当电动机正常运行时，热元件产生的热量使双金属片正常发热，推动导板，但动作较小不能使热继电器工作。当电动机过载时，热元件上的电流过大，热量增加，使双金属片受热膨胀，因双金属片的膨胀系数不同使双金属片弯曲，推动导板，通过温度补偿双金属片推动推杆使常闭触头断开，而常闭触头串联在电动机的控制电路中，使电路中的接触器的线圈断电，主触头断开，切断电路保护了电动机。电动机停转后，双金属片逐渐冷却复原，但继电器不应马上复位，需等负载正常时再按复位按钮，重新启动即可按启动按钮。

（3）热继电器的选用

热继电器的选择主要根据电动机的额定电流来确定热继电器的型号及热元件的电流等级。热继电器的额定电流是指可以装入的热元件的最大整定电流值。热继电器的整定电流是指热元件能够长期通过而不致引起热继电器动作的电流值。热继电器的整定电流通常与电动机的额定电流相等。对于星形接线的电动机可选用两相或三相结构的热继电器，对于三角形接线的电动机应选用带断相保护的热继电器。

第四节 三相异步电动机的基本控制电路

一、点动控制电路

点动控制指当按下按钮电动机就旋转、松开按钮电动机便停转的控制方法。它由自动开关 QS 熔断器 FU、交流接触器 KM 的主触头与电动机 M 构成了主电路；由按钮 SB 与交流接触器 KM 的线圈组成控制回路。

其工作原理是：当电源开关 QS 闭合后，因接触器 KM 线圈未通电，主触点断开，电动机 M 停转。按下按钮 SB，控制电路接通，KM 线圈得电，主触点闭合，电动机旋转。松开按钮时，KM 线圈断电，主触点断开，电动机停转。点动控制用于控制电动机的短时运行，它与开关控制相比较，具有劳动强度低，生产效率高和能实现远距离自动控制等优点。

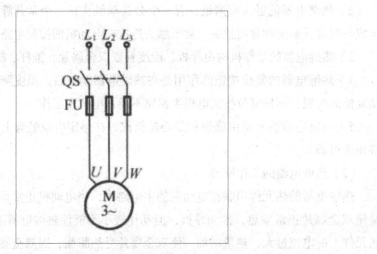

图 2-2 开关控制电路

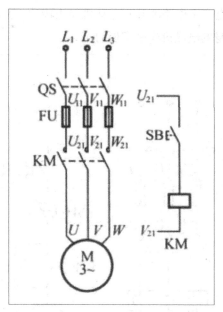

图2-3　点动控制电路图

二、单向连续旋转控制电路

　　点动控制电路只能使电动机短时运行，只要松开按钮，电动机就会停转，这样的电路不适用于长时间连续工作，图2-4所示的三相异步电动机单向连续旋转控制电路就能解决这个问题，它是一个常用的简单的控制电路。它由自动开关 QS、熔断器 FU、交流接触器 KM 的主触头、热继电器 FR 的热元件与电动机 M 构成了主电路；由启动按钮 SB_1、停止按钮 SB_2、交流接触器 KM 的线圈及其辅助常开触头组成控制回路。

　　点动控制电路的工作原理是：启动时，合上 QS，引入三相电源。按下 SB，交流接触器 KM 的线圈得电动作，接触器主触头闭合，电动机接通电源启动运行。同时与 SB_1 并联的辅助常开触头 KM 闭合，使接触器线圈经两条电路通电。这样，当手松开，SB_1 自动复位时，接触器 KM 的线圈仍可通过其闭合辅助常开触头得电，从而保持电动机的连续运行。这种依靠接触器自身辅助触头而使其线圈保持通电的现象称为自锁。这一对起自锁作用的辅助触头，称为自锁触头。

　　要使电动机 M 停止运转，只要按下停止按钮 SB_2，将控制电路断开即可。这时接触器 KM 断电释放，KM 的主触头将三相电源切断，电动机停止旋转。当手松开按钮后，SB_2 的常闭触头在复位弹簧的作用下，虽又恢复到原来的常闭状态，但接触器的线圈已不再能依靠自锁触头通电了，因为原来闭合的自锁触头早已随着接触器的断电而断开。

　　在电路中熔断器作为电路的短路保护，熔断器串接在主电路中，当电路发生短路故障时，熔体熔断，使电动机断电停止旋转；热继电器起过载保护作用，当电动机出现长期过载时，串接在电动机定子电路中的双金属片因过热而变形，致使其串接在控制电路中的常闭触点断开，KM 线圈断电，主电路断开，电动机停止转动，实现过载保护；欠压保护和失压保护是依靠接触器本身的电磁机构来实现的。

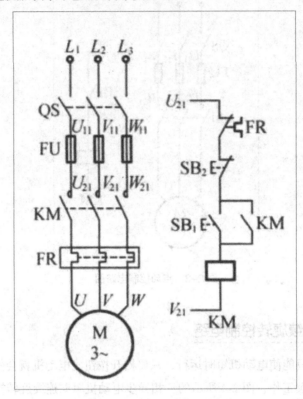

图 2-4　单向连续旋转控制电路

第三章 建筑供电与配电

第一节 电力系统概述

一、电力系统的组成

电力系统由分布在各地的各种类型的发电厂、升压和降压变电所，输电线路及电力用户组成，它们分别完成电能的生产、电压变换、电能的输配及使用。发电厂是把各种天然能源如煤炭、水能、核能、风能、太阳能、潮汐、地热等转化为电能的工厂。变电所可将发电厂生产的电能变换并通过输电线路分配给用户使用，这样就构成了电力系统。电力系统就是将生产电能的发电机、输送电能的电力线路、分配电能的变压器以及消耗电能的各种负荷紧密联系起来的系统。

电力系统 = 发电厂 + 电网（输电网 + 配电网）+ 电力用户

电力系统还包括保证运行中必须具备的继电保护装置、安全自动装置、调度自动化系统和电力通信等相应的辅助系统（一般称为二次系统）。

1. 发电厂

发电厂是将自然界蕴藏的各种一次能源转换为电能（二次能源）的工厂。发电厂按使用的能源不同，可分为火力发电厂、水力发电厂、核能发电厂、太阳能发电厂、风力发电厂、地热发电厂及潮汐发电厂等。

（1）火力发电厂

火力发电厂简称火电厂，是利用煤、石油、天然气等作为燃料生产电能的工厂。基本生产过程是，燃料燃烧为锅炉加热，使水变为蒸汽，将燃料的化学能转变成热能，蒸气压力推动汽轮机旋转，热能转换为机械能，然后汽轮机带动发电机旋转发电，将机械能转变成电能。其能量转换过程是：

$$燃料的化学能 \xrightarrow{锅炉} 热能 \xrightarrow{汽轮机} 机械能 \xrightarrow{发电机} 电能$$

火力发电厂历史悠久，技术成熟，最早的火力发电是 1875 年在巴黎北火车站的火电厂实现的。1882 年我国在上海建成一台 12 kW 直流发电机的火电厂供电灯照明。火力发电的优点是建设成本低，发电量稳定。所以，世界上大多数国家电力生产是以火电为主。

我国仍是以火力发电为主，今后火力发电在二三十年后还会是主流。但是，火力发电需要消耗不可再生的一次资源，同时会造成空气污染。

（2）水力发电厂

水力发电厂简称水电厂或水电站。它是利用水力（具有水头）推动水力机械（水轮机）转动，水轮机带动发电机发电，这时机械能又转变为电能，其能量转换过程是：

$$水流位能 \xrightarrow{\text{水轮机}} 机械能 \xrightarrow{\text{发电机}} 电能$$

水力发电是目前世界上应用最广泛的可再生能源。优点是水能为可再生能源，基本无污染，同时可控制洪水泛滥，提供灌溉用水，改善河流航运，发电成本低，效率高。缺点是基础建设投资大，生态环境易遭到破坏。三峡水电站是世界上规模最大的水电站，共安装 32 台 70 万千瓦水轮发电机组，总装机容量 2250 万千瓦，年发电量约 1000 亿度。

（3）核能发电厂

核能发电厂又称为原子能发电厂，简称为核电厂或核电站。它是利用原子核裂变反应释放出的热能生产电能。它与火力发电极其相似，只是以核反应堆及蒸汽发生器来代替火力发电的锅炉，以核裂变能代替矿物燃料的化学能。以少量的核燃料代替了大量的煤炭，其能量转换过程是：

$$核裂变能 \xrightarrow{\text{核反应堆}} 热能 \xrightarrow{\text{汽轮机}} 机械能 \xrightarrow{\text{发电机}} 电能$$

核能发电是清洁优质能源，优点是不会产生加重地球温室效应的二氧化碳，无污染。核能发电燃料体积小，运输与储存都很方便，核能发电的成本不易受到国际经济形势的影响，故发电成本较其他发电方式更为稳定。缺点是核燃料采用的是放射性物质，如果不慎泄漏将引起严重的灾难性事故，如苏联的切尔诺贝利核电站事故和日本的福岛核电站事故是典型的核电辐射灾难。核能事故如果发生，破坏力将是不可估量的。

二、电力负荷分级及供电要求

1.电力负荷的分级

电力系统运行的最基本要求是供电可靠性，但有些负荷也不是绝对不能停电的，为了正确地反映电力负荷对供电可靠性要求的界限，恰当选择供电方式，提高电网运行的经济效益，将负荷分为三级。

一级负荷：指供电中断将造成人身事故及重要设备的损坏，在政治、经济上造成重大损失，公共场所秩序严重混乱，发生中毒、引发火灾及爆炸等严重事故的负荷。例如国宾馆、国家政治活动会堂及办公大楼、国民经济中重点企业、重点交通枢纽、通信枢纽、大型体育馆、展览馆等的用电负荷均属于一级负荷。

二级负荷：指中断供电将导致较大的经济损失，以及将造成公共场所秩序混乱或破坏大量居民的正常生活的负荷。如：停电造成重大设备的损坏，产生大量废品，交通枢纽的停电造成交通秩序混乱，通信设施和重要单位正常工作等的这类负荷均属于二级负荷。对工期紧迫的建筑工程项目，也可按二级负荷考虑。

三级负荷：指除一级、二级负荷以外的负荷。

2. 各级负荷的供电要求

一级负荷：必须由两个独立电源供电，在发生事故时，在继电保护装置正确动作的情况下，两个电源不会同时丢失，当一个电源发生故障时，另一个电源会在允许时间内自动投入。对于在一级负荷中特别重要的负荷，还应增设应急电源。为保证对特别重要负荷的供电，严禁将其他负荷介入应急供电系统。

常用的应急电源有：独立于正常电源的发电机组；供电网络中独立于正常电源的专门馈电线路、蓄电池、干电池。

二级负荷：应由两个独立电源供电，当一个电源失去时，另一个电源由操作人员投入运行。当负荷较小或者当地供电条件困难时，二级负荷可由一回路6 kV及其以上的专用架空线路供电。当采用电缆线路时，必须采用两根电缆并列供电，每根电缆应能承受全部二级负荷。

三级负荷：对供电电源无特殊要求，可仅有一回供电线路。

第二节 民用建筑及建筑施工现场供电

一、民用建筑供电

民用建筑供电系统，因建筑设施的规模不同，可分为4类。

1. 对于用电负荷在100 kW以下的民用建筑，一般不必单独设置变压器，只需要设立一个低压配电室，采用380/220 V低压供电即可。

2. 对于用电负荷在100kW以上的小型民用建筑设施，一般只需要设立一个简单的降压变电所，把电源进线的6~10 kV电压，经过降压变压器变为380/220 V低压。

3. 中型民用建筑设施的供电，电源进线一般为6~10 kV，经过高压配电所，用几路高压配电线，将电能分别送到各建筑物的变电所，经过降压变压器，使高压变为380/220 V低压，如图3-1所示。

4. 大型民用建筑设施的供电，电源进线一般为35 kV，需要经过2次降压，第一次先将35kV的电压降为6~10kV，然后用高压配电线路送到各建筑物的变电所，再降为380/220v低压。

为了保证低压侧的供电质量，目前已有人提出采用变压器原边高压侧为三相绕组，副边低压侧为单相绕组的单相变压器供电方式。

二、建筑施工现场供电

建筑施工工地供电具有特殊性，主要表现在：负荷变化大，供电临时性，现场环境差，以及用电设备移动频繁等。所以，在进行施工组织设计时，对施工现场的供电，应计算建筑工地的总用电量，选择工地配电变压器，确定电源最佳供给位置，合理布置配电线路，计算导线截面，选择导线型号，最后绘制施工现场电气平面布置图。

1.建筑工地的供电方式

建筑工地施工由于其临时性用电的特点，不是非要设置单独的变压器供电不可，而要根据具体情况来决定。

（1）凡是就近已有在用变压器的，应该充分利用已有变压器，这是既省又快的办法。一般的工厂企业变压器，都留有一定的备用容量，因此利用它来对建筑工地供电是有可能的。

（2）按照基本建设的一般规律，建设单位都将设立自己的配电变压器。因此，施工单位可先期安排这种变压器的施工，以便利用建设单位的变压器为建筑施工现场供电，以节省开支。

（3）利用附近的高压电网，建筑临时变电所。如果没有其他变压器可利用，则应向供电部门提出用电申请，要求设置建筑施工临时变电所。这种变电所一般都是比较简单的降压变电所。由此组成的供电系统如图 3-1 所示，它把电源进线的 6~10 kV 高压，经过变压器降为 380/220 V 低压，供工地各用电使用。建筑工地的用电负荷一般为 100 kW 左右，通常都采用这种低压供电。

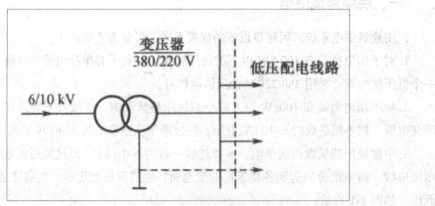

图 3-1　建筑工地供电系统

2.建筑工地电源的位置选择

建筑工地电源变压器的安装位置应从用电的临时性出发，可以将变压器安装在露天，以节省投资。考虑到进、出线方便，尽量靠近高压电网和接近用电负荷中心，但也不宜将高压电源线引至施工中心区域，以防发生高压触电事故。工地变电所应尽量远离交通要道和人畜活动的中心，同时又应当运输方便，易于安装。为了减少因环境污染引起的供电事故，变压器周围不应是潮湿和多尘的，不应有腐蚀性气体。由于施工现场条件比较恶劣，应对变电所采取特别的防火、防雨雪、防小动物等措施。为了防汛和防潮，变电所应设在地势较高的地方。当变压器低压为 380/220V 时，其供电半径一般不大于 700m，否则供电线路的电压损失将过大。

第三节　建筑工地负荷计算

一、计算负荷

在电力系统中，电力负荷是指用电设备耗用的电功率（或线路中通过的电流）。以一个建筑工地为例，一个工地的负荷的大小，并不是简单地等于施工现场电气设备的额定容量之和，因为所安装的设备在实际施工过程中并非同时使用，即使运行着的设备也不是随时都达到其额定容量。在供配电设计中，常采用通过科学估算得到一个"计算负荷"。所谓计算负荷，就是按发热条件选择供电系统中的电气设备的一个假定负荷，计算负荷产生的热效应和实际变动负荷产生的最大热效应相等。根据计算负荷选择导体和电器，则计算负荷连续运行时，导体和电器的最高温升不会超过允许值。

1. 需要系数的确定

我们知道用电设备的实际负荷并不等于其铭牌的容量。各类用电设备的有功计算负荷 P_c 与该类用电设备总的有功功率 P_a 之间的关系是：

$$P_c = K_d P_a (kW)$$

K_d 是同类设备的需要系数，该需要系数的确定主要考虑到以下几点。

（1）一个单位或一个系统内的所有用电设备不可能同时运行，所以应考虑设备组的同时负荷系数。

（2）同时运行的用电设备不可能都在满载状态下工作，所以应考虑设备组的负荷系数。

（3）电动机等用电设备在运行中，本身也要消耗功率，同时供给用电组的配电线路也有功率损耗，所以应考虑设备效率和线路损耗。

（4）操作工人熟练程度和工作环境等因素也会影响用电设备的取用功率等等。

2. 三相用电设备的计算负荷

在建筑施工的供电系统中，由于存在着大量的感性负载，其无功功率将会增加电源的视在功率，因此必须对无功功率进行计算。在已知同类用电设备的平均功率因数后，根据功率三角形就可得到该类用电设备的无功计算负荷 Q_c。

$$Q_c = P_c \tan \varphi$$

计算负荷的最终表示量就是以视在功率或电流表示的，而该类用电设备的视在计算负荷就是

$$S_c = \sqrt{P_c^2 + Q_c^2}$$

或 $$S_c = \frac{P_c}{\cos \varphi} = K_d \frac{P_a}{\cos \varphi}$$

二、施工工地配电变压器的选择

建筑工地用电的特点是临时性强、负荷变化大。因此，在施工工地配置配电变压器要把临时供电与长期供电统一规划，避免造成设备的浪费。用临时变压器提供施工现场用电，可根据现场全部用电设备的总视在功率来选择变压器的容量。工地的用电设备和其他场所的用电设备有类似的情况，一般也不是同时工作的，即使同时工作的设备，也不会都处在满负荷运行状态。所以在估算工地变压器容量时，应当考虑合适的需要系数。通常动力设备所需的总容量 S_c 为

$$S_c = K_d \frac{\sum P_N}{\eta \cos \phi} (kV \cdot A)$$

式中：

P_N——电动机铭牌上的额定功率，kW；

$\sum P_N$——所有动力设备的电动机的额定功率总和，kW；

η——所有电动机的平均效率，电动机一般在 0.75~0.92 之间，计算时可采用 0.86；

$\cos \phi$——各台电动机的平均功率因数，电动机一般在 0.75~0.93；

K_d——需要系数，粗略估算 K_d 可取 0.5~0.75。

由于施工现场的照明用电量比动力用电量要小得多，所以在估算工地总用电量时，可以不单独估算照明用电量。简单的方法是把照明用电量算为动力用电量的 10%。

这样，估算出的施工现场总容量，也就是总视在计算负荷的容量为

$$S=1.10S_c$$

所选变压器的额定容量 S，应按照 $S_N \geq S$ 来确定。

根据 S 的数值和附近高压电网的电压值，就可在变压器产品目录中选择合适型号配置的，电变压器。它的高压绕组的额定电压应等于高压电网的电压，低压绕组只要是接成 Y_n 的，就可得到 380/220V 的低压。当 S 的数值介于产品目录中两个标准容量等级之间时，如果考虑到工地负荷可能增加，则应选用大一级容量的变压器，如果施工期内负荷不会增加，则选用小一级容量的变压器。由于建筑工地用电的临时性，以及负荷的重要性不高，

一般只选用 1 台变压器即可。

变压器电压等级的选择：原边高压绕组的电压等级应尽量与当地的电源电压一致，副边低压侧的电压等级根据用电设备的额定电压确定，多选用 0.4kV 的电压等级。

第四节 低压供配电系统

一、低压配电系统的配电要求

低压配电系统一般应满足下列要求：

1. 供配电线路应当满足用电负荷对电能可靠性的要求；

2. 做到技术先进经济合理操作安全和维护方便，能适应电负荷发展的需要；

3. 变电所的位置应尽可能接近负荷中心；

4. 满足用电负荷对电能质量的要求；

5. 配电系统的电压等级一般不宜超过两级；

6. 单相用电设备适当分配，力求三相负荷平衡；

7. 应采用并联电容器作为无功补偿，达到电力部门所要求的功率因数。

二、低压配电系统的供电方案

1. 单电源供电方案

单电源供电方案的特点是单电源、单变压器，低压母线不分段，如图 3-2（a）所示，该方案的优点是造价低接线简单，缺点是系统中电源、变压器、开关及母线当中的任一环节发生故障或检修时，均不能保证供电，因此供电可靠性低，可用于三级负荷。

2. 双电源供电方案

（1）双电源，双变压器，低压母线分段系统

优点是电源、变压器和母线均有备用，供电可靠性较电源方案有很大的提高。缺点是没有高压母线，高压电源不能在两个变压器之间灵活调用，而且造价较高。该方案如图 3-2（b）所示，适用于一、二级负荷。

（2）双电源，双变压器，高、低压母线均分段系统

优点是增加了高压母线，相对于如图 3-2（b）所示，供电的可靠性有更大的提高，缺点是投资高，该方案如图 3-2（c）所示，用于一级负荷。

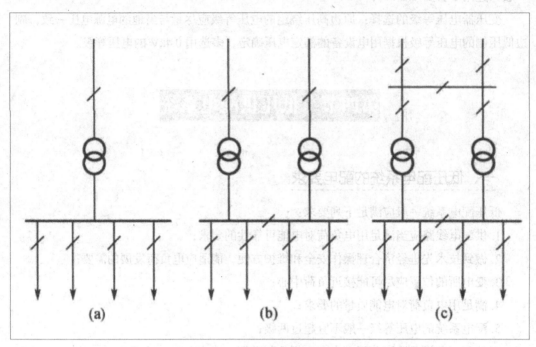

（a）单电源供电方案；（b）双电源供电方案；（c）双电源供电方案

图3-2 供电系统方式示意图

三、低压配电系统的接线方式

民用建筑低压配电方式的选择对提高用电的可靠性和节省投资有着重要意义。民用建筑低压配电线路的基本配电系统由配电装置及配电线路组成，一般一条进户线进入总配电装置，经总配电装置分配后，成为若干条支线，最后到达各用电器。常用的配电方式有放射式、树干式和混合式三种。

1. 放射式

如图3-3所示，其优点是配电线相对独立，发生故障互不影响，供电可靠性较高；配电设备较集中，便于维修、管理。但由于放射式接线要求在变电所低压侧设置配电盘，这就导致系统的灵活性差，再加上干线较多，有色金属消耗也较多。一般用于以下情况，设备容量大、负荷性质重要；每台设备的负荷不大，但位于变电所的不同方向，或在有潮湿、腐蚀性环境的建筑物内。

2. 树干式

树干式接线如图3-4所示，不需要在变电所低压侧设置配电盘，而是从变电所低压侧的引出线经过空气开关或隔离开关直接引至室内。这种配电方式使变电所低压侧结构简单化，减少电气设备需用量，有色金属的消耗减少，且提高了系统的灵活性。这种接线方式的主要缺点是：当干线电路发生故障时，停电范围很大，因而可靠性较差。采用树干式配电必须考虑干线的电压质量。

一般用于容量不大或用电设备布置有可能变动时对供电可靠性要求不高的建筑物。例如，对高层民用建筑内，当向楼层各配电箱供电时，多采用分区树干式接线的配电方式。有两种情况不宜采用树干式配电：一是容量较大的用电设备，因为它将导致干线的电压质量明显下降，影响到接在同一干线上的其他用电设备的正常工作，因此，容量大的用电设备必须采用放射式供电；另一种是对于电压质量用电设备的布置比较均匀，容量不大、又无特殊要求的场合。

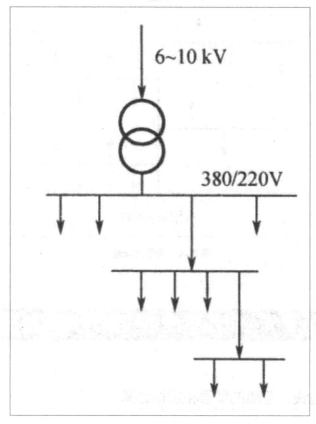

图 3-3 放射性配电

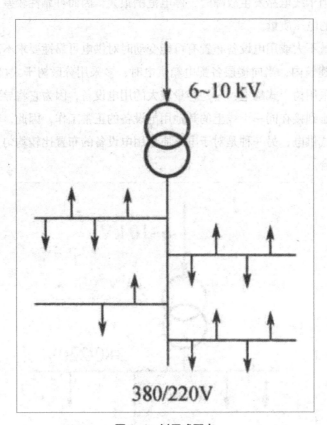

图3-4 树干式配电

第五节 低压供配电线路导线的选择

一、常用电线、电缆的型号和规格选择

在民用建筑中，室内常用的导线主要为绝缘电线和绝缘电缆线；室外常用的是裸导线或绝缘电缆线。绝缘导线按所用绝缘材料的不同，分为塑料绝缘导线和橡皮绝缘导线；按线芯材料的不同分为铜芯导线和铝芯导线；按线芯的构造不同分为单芯导线和多芯导线。

1. 塑料绝缘电线

常用的聚氯乙烯绝缘电线是花线芯外包上聚氯乙烯绝缘层。其中铜芯电线的型号为BV，铝芯电线的型号为BLV。型号含义如下：

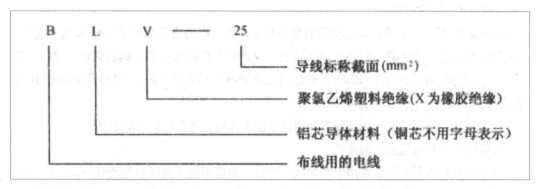

电线外形为圆形。截面在 10mm² 以下时，还可制成两芯扁形电线。

聚氯乙烯绝缘软线主要用作交流额定电压 250V 以下的室内日用电器及照明灯具的连接导线，俗称灯头线，均是双芯的，型号为 RVB（平面塑料绝缘软线）和 RVS（绞塑料绝缘软线）。它取代了过去常用的 RX 和 RXS 型橡皮绝缘棉纱编织软线（俗称花线）。

除此以外，在民用建筑中还常用一种塑料绝缘线，叫作聚氯乙烯绝缘和护套电线。它是在聚氯乙烯绝缘外层再加上一层聚氯乙烯护套组成的，线芯分为单芯、双芯和三芯。电线的型号为 BVV（铜芯）和 BLVV（铝芯）。这种电线可以直接安装在建筑物表面，具有防潮性能和一定的机械强度，广泛用于交流 500V 及以下的电气设备和照明线路的明敷设或暗敷设。

目前正广泛使用一种叫丁腈聚氯乙烯复合物绝缘软线，它是塑料线的新品种，型号为 RFS（双绞复合物软线）和 RFB（平型复合软线）。这种电线具有良好的绝缘性能，并具有耐热、耐寒、耐油、耐腐蚀、耐燃、不易热老化等性能，在低温下仍然柔软，使用寿命长，远比其他型号的绝缘软线性能优良。

2. 橡皮绝缘电线

常用的橡皮绝缘电线型号有 BX（BLX）和 BBX（BBLX）。这两种电线是目前仍在应用的旧品种，它们的生产工艺复杂，成本较高，正逐渐被塑料绝缘线所代替。橡皮绝缘线有 BXF、BLXF 系列产品。这种电线绝缘性能良好且耐光照、耐大气老化、耐油，不易发霉，在室外使用的寿命比棉纱编织橡皮绝缘电线长三倍左右，适宜在室外推广敷设。

3. 电缆线

电缆线的种类很多，按用途可分为电力电缆和控制电缆两大类；按绝缘材料可分为油浸纸绝缘电缆、橡皮绝缘电缆和塑料绝缘电缆三大类。它们一般都由线芯、绝缘层和保护层三个主要部分组成。线芯分为单芯、双芯、三芯及多芯。

塑料绝缘电缆的主要型号有 VLV 和 VV 等。VLV 为芯聚氯乙烯绝缘和聚氯乙烯外护套电力电缆，可用于 1-10 kV 以下的线路中，最小截面为 4 mm²，可在室内明敷或在沟道内架设。Vv 为铜芯聚氯乙烯塑料绝缘电缆。

橡皮绝缘电缆的主要型号有 XLV 和 XV 等。XLV 为铝芯橡皮绝缘和聚氨乙烯外护套电力电缆，可用于 0.5-6 kV 以下的线路中，最小截面为 4 m。可在室内明敷或放在沟中。

XV 为铜芯橡皮绝缘电缆。

油浸纸绝缘电力电缆分为油浸纸绝缘铅包（铝包）电力电缆油浸纸干绝缘电力电缆、不滴漏电力电缆。主要型号有 ZQ（铜芯铅包）、Z1Q（铝芯铅包）、ZL（铜芯铝包）、ZLL（铝芯铝包）、ZQP（铜芯铅包）、ZLQD（铝芯铅包不滴漏）等系列。ZQ、ZLQ 等系列已开始限制使用，ZQP 等系列逐渐被淘汰。

以上所介绍的有关电线和电缆型号的详细技术资料，可在有关手册中查阅。

4. 常用电线和电缆类型的选择

在导体材料选择上尽量采用铝芯导线。但是，也应根据不同场合和特殊情况，以及不希望用铝线的场合而采用铜线。在选择导线时，还应综合考虑环境情况、敷设方式等因素。

电线、电缆的额定电压是指交、直流电压，它是依据国家产品规定制造的，与用电设备的额定电压不同。配电导线按使用电压分 1 kV 以下交、直流配电线路用的低压导线和 1 kV 以上交直流配电线路用的高压导线。建筑物的低压配电线路，一般采用 380/220 V、中性点直接接地的三相四线制配电系统，因此，线路的导线应采用 500V 以下的电线或电缆。

二、导线截面得选择

1. 按机械强度选择

导线在正常运行时，要承受自身的质量，以及自然界的风、雨、雪、冰等外部作用力的影响，导线承受一定的应力，在安装过程中也要受到拉伸力的作用，为了保证在安装和运行时不致折断，导线的截面选择要满足一定机械强度的要求。

2. 按发热条件选择

当导线中通过电流时，电流的热效应会使导线发热，温度升高。当通过电流超过一定限度，导线的绝缘性能就会受到损坏，甚至会造成短路引起失火。当环境温度过高，也会影响导线的散热，导线长期允许通过的电流值也就越小。

导线长期允许通过的电流值叫作导线允许通过的最大电流。这个数值是根据导线绝缘材料的种类、允许温度、表面散热情况及散热面积的大小等条件来确定的。按发热条件选择导线的截面，应满足

$$I_N \geqslant I_{\Sigma c}$$

式中：

$I_{\Sigma c}$——根据计算负荷求出的总计算电流；

I_N——导线和电缆允许通过的最大电流。

若视计算负荷为 $S_{\Sigma c}$，电网额定电压为 U_N，则有

$$I_{\Sigma C} = \frac{S_{\Sigma c}}{\sqrt{3}U_N}$$

第四章 常用建筑电气设备

第一节 建筑电气设备概述

建筑电气包括强电和弱电两部分，强电部分的设计内容主要包括变配电系统、电力和照明系统、防雷接地系统等。一般来说，建筑中变配电系统主要包括高低压系统、变压器、备用电源系统等；电力系统主要包括电力系统配电及控制；照明系统则包括室内外各类照明；防雷接地系统包括防雷电波侵入、防雷电感应接地、等电位连接和局部等电位连接、辅助等电位连接等等。建筑电气设备分类（根据建筑电气设备的专业属性来分类）包含以下几部分：

1. 供配电设备，变压器配电屏、发电设备等；
2. 照明设备，电光源；
3. 动力设备，吊车、搅拌机、水泵、风机、电梯等；
4. 弱电设备，电话、电视、音响网络、报警设备等；
5. 空调与通风设备，制冷、防排烟、温湿度控制装置等；
6. 运输设备，电梯。

第二节 照明设备

一、电气照明的分类

1. 按照明方式划分

（1）一般照明

在整个场所或场所的某部分照度要求基本均匀的照明，称为一般照明。对于工作位置密度大、光线无方向要求或在工艺上不适宜设置局部照明的场所，宜采用一般照明。

（2）局部照明

只限于工作部位或移动的照明，称为局部照明。对于局部地点要求高，而且对光线有方向要求时，宜采用局部照明。如机床上的工作灯，便是一种局部照明。

（3）混合照明

一般照明和局部照明共同组成的照明，称为混合照明。对于在工作部位有较高的照度要求，而在其他部位要求一般的场所，宜采用混合照明。如普通的冷加工车间一般都采用混合照明。

2. 按照明种类分

（1）正常照明

正常工作环境所使用的室内外照明。它用来保证工作场所正常工作时具有合适照度的照明。它一般可单独使用，或与事故照明、值班照明同时使用。

（2）事故照明

正常照明因故熄灭的情况下，供继续从事工作或安全通知的照明，称为事故照明。它一般布置在容易引起事故的场所及主要通道和出入口。

（3）值班照明

在非生产时间内供值班人员使用的照明。在非三班制连续生产的重要车间、仓库等地方通常设置值班照明。值班照明可利用正常照明中能单独控制的一部分，或利用应急照明的一部分甚至全部用来作为值班照明。

（4）警卫照明

在警卫地区周界附近设置的照明。是否设置警卫照明要根据保卫部门的要求来决定。警卫照明应尽量与厂区照明合用。

（5）障碍照明

在高层建筑物上或修理路段上，作为障碍标志用的照明。在飞机场周围较高的建筑物上、有船舶通过的航道两侧的建筑上，应按民航和交通部门的有关规定设置无障碍照明。

二、常用电光源

电光源的种类很多，按其发光机理可分为热辐射光源和气体放电光源两大类。热辐射光源有白炽灯、碘钨灯、溴钨灯等；气体放电光源有荧光灯、高压汞灯、低压钠灯、高压钠灯、金属卤化物灯、管形氙灯、管形汞氙灯等。

1. 白炽灯

白炽灯也称为钨丝灯，是靠电流通过钨丝加热至白炽体高温热辐射发光的。其特点是结构简单，有高度的集光性，适于频繁开关，点火性能对寿命影响小，辐射光谱连续，显色性好，使用方便、价格低廉等，缺点是光效低，耐振性能差。

白炽灯由灯壳、灯丝、玻璃芯柱、灯头等组成。白炽灯灯壳的形状很多，如球形、圆柱形、梨形等，灯壳一般是透明的，还可进行内涂、磨砂处理，降低灯丝的亮度，使灯光具有漫射光的性能，适用于无灯罩的装饰性灯具。钨丝是灯的发光体，重要的组成部分，分为单螺旋形、双螺旋形等。灯头是灯泡与外电路相连的部分，它有各种不同的形式，但具有一定的标准，适用于不同规格的螺口灯头和插口灯头。

白炽灯的类型很多，主要有以下几种。

（1）普通型：一般普通型白炽灯是透明灯壳，灯泡亮度较强。

（2）投光型：它能发出很强的光线，集中照射在建筑物上。

（3）局部照明型：局部照明灯泡的额定电压有 6 V、12 V、24 V、36 V，适用于移动式局部照明。

（4）红外线型：适用于房间取暖、美容医疗等。

（5）其他类型：如照相、放映、轮船、煤矿等场所。

2. 卤钨灯

卤钨灯是在白炽灯泡中充入微量的卤化物，利用卤钨循环的作用，使由灯丝蒸发的一部分钨重新附着在灯丝上，以达到提高光效、延长寿命的目的。卤钨灯具有结构简单、发光效率高、使用可靠、体积小、寿命长等优点，由于卤钨灯的光谱能量分布连续，所以显色性好。卤钨灯与白炽灯一样使用方便，只要灯泡额定与电源电压相同即可直接接入电源工作，不需要点燃附件。

使用时注意：管形卤钨灯工作时需水平安装，否则将严重影响灯的寿命；卤钨灯不允许采用任何人工冷却措施，以保证正常的卤钨循环；卤钨灯灯脚引入线应采用耐高温的导线；卤钨灯耐振性差，不应使用于有振动性的场所，也不应作为移动式局部照明。

3. 荧光灯

荧光灯是低压汞蒸气放电灯，是光源史上第二代光源的代表。它由灯管、起辉器、镇流器、灯架和灯座等组成。灯管由玻璃管、灯丝和灯脚等组成，在玻璃管内壁涂有荧光材料并真空后充入少量汞和适量氩，在灯丝上涂有电子粉；起辉器由氖泡、电容、出线脚和外壳等组成；整流器由铁芯和电感线圈等组成。工作在弧光放电区时，灯管具有负的伏安特性，当外电压变化时工作不稳定，为了保证灯管的稳定性，它必须与镇流器和起辉器配套使用。

与普通白炽灯相比，其光谱特性接近天然光的谱线，光线柔和显色性好。荧光灯的发光效率比白炽灯高 2~3 倍，而且使用寿命长、省电、经济，但需要附件较多。如安装在频繁启动的场合会使荧光灯的寿命缩短，因此不适于安装在频繁开关的场所。另外荧光灯在低温的环境下难以启动，因此在低温环境下应使用低温用的荧光灯。

荧光灯的种类较多，按启动线路可分为预热式快速启动式、冷阴极瞬时启动式等；按功率可分为标准型、高功率型、超高功率型等；按灯管电源的频率分为工频灯管、高频灯管、直流灯管等。除此之外还有特种荧光灯，比如高频无极荧光灯、平板荧光灯、反射式荧光灯、特殊光色荧光灯等。

4. 高压汞灯

高压汞灯其发光原理与荧光灯一样，但结构却有很大的差异，该灯的灯管有两个玻璃壳，内玻璃壳是一个管状石英管，管的两端有两个电极，由钍钨丝制成，管内充有一定的汞和少量的氢气，并有辅助电极，用来起辉放电；外玻璃壳的内壁涂有荧光粉。由于它的内玻璃壳的工作气压为 2~6 个大气压，故叫高压汞灯。

高压汞灯的光谱能量分布不连续，而集中在几个窄区段上，因其显色性能较差。高压汞灯具有功率大、发光效率高、耐震、耐热、寿命长等特点，常用于空间高大的建筑中，悬挂高度一般在 5 米以上。由于它的光色差，故适用于不需要分辨颜色的大照明场所。

5. 高压钠灯

高压钠灯是利用高压钠蒸气放电工作的。其共振谱线加宽。光谱能量分布集中在人眼较灵敏的区域内。环境温度对高压钠灯的影响不显著，它能在 -40~100 ℃的范围内工作。与高压钠灯灯管配套的灯具，应特殊设计，不能将大部分光反射回灯管，否则会使灯管因吸热而温度升高，破坏灯口的连接处。

高压钠灯具有照射范围广、发光效率高、寿命长、紫外线辐射少、透露性好等优点。可在任意位置点燃和耐震等优点，但显色性差。它广泛用于道路照明，但与其他光源混光后，可用于照度要求高的空间场所。

6. 金属卤化物灯

金属卤化物灯是近年来发展起来的一种新型光源。它是在高压汞的放电管内填充一些金属卤化物，如碘、溴等。利用金属卤化物的循环作用，彻底改善了高压汞灯的光色，使其发出的光谱接近天然光，同时还提高了发光效率，是目前比较理想的光源，人们称其为第三代光源。当选择适当的金属卤化物并控制它们的比例，可制成不同光色的金属卤化物灯。

第三节　常用低压电器的选择及配电保护装置

低压电气设备一般分为低压控制设备和低压保护设备。低压控制设备分为刀开关和低压断路器；低压保护设备一般采用低压熔断器。

刀开关：用于不频繁接通电路并利用刀开关中的熔断器作短路保护。常用开启式负荷开关、封闭式负荷开关刀开关。

低压断路器：又称自动空气开关。可以接通和分断电路的正常工作电流，具有过载保护和短路保护及欠电压保护。有 DZ（塑料外壳式）、DW（万能式）系列、C 系列等。

低压熔断器：用于对电路短路保护和严重过载保护。有瓷插式螺旋式、封闭式，有填料封闭式等。

一、常用低压电器的选择

1. 选择的基本原则

（1）安全原则。使用安全可靠是对任何开关电器的基本要求，保证电路和用电设备的可靠运行，是使生产和生活得以正常运行的重要保证。

（2）经济原则。经济性考虑又分为开关电器本身的经济价值和使用开关电器产生的价值，前者要求选择的合理、适用；后者则考虑在运行当中必须可靠，不至于因故障造成停产或损坏设备，危及人身安全等造成的经济损失。

（3）选用低压电器时注意事项

1）控制对象（如电动机或其他用电设备）的分类和使用环境。

2）确认有关的技术数据，如控制对象的额定电压、额定功率、启动电流倍数、负载性质、操作频率和工作制等。

3）了解电器的正常工作条件，如环境空气温度、相对湿度、海拔高度、允许安装方位角度和抗冲击振动、有害气体、导体尘埃、雨雪侵袭的能力。

4）了解低压电器的主要技术性能（或技术条件），如用途、分类、额定电压、额定控制功率、接通能力、分析能力、允许操作频率和使用寿命等。

2. 常用低压电器的选择

（1）刀开关

刀开关是一种带有刀刃模型触头的、结构比较简单的开关电器。主要用于配电设备中隔离电源，或根据结构不同，也可用于不频繁地接通与分断额定电流以下的负载，如小型电动机、电阻炉等。刀开关种类繁多，但其主要由固定的夹座和可动的闸刀组成。负荷开关由刀开关和熔断器串联而成。HD 为刀型开关，HH 为封闭式负荷开关，HK 为开启式负荷开关，HR 为熔断式刀开关，HS 为刀型转换开关，HZ 为组合开关。

刀开关按其极数分，有三极开关和二极开关，二极开关用于单相电路，三极开关用于三相电路。各种低压刀开关的额定电压，二极有 250 V，三极有 380 V、500 V 等，开关的额定电流可从产品本身中查找，其最大等级为 1500 A。

安装刀开关的线路，其额定的交流电压不应超过 500 V，直流电压不应超过 440 V。为保证刀开关在正常负荷时安全可靠运行，通过刀开关的计算电流应小于或等于刀开关的额定电流即

$$I_N \geqslant I_C$$

式中，I_N——刀开关的额定电流，A；

I_C——通过刀开关的计算电流，A。

当用刀开关控制电动机时，由于电动机的启动电流大，选择刀开关的额定电流要比电动机的额定电流大一些，一般是电动机额定电流的 3 倍。如果电动机不需要经常启动，刀

开关的额定电流可为电动机额定电流的 2 倍左右。

在选择刀开关时，应根据用途选用适当的系列，根据额定电压，计算电流选择规格，再按短路时的动、热稳定校验。对于组合式的刀开关，应配有满足正常工作和保护需要的熔断器。

（2）熔断器

熔断器的保护作用是靠熔体来完成的，一定截面的熔体只能承受一定值的电流，当通过的电流超过规定值时，熔体将熔断，从而起到保护的作用。熔体熔断所需的时间与电流的大小有关，通过熔体的电流越大，熔断的时间越短。通过熔体的电流与熔断时间的关系见表4-1。在应用中一般规定熔体的额定电流。当通过的电流为熔体的额定电流时，熔体是不会熔断的，即使通过的电流等于额定电流的 1.25 倍，熔体还可以长期运行。超过其额定电流的倍数愈大，愈容易熔断。

表 4-1　通过熔断器熔体的电流与熔断时间

通过熔体的电流 /A	$1.25I_{NR}$	$1.6I_{NR}$	$2I_{NR}$	$2.5I_{NR}$	$3I_{NR}$	$4I_{NR}$
熔断时间	∞	60min	40s	8s	4.5s	2.5s

熔断器的系列产品较多，最常用的有：RC 系列瓷插式熔断器，适用于负载较小的照明电路；RL 系列螺旋式熔断器，适用于配电线路中作过载和短路保护，也常用做电动机的短路保护电器；RM 无填料密封管式熔断器；RT 系列有填料密封闭管式熔断器，它除具有灭弧能力强、分断能力高的优点外，还具有限流作用。在电路短路时，因为短路电流增长到最大值时需要一定的时间，在短路电流的最大值到来之前能切断短路电流，这种作用称为限流作用。它常用于具有较大短路电流的电力系统和成套配电装置中。此外，还有保护可控硅及硅整流电路的 RS 系列快速熔断器。

熔断器的额定电流与熔体的额定电流不同，某一额定电流等级的熔断器可以装设几个不同额定电流等级的熔体。选择熔断器作线路和设备的保护时，首先要明确选用熔体的规格，然后再根据熔体选定熔断器。

熔断器熔体额定电流的确定：

1）照明负荷

当照明负荷采用熔断器保护时，一般取熔体的额定电流大于或等于负荷回路的计算电流，即

$$I_{NR} \geq I_C$$

当用高压汞灯或高压钠灯照明时，考虑启动的影响，应取

$$I_{NR} \geq (1.1\sim1.7)I_C$$

式中：

I_{NR}——熔体的额定电流，A；

I_C——负荷回路的计算电流，A。

2）电热负荷

对于大容量的电热负荷需要单独装设短路保护时，其熔体的额定电流应大于或等于回路的计算电流，即

$$I_{NR} \geqslant I_C$$

3）电动机类用电负荷

对于容量大的电动机类用电负荷需要单独装设短路保护装置时，可选用熔断器或自动开关。当采用熔断器保护时，由于电动机的启动电流较大（异步电动机的启动电流一般为额定电流的 4~7 倍），所以不能按电动机的额定电流来选择熔断器，否则在电动机启动时就会熔断。但如按启动电流来选择，则所选熔断器的熔断电流太大，往往起不到保护作用，以至于接有熔断器回路中的设备过热时熔体还不熔断。因此，对于电动机类负荷应按下述两种情况来选择熔断器。

单台电动机回路，熔断器的额定电流为

$$I_{NR} \geqslant KI_{ST}$$

式中：I_{ST}——被保护电动机的启动电流，A；

K——电动机回路熔体选择计算系数，一般轻载启动时取 0.25~0.45，重载启动时取 0.3~0.6。如果只知道电动机的额定电流，不知道启动电流，熔断器熔体的额定电流可取电动机额定电流的 3 倍，这与上式所选结果基本一致。

多台电动机，考虑到不是同时启动，可按下式计算：

$$I_{NR} = KI_{mN} + \sum I_N$$

式中：

I_{mN}——最大一台电动机的额定电流，A；

$\sum I_N$——其余电动机额定电流的总和，A。

选择熔断器时应注意以下几点。

根据线路电压选用相应电压等级的熔断器。

①在配电系统中选择各级熔断器时要相互配合以实现选择性。一般前级熔体额定电流要比后一级的大 2~3 倍，以防止发生越级动作而扩大停电范围。

②考虑到熔体额定电流要比电动机额定电流大 1.5~2.5 倍，用它来保护电动机过载已经不可靠，所以电动机应另外选用热继电器或过电流继电器做过载保护电器。此时熔断器只能作短路保护使用。

③熔断器的分断能力应大于或等于所保护电路可能出现的短路冲击电流，以得到可靠的短路保护。

（3）自动空气开关的选择

自动开关属于一种能自动切断电路故障的电器。在电路出现短路或过载时，它能自动切断电路，有效地保护串接在它后面的电气设备，也可用于电路的不频繁操作。它的动作值可调整，而且动作后一般不需要更换零部件，加上它的分断能力较强，所以应用极为广泛，是低压配电网络中非常重要的一种保护电器。

1）分类

自动空气开关按其用途可分为配电用空气污染开关、电动机保护用自动空气开关、照明用自动空气开关。按其结构可分为塑料外壳式、框架式、快速式、限流式等，但基本形式主要有万能式和装置式两种系列，分别用 w 和 Z 表示；

①塑料外壳式自动空气开关属于装置式，它具有保护性能力好、安全可靠等优点。

②框架式自动空气开关是敞开装在框架上的，因其保护方案和操作方式较多，故有"万能式"之称。

③快速自动空气开关，主要用于对半导体整流器的过载、短路快速反应保护。

④限流式空气开关，主要用于交流电网快速运作的自动保护，以限制短路电流。

2）保护方式。为了满足保护动作的选择，过电流脱扣器的保护方式有：过载和短路均瞬时动作；过载延时动作，而短路瞬时动作；过载和短路均为延时动作；过载和短路均为短延时动作等方式。

（4）漏电保护装置

漏电一般是指电网或电气设备对地的漏电。对交流电网，由于各相输电线对地都存在着分布电容 C 和绝缘电阻 R，这两者合起来叫作每相输电线对地的绝缘阻抗，流过这些阻抗的电流叫作电网对地漏电电流。触电是指当人体不慎触及电网或电气设备的带电部位，此时流经人体的电流称为触电电流。

漏电保护器就是用来对有致命危险的人身触电进行保护，以及防止因电气设备或线路漏电而引起火灾。当在低压线路或电气设备上发生人身触电、漏电和单相接的故障时，漏电保护开关便快速地自动切断电源，保护人身和电气设备的安全，避免事故的扩大。漏电保护器是一种自动电器，广泛用于低压电力系统，现在要求民用建筑中必须使用。

1）分类

漏电保护器的分类方法较多，这里介绍几种主要的分类。

①漏电保护开关按其动作原理可分为电压型、电流型和脉冲型。其中脉冲型漏电保护开关，可以把人体触电时产生的电流突变量与缓慢变化的设备（线路）漏电电流区别开来，分别进行保护。

②漏电保护器按脱扣的形式可分为电磁式和电子式两种。电磁式漏电保护开关主要由检测元件、灵敏继电器元件、主电路开断执行元件以及试验电路等部分构成；电子式漏电保护开关主要由检测元件、电子放大电路、执行元件以及试验电路等部分构成。电子式与电磁式比较，灵敏度高，制造技术简单，可制成大容量产品，但需要辅助电源，抗干扰能力不强。

③漏电保护器按其保护功能及结构特征可分为漏电继电器、漏电断路器、漏电开关及漏电保护插座。漏电继电器由零序电流互感器和继电器组成。它仅具备判断和检测功能，由继电器触头发出信号，控制断路器分断或控制信号元件发出声、光信号。漏电开关由零序电流互感器、漏电脱扣器和主开关组成，装在绝缘外壳里。它具有漏电保护和手动通断电路的功能。漏电断路器具有过载保护和漏电保护的功能，它是在断路器上加装漏电保护器件而构成。

漏电保护插座是由漏电断路器或漏电开关与插座组合而成。

2）应用

漏电保护开关的保护方式一般分为：低压电网的总保护和低压电网的分级保护两种。低压电网的总保护是指只对低压电网进行总的保护。一般选用电压型漏电保护开关作为配电变压器，二次侧中性点不直接接地的低压电网的漏电总保护，选用电流型漏电保护开关作为配电变压器，二次侧中性点直接接地的低压电网的漏电总保护。

低压电网的分级保护一般采用三级保护方式，其目的是缩小停电范围。第一级保护是全网的总保护，安装在靠近配电变压器的室内配电屏上，其作用是排除低压线路上单相接地短路事故，如架空线断落或电气设备的导体碰壳引起的触电事故等。此第一级一般设低压电网总保护开关和主干线保护开关。设主干线保护开关的目的是缩小事故时的停电范围。要求漏电保护器的动作电流不小于实测电流的2倍。第二级为支线保护，保护开关设在一个部门的进户线配电盘上，其目的是防止用户发生触电事故。漏电保护电流应不小于正常运行实测电流的2.5倍，同时还应满足其中漏电电流最大一台用电设备正常运行漏电电流实测电流的4倍。第三级保护是线路末端及单相的保护，如电热设备、风机、手持电动工具以及各居民用户的单独保护等。用于单台用电设备时，动作电流应不小于正常运行实测电流的3/4。实践证明，电磁式漏电保护开关比电子式漏电保护开关的可靠性要高。这是因为前者的动作特性不受电压波动、环境温度变化以及缺相等影响，而且抗磁干扰性能良好，因而得到广泛的应用，特别是对于使用在配电线终端的、以防止触电为主的漏电保护，一些国家严格规定了要采用电磁式的，不允许采用电子式的。我国在《民用建筑电气设计规范》中也强调"宜采用电磁式漏电保护器"，明确指出漏电保护器的可靠性是第一位的，设计人员切不可为省钱而采用可靠性差的产品。

近年来国内一些厂家生产出了具有20世纪80年代国际先进水平的新型漏电保护开关，如FIN，FNP，Fl/LS型漏电保护开关，它们具有结构紧凑，体积小，质量轻，性能稳定，可靠性高，使用安装方便等特点，且都为电磁式电流动作型。这种新型漏电保护开关主要用于交流220/380 V的线路中，其额定电流有16 A、25 A、40 A、63 A等四级，额定漏电动作电流为0.03 A、0.1 A、0.3 A、0.5 A，极数有2极和3极。漏电保护开关有4极（用于三相四线制）、3极（用于三相三线制）和2极（用于单相，即二线制）。

二、用电设备及配电线路的保护

对用电设备及其相应的配电线路进行保护，是为建筑电气线路提供安全、可靠运行的有力保证。在民用建筑用电设备中，结构复杂的用电设备自身设有保护装置（如电梯等），因此在工程设计时不再考虑设单独的保护，配电线路作为它们的后备保护；屋面结构简单的用电设备（如照明电器、风扇等）因不需要设单独的电气保护装置，把配电线路的保护作为它们的保护。

1. 照明用电设备的保护

照明支路的保护主要考虑对照明用电设备的短路保护。对于要求不高的场合，可采用熔断器保护；对于要求较高的场合，则采用带短路脱扣器的自动保护开关进行保护，这种保护装置同时可作为照明线路的短路保护和过负荷保护，一般只使用其中的一种就可以了。

2. 电力用电设备的保护

在民用建筑中，常把负载电流为 6A 以上或容量在 1.2 kW 以上的较大容量用电设备划归电力用电设备。对于电力负荷，一般不允许从照明插座取用电源，需要单独从电力配电箱或照明配电箱中分路供电。除了本身单独设有保护装置的设备外，其余的设备都在分路供电线路上装设单独的保护装置。

对于电热器类用电设备，一般只考虑短路保护。容量较大的电热器，在单独回路装设短路保护装置时，可采用熔断器或自动开关作为其短路保护。

对于电动机类用电负荷，在需要单独分路装设保护装置时，除装设短路保护外，还应装设过载保护，可由熔断器和带过载保护的磁力启动器（由交流接触器和热继电器组成）进行保护，或由带短路和过载保护的自动开关进行保护。

3. 低压配电线路的保护

对于低压配电线路，一般主要考虑短路和过载两项保护，但从发展情况来看，过电压保护也不能忽视。

所有的低压配电线路都应装设短路保护，一般可采用熔断器或自动开关保护。下列场合应装设过载保护：

（1）有可燃性绝缘外层的导线，敷设在易燃或难燃建筑结构的明配电线路；

（2）所有照明配电线路；

（3）有专门规定的易燃易爆场所；

（4）可供临时接线的插座线路；

（5）有可能长时间过负荷的电力负荷。

过负荷保护一般可由熔断器或自动开关构成，熔断器熔体的额定电流或自动开关过电流脱扣器的整定电流应小于或等于导线允许载流量的 1/5。

采用过电压保护是因为某些低压供电线路有时会意外地出现过电压，如高压架空线断落在低压线路上、三相四线制供电系统的零线断落引起中性点偏移，以及雷击低压线路等，这使接在该低压线路上的用电设备因电压过高而损坏。因此，应在低压配电线路上采取适当分级装设过电压保护的措施，如在用户配电盘上装设带过电压保护功能的漏电保护开关等。

在低压配电线路上，应注意上下级保护电器之间的正确配合，因为当配电系统的某处发生故障时，为了防止事故扩大到非故障部分，要求电源侧、负载侧的保护电器之间具有选择性配合。配合情况如下：

（1）熔断器保护时，一般要求熔断器的熔体的额定电流比下一级熔体的额定电流大2~3级（此处的"级"系指同一系列熔断器本身的电流等级）；

（2）当上、下级均采用自动开关时，应使上一级自动开关的额定电流大于下一级脱扣器的额定电流，一般大于或等于1.2倍；

（3）当电源侧采用自动开关、负载侧熔断器时，应满足熔断器在考虑正误差后的熔断特性曲线在自动开关的保护特性曲线之下；

（4）当电源侧采用熔断器、负载侧采用自动开关时，应满足熔断器在负误差后的熔断特性曲线在自动开关考虑了正误差后的保护特性曲线之上。

三、导线的选择与连接

（一）低压导线截面的选择

导线的安全载流量是由所允许的线芯最高温度、冷却条件、敷设条件来确定的。一般铜导线的安全载流量为 5~8A/mm²，铝导线的安全载流量为 3~5A/mm²。

1.计算法选择导线截面积

选择低压导线可用下式简单计算：

$$S=PL/C\Delta U\%$$

式中：P——有功功率，单位为 kW ；

L——输送距离，单位为 m ；

C——电压损失系数。

系数 C 的选择：三相四线制供电且各相负荷均匀时，铜导线为 85，铝导线为 50 ；单相 220V 供电时，铜导线为 14，铝导线为 8.3。

（1）确定 $\Delta U\%$ 的建议

根据《供电营业规则》（以下简称《规则》）中关于电压质量标准的要求来求取。即：10 kV 及以下三相供电的用户受电端供电电压允许偏差（08）为额定电压的 +7% ；对于380 V 额定电压，其电压允许范围则为 407~354V ；220V 单相供电，其电压允许范围为额定电压的 105%~90%，即 231~198 V。因此，在计算导线截面时，应通过计算保证电压偏差不低于 -7%（380 V 线路）和 -10%（220 V 线路），就可满足用户要求。

（2）确定△U%的计算公式

$$\Delta U = U_1 - U_N - \Delta\delta \times U_N$$

$$\Delta U\% = \Delta U / U_1 \times 100\%$$

对于三相四线制用 380 V：

$$\Delta U = 400 - 380 - (-0.07 \times 380) = 46.6\ V$$

$$\Delta U\% = \Delta U / U_1 \times 100 = 46.6 / 400 \times 100 = 11.65$$

对于单相 220 V：

$$\Delta U = 230 - 220 - (-0.1 \times 220) = 32\ V$$

$$\Delta U\% = \Delta U / U_1 \times 100 = 32 / 230 \times 100 = 13.91$$

（3）低压导线截面计算终极公式

对于三相四线制 380 V：

导线为铜线：

$$S_{st} = PL / (85 \times 11.65\%) = 1.01PL \times 10^{-3}\ mm^2$$

导线为铝线：

$$S_{sl} = PL / (50 \times 11.65\%) = 1.72PL \times 10^{-3}\ mm^2$$

对于单相 220 V：

导线为铜线：

$$S_{dt} = PL / (14 \times 13.91\%) = 5.14PL \times 10^{-3}\ mm^2$$

导线为铝线：

$$S_{dl} = PL / (8.3 \times 13.91\%) = 8.66PL \times 10^{-3}\ mm^2$$

式中，下角标 s、d、t、1 分别表示三相、单相、铜、铝。所以只要知道了用电负荷（kW）和供电距离（m），就可以方便地运用公式求出导线截面了。如果 L 用 km，则去掉 10^{-3}。

2. 导线载流量简单算法

（1）导线选择的估算口诀

二点五下乘以九，往上减一顺号走；

三十五乘三点五，双双成组减点五；

条件有变加折算，高温九折铜升级；

穿管根数二三四，八七六折满载流。

（2）说明

本节口诀对各种绝缘线（橡皮和塑料绝缘线）的载流量（安全电流）不是直接指出，而是"截面乘上一定的倍数"来表示，通过心算而得。由表可以看出：倍数随截面的增大而减小。我国常用导线标称截面（mm²）排列如下：

1、1.5、2.5、4、6、10、16、25、35、50、70、95、120、150、585⋯⋯

"二点五下乘以九，往上减一顺号走"说的是 2.5 mm² 及以下的各种截面铝芯绝缘线，其载流量约为截面数的 9 倍。如 2.5 mm² 导线，载流量为 2.5×9=22.5（A）。4 mm² 及以上导线的载流量和截面数的倍数关系是顺着线号往上排，倍数逐次减 1，即 4×8、6×7、10×6、16×5、25×4。

"三十五乘三点五，双双成组减点五"说的是 35 mm² 的导线载流量为截面数的 3.5 倍，即 35×3.5=122.5（A）。50 mm² 及以上的导线，其载流量与截面数之间的倍数关系变为每两个线号成一组，倍数依次减 0.5。即 50mm²、70mm² 导线的载流量为截面数的 3 倍；95mm²、120mm² 导线载流量是其截面数的 2.5 倍，依此类推。

"条件有变加折算，高温九折铜升级"上述口诀是铝芯绝缘线、明敷在环境温度 25℃ 的条件下而定的。若铝芯绝缘线明敷在环境温度长期高于 25℃ 的地区，导线载流量可按上述口诀计算方法算出，然后再打九折即可；当使用的不是铝线而是铜芯绝缘线，它的载流量要比同规格铝线略大一些，可按上述口诀方法算出比铝线加大一个线号的载流量。如 16 mm² 铜线的载流量，可按 25 mm² 铝线计算。

裸线（如架空裸线）的载流量为截面积乘以相应倍率后再乘以 2（如 16mm² 导线载流量为：16×5×2=160（A））。

（二）导线颜色的选择

CB 50258-1996《电气装置安装工程 1 kV 及以下配线工程施工及验收规范》第 3.1.9 条规定：当配线采用多相导线时，其相线的颜色应易于区分，相线与零线（即中性线 N）的颜色应不同，同一建筑物、构筑物内的导线，其颜色选择应统一；保护地线（PE 线）应采用黄绿颜色相间的绝缘导线；零线宜采用淡蓝色绝缘导线。

1. 相线颜色

宜采用黄、绿、红三色。以三相进建筑物的住宅为例，三相电源引入三相电度表箱内时，相线宜采用黄、绿、红三色；单相电源引入单相电度表箱时，相线宜分别采用黄、绿、红三色。

2. 中性线颜色

中性线颜色规范规定中性线宜采用淡蓝色绝缘导线。"宜"的含义是：在条件许可时首先应采用淡蓝色。有的国家中性线采用白色，如果其建筑物因业主要求采用白色作中性线，那么该建筑物内所有的中性线都应采用白色。如果中性线的颜色是深蓝色，那么相线颜色不宜采用绿色，因为在暗淡的灯光下，深蓝色与绿色差别不大，此时相线颜色在单相供电时，应采用红色或黄色。

3. 保护地线的颜色

规范规定应采用黄绿颜色相间的绝缘导线。"应"的含义是必须，在正常情况下均必须采用黄绿相间的绝缘导线。

（三）导线连接的规范

很多电气故障是由于导线连接不规范，不可靠引起导线发热、线路压降过大，甚至断路。因此，杜绝线路隐患，保障线路畅通与导线的连接工艺和质量有非常密切的关系。

1. 导线连接要求

导线的连接包括导线与导线、电缆与电缆、导线与设备元件，电缆与设备元件及导线与电缆的连接。导线的连接与导线材质、截面大小、结构形式、耐压高低、连接部位、敷设方式等因素有关。

（1）导线连接的总体要求

导线的连接必须符合国标 CB 50258—1996、CB 50173—1992 所规范的电气装置安装工程施工及验收标准规程的要求。在无特殊要求和规定的场合，连接导线的芯线要采用焊接、压板压接或套管连接。在低压系统中，电流较小时应采用铰接、缠绕连接。

必须学会使用剥线钳、钢丝钳和电工刀剖削导线的绝缘层。线芯截面为 4mm² 及以下的塑料硬线一般用钢丝钳或剥线钳进行剖削，线芯截面大于 4 mm² 的塑料硬线可用电工刀，塑料软线绝缘层只能用剥线钳或钢丝钳剖削，不可用电工刀剖削。塑料护套线绝缘层的剖削，必须使用电工刀。剖削导线绝缘层，不得损伤芯线，如果损伤较多应重新剖削。

导线的绝缘层破损及导线连接后必须恢复绝缘，恢复后的绝缘强度不应低于原有绝缘层的强度。使用绝缘带包缠时，应均匀紧密不能过疏，更不允许露出芯线，以免造成触电或短路事故。在绝缘端子的根部与导线绝缘层间的空白处，要用绝缘带包缠严密。绝缘带平时不可放在温度很高的地方，也不可侵燃油类。

凡是包缠绝缘的相与相、相与零线上的接头位置要错开一定的距离，以避免发生相与相、相与零线之间的短路。

（2）导线与导线的连接要求

采用熔焊连接时，熔焊连接的焊缝不能有凹陷、夹渣、断股、裂纹及根部未焊合等缺陷。焊接的外形尺寸应符合焊接工艺要求，焊接后必须清除残余焊药和焊渣。锡焊连接的焊缝应饱满，表面光滑，焊剂无腐蚀性，焊后要清除残余的焊剂。

使用压板或其他专用夹具压接，其规格要与导线线芯截面相适宜，螺钉、螺母等紧固件应拧紧到位，要有防松装置。

采用套管、压模等连接器件连接，其规格要和导线线芯的截面相适应，压接深度、压接数量、压接长度应符合规范的要求。

10kV 及以下架空线路的单股和多股导线宜采用缠绕法连接，其连接方法要随芯线的股数和材料不同而异。导线缠绕方法要正确，连接部位的导线缠绕后要平直、整齐和紧密，不应有断股、松股等缺陷。

在配线的分支线路连接处和架空线的分支线路连接处，干线不应受到支线的横向拉力。

在架空线路中，不同材质、不同规格，不同铰制方向的导线严禁连接。在其他部位以及低压配电线路中不同材质的导线不能直接连接，必须使用过渡元件连接。

采用接续管连接的导线，连接后的握着力与原导线的保持计算拉断力比，接续管连接不小于95%，螺栓式耐张线夹连接不小于90%，缠绕连接不小于80%。

不管采用何种形式的连接方法，导线连接后的电阻不得大于与接线长度相同的导线电阻。

穿在管内的导线，绝缘必须完好无损，不允许在管内有接头，所有的接头和分支路都应在接线盒内进行。

护套线的连接，不可采用线与线在明处直接连接，应采用接线盒、分线盒或借用其他电器装置的接线柱来连接。

铜芯导线采用铰接或缠绕法连接，必须先对其进行搪锡或镀锡处理后再进行连接，连接后再进行刷锡处理。单股与单股、单股与软铜线连接时，可先除去其表面的氧化膜，连接后再刷锡。

不管采用何种连接方法，导线连接后都应将毛刺和不妥之处进行修理以符合要求。

（3）导线与设备元件的连接要求

在针孔式接线端子上连接：

截面为10 mm² 及以下的单股铜芯线、单股铝芯线可直接与设备元件、用电器具的接线端子连接，其中铜芯线应先搪锡再连接。

截面为2.5 mm² 及以下的多股铜细丝导线的线芯，必须先铰紧搪锡或在导线端头上采用针形接轧头压接后插入端子针孔连接，切不可有细丝露在外面，以免发生短路事故。单股铝芯线和截面大于2.5 mm² 的多股铜芯线应压接针式接头后再与接线端子连接。

在螺钉平压式接线端子上连接：

截面为10mm² 及以下的单股铜芯线、单股铝芯线，应将其端头弯制成圆套环。

截面为10 mm² 及以下的多股铜芯线、铝芯线和较大截面的单股线，须在其线端压接线鼻子后再与设备元件的接线端子连接。

所有导线的连接必须牢固，不得松动。在任何情况下，连接器件必须与连接导线的截面和材料性质相适应。

2. 导线连接的方法

（1）铜导线的铰接和缠绕连接

当导线不够长或要分接支路时，就要将导线与导线连接。常用导线的线芯有单股、7股和19股等多种，连接方法随芯线的股数不同而异。

1）单股铜芯导线的一字形连接

把被连接的两导线线端的绝缘层剖削掉，其长度一般为100~150 mm，较小截面的导线取100 mm，较大截面的导线取150 mm。

把两导线端头芯线的2/3长度处成X型相交，按顺时针方向绞在一起并用钳子咬住，互相铰绕 2~3 圈后板直两头。

用一只手握钳，另一只手将每个线头在另一芯线上紧贴缠绕 5 圈，截面积较大的缠绕 10 圈，用钢丝钳剪去余下的线头，并挤紧钳平芯线的末端。

双芯线的导线一字形连接。可用同样的方法把另一线芯缠绕，将接头修整平直。

2）单股铜芯导线的 T 字分支连接方法

将干线分支点导线的绝缘层剖削掉 50 mm，再把分支导线端部的绝缘层剖削掉 100~150mm，长度选取同上。

将支路芯线的线头与干线芯线十字相交打一个结，并用钳口咬住，使支路芯线根部留出 3~5mm，然后按顺时针方向紧紧缠绕干线芯线，缠绕 5~10 圈后，用钢丝钳切去余下的芯线并掐紧芯线末端，钳平切口毛刺。

单股铜芯导线的十字连接，方法同上。

（2）铝芯导线的连接

由于铝极易氧化，且铝氧化膜的电阻率很高，所以铝芯线不宜采用铜芯导线的方法进行连接，铝芯导线常采用螺钉压接法、压板连接法和压接管压接法连接。

1）螺钉压接法

螺钉压接法适用于负荷较小的单股铝芯导线的连接，其步骤如下：

将剥去绝缘层的铝芯线头用钢丝刷刷去表面的铝氧化层，并涂上中性凡士林。

直线连接时，先把每根铝芯导线在接近线段处卷上 2~3 圈，以备线头断裂后再次连接用，然后把四个线头两两相对地插入两只接头的四个接线端子上，然后旋紧接线桩上的螺钉。

若要做分路连接时，要把支路导线的两个芯线头分别插入两个接头的两个接线端子上，然后旋紧螺钉。

最后在瓷接头上加罩铁皮盒盖或木罩盒盖。

如果连接处在插座或熔断器附近，则不必用瓷接头，可用插座或熔断器上的接线桩进行过渡连接。

2）压接管压接法

使用手动冷挤压接钳和压接管，按多股铝芯线规格选择合适的铝压接管；用钢丝刷清除铝芯线表面和压接管内壁的氧化层，涂上一层中性凡士林；把两根铝芯导线的线端相对穿入压接管，并使线端穿出压接管 25~30mm；进行压接时，第一道压接应压在铝芯线端的一侧，不可压反，压接坑的距离和数量应符合技术要求。

3. 恢复导线的绝缘层

通常用黄蜡带、涤纶薄膜带和黑胶带作为恢复绝缘层的材料，黄蜡带和黑胶带一般选用 20 mm 宽，恢复导线绝缘层的方法步骤如下：

将黄蜡带从导线左边完整的绝缘层上开始包缠，包缠两根带宽后方可进入无绝缘层的线芯部分。包缠时，黄蜡带与导线保持约 55° 的倾斜角，每圈叠压带宽的 1/2，包一层黄蜡带后，将黑胶布接在黄蜡带的尾端，按另一斜叠方向包缠一层黑胶布，也要每圈压叠带宽的 1/2。

用在 380V 线路上的导线恢复绝缘层时，须先包缠 1~2 层黄蜡带，然后再包缠一层黑胶带。用在 220V 线路上的导线恢复绝缘时，先包一层黄蜡带，然后再包缠一层黑胶带，也可只包缠两层黑胶带。双股线芯的导线连接时，用绝缘带将后圈压前圈 1/2 带宽，正反各包缠一次，包缠后的首尾应压住原绝缘层一个绝缘带宽。

第四节　低压配电设备

一、低压配电箱

配电箱是按照供电线路负荷的要求将各种低压电器设备构成一个整体装置，用来接收电能和分配电能，是动力系统和照明系统的配电与供电中心，建筑物内均需安装合适的配电箱。配电箱内设有配电盘，它的作用是为下一级配电点或各个用电点进行配电，即将电能按要求分配于各个用电线路。

配电箱可按不同的方法分类。

按功能分，有电力配电箱、照明配电箱、计量箱和控制箱。

按结构分，有板式、箱式和落地式。

按使用场所分，有户外式和户内式，户内式又分为明装和暗装，还可分为成套配电箱和非成套配电箱。成套配电箱可分为电力配电箱、照明配电箱。

1. 电力配电箱

电力配电箱按实际需要，根据国家有关标准和规范，统一设计。电力配电箱种类很多，普遍采用的有 XL(F)-14、XL(F)-15、XL(R)-20、XL-21 等型号。

XL(F)-14、XL(F)-15 配电箱内部主要有刀开关、熔断器等。刀开关额定电流一般为 400 A，适用于交流 500 V 以下的三相系统电力配电，主要用于工矿企业的车间及生产部门。XL(R)-20 型采用挂墙安装，XL-21 型除装有断路器外，还装有接触器、磁力启动器、热继电器等，箱门上还可装操作按钮和指示灯。

2. 照明配电箱

标准照明配电箱是按国家标准统一设计的。箱内主要装有控制各支路的刀闸开关或自动空气开关、熔断器、漏电保护开关等。主要用于工业与民用建筑中在交流 50 Hz 额定电压不超过 500 V 的照明和小型动力系统中，作为线路的过载、短路保护之用。常用的照明配电箱有悬挂式低压照明配电箱（XXM 系列）和嵌墙式低压照明配电箱（XRM 系列）。型号 XM-4 型照明配电箱主要适用于交流 380 V 及以下的三相四线制系统中，用作非频繁操作的照明配电，具有过载和短路保护功能。XM（R）-7 型照明配电箱主要适用于一般工厂、机关、学校和医院，用来控制 380/220 V 及以下电压具有接地中性线的交流照明回路。安装方式为嵌入式。

3. 配电箱的选择与安装

选择配电箱一般应优先选用通用的标准配电箱，这样有利于设计、施工。另外，还需从以下几个方面考虑。

（1）根据负荷性质和用途，确定配电箱的种类。

（2）根据控制对象的负荷电流的大小、电压等级和保护要求，确定配电箱主回路和各支路的开关电器、保护电器的容量和电压等级。

（3）配合使用环境和场所的要求，选择配电箱的形式、外观、防火、防潮等。

（4）安装配电箱，位置的选择十分重要。恰当的选择能节约设备费用、电能，保证供电的质量、维修方便。配电箱应设置在干燥、通风、采光好、进出线方便的地方，且这个位置应方便操作、检修。配电箱所在位置还应尽可能靠近负荷中心。对于高层建筑，各层配电箱应尽可能布置在同一方向、同一位置，以利于施工安装与维修管理。

二、电度表

电度表是用来测量某一段时间内用电负载所消耗电能的仪表，它不仅能反映出功率的大小，而且能反映电能随时间增长的累积之和。它是建筑电气工程中不可缺少的一种仪表。

电度表的种类很多，若按功能分为有功电能表、无功电能表和特殊功能电能表。按结构分为电解式、电子数字式和电器机械式。常见的电能表有单相电能表、三相电能表，三相电能表又有两元件和三元件两种，分别应用在三相三线电路中和三相四线电路中。

第五节　电梯

一、电梯概述

1. 电梯发展史

电梯进入人们的生活已经有 150 多年了。电梯的雏形是公元前 115 年至 1079 年间我国劳动人民发明的辘轳，提取井水的起重装置。井上竖立井架，上装可用手柄摇转的轴，轴上绕绳索，绳索一端系水桶。摇转手柄，使水桶一起一落，提取井水。

1852 年，世界上第一台电梯在德国柏林诞生，采用电动机拖动。此后，美国出现了以蒸汽机为动力的客梯。美国人奥蒂斯研究出电梯的安全装置，开创了升降机工业或者说电梯工业新纪元。

1854 年，在纽约水晶宫举行的世界博览会上，美国人伊莱沙·格雷夫斯·奥蒂斯第一次向世人展示了他的发明，人类历史上第一部安全升降梯。

1857 年，世界第一台载人电梯问世，为不断升高的高楼提供了重要的垂直运输工具。

1889 年，奥蒂斯公司在纽约试制成功第一台电力驱动蜗轮减速的电梯，这一设计思想为现代化的电梯奠定了基础，它的基本结构至今仍被广泛使用。

1892 年，美国奥蒂斯公司开始采用按钮操纵装置，取代传统的轿厢内拉动绳索的操纵方式，为操纵方式现代化开了先河。

中国最早的一部电梯出现在上海，是由美国奥蒂斯公司于 1901 年安装的。1932 年由美国奥蒂斯公司安装在天津利顺德酒店的电梯至今还在安全运转着。1951 年，党中央提出要在天安门安装一台由我国自行制造的电梯，天津从庆生电机厂荣接此任，四个月后不辱使命，顺利地完成了任务。

2. 世界电梯之最

最快——韩国现代电梯公司开发出了时速 64.8 千米的电梯，是世界上最快的电梯。

韩国现代电梯公司通过自主技术开发出移动速度超过 1 千米 / 分钟的世界上最高速的电梯，报道称，移动速度达 1 080 米 / 分（时速 64.8 千米）。此前，世界最高速电梯是日本东芝公司在中国台湾 101 大楼设置的电梯，速度达 1010 米 / 分（时速 60.6 千米）。

最大——日本最大电梯组一次可运送 400 人。

日本大阪，三菱电机全球最大的电梯，如果按 65 kg 的单人体重计算，它可以一次运载 80 人同时上下楼，它由 5 台宽 3.4 米，长 2.8 米，高 2.6 米，每台最大载荷 5250 kg 的单台电梯组成，可一次将 400 人同时运上 41 层大楼。

最小——中国最小"袖珍电梯"。

这是按照 1 : 20 的比例缩小制造的，原理和操作与真的电梯一样。主要是为了学生们研究和学习使用，这是科研人员根据学生的专业特点专门设计的。

最长——迪拜塔电梯运行长度世界第一。

迪拜塔共有 57 部电梯，运输长度世界第一，分别安装在塔内不同地区，访客、住户、上班族、饭店客人各使用不同的电梯。位于塔中央的主电梯高 504 米，上升高度世界第一，超越台北 101 大楼电梯的 448 米纪录，几乎是纽约帝国大厦电梯（381 米）的 1.5 倍。

世界上最高的观光电梯。湖南张家界武陵源风景区百龙旅游电梯，是目前世界上最高的全暴露双层、最大载重、速度最快的户外观光电梯。该电梯依山体垂直而建，垂直高差 335 米，运行高度 326 米，由 156 米山体竖井和 171 米贴山钢结构井架组成，由 3 台双层全暴露观光电梯并列分体运行，每小时可运送 3000 名游客，共耗资 1.2 亿元。

最大的电梯公司。奥蒂斯电梯公司是全球最大的人员输送产品生产商和维护商，其产品包括电梯、自动扶梯和自动人行道。该公司总部位于康涅狄格州法明顿，拥有 61 000 名员工，为 200 多个国家和地区提供产品和服务，并维护着全球 170 万部电梯和自动扶梯。

最大的电梯市场是中国，作为电梯行业全球第一大市场，保持着快速稳定的发展态势。

近 10 年，中国电梯年产量平均年增长 17.8%。中国大陆电梯的年产量超过了世界总量的 1/3，已经成为全球最大的电梯市场。全国取得电梯整机制造许可证的企业约 400 家，生产能力居世界第一。

3.世界电梯行业的发展趋势

（1）未来无机房电梯的需求将成为电梯发展亮点，将有更多的开发商选择无机房电梯，而无机房电梯价格稳中有升，特别是安全可靠的第四代无机房电梯，将成为购买热点。同时，电梯企业之间的合作将有更大的趋势。

（2）观光电梯将一改过去半圆及菱形的传统样式，像 WALESS 平面观光电梯只在传统电梯价格上增加 8000 元，自然更受用户欢迎，还有 WALESS 的 1/4 圆形无机房观光电梯可以让建筑设计与施工更简单，成本更低，成为未来观光电梯的抢手货。因此，未来观光电梯的样式将从原来 2 种增加到 5~6 种，让用户可以选择更多的观光式样，并满足低价用户选择观光电梯以及别墅观光电梯的需求。

（3）住宅电梯的多样性及综合成本选择，是未来电梯业的发展趋势。未来，住宅电梯的多样性表现在有机房与无机房电梯并存，廉价电梯与高档电梯并存，普通住宅电梯与住宅观光电梯并存。同时开发商为了开发利益，在电梯井道土建设计、施工及电梯设备采购安装上将多方面考虑，不再只比较电梯设备的价格，综合考虑成本将逐步成为选择住宅电梯的基本要求之一。

（4）未来电梯企业的广告费用将比以前增多，而且将更多地考虑广告的实用性和有效性。

（5）电梯标准化生产将在一些企业实施，通过标准化生产来降低生产成本，服务用户、提高产品质量是电梯产品发展的另外一个趋势，而这个趋势可能从中国开始并走向全球。

（6）提高安装和售后服务质量是未来电梯业发展的重要趋势，重视培养安装队伍也将成为今后几年的教学重点之一。

（7）传统的电梯品牌将面临越来越多的市场竞争和新技术的挑战，中国电梯行业也将更多地参与国际竞争，更多的投资会流向电梯业。

（8）节能电梯是未来几年发展的主要趋势。电梯行业的发展趋势也迫使采购趋势的改变，采购趋势的更新也将迫使电梯行业发展趋势符合采购需要，在今后几年无论是行业发展和采购趋势，节能电梯都将成为主流。电梯耗电量大，一台电梯耗电量相当于 10 台空调，而且还会产生电磁波和噪声干扰。因此，政府和厂商会共同推行节能技术的应用。

二、电梯的分类

1.按用途分类

乘客电梯，为运送乘客设计的电梯，要求有完善的安全设施以及一定的轿内装饰。

载货电梯，主要为运送货物而设计，通常有人伴随的电梯。

医用电梯，为运送病床、担架、医用车而设计的电梯，轿厢具有长而窄的特点。

杂物电梯，供图书馆、办公楼、饭店运送图书、文件、食品等设计的电梯。

观光电梯，轿厢壁透明，供乘客观光用的电梯。

车辆电梯，用作装运车辆的电梯。

船舶电梯，船舶上使用的电梯。

建筑施工电梯，建筑施工与维修用的电梯。

其他类型的电梯，除上述常用电梯外，还有一些特殊用途的电梯，如冷库电梯、防爆电梯、矿井电梯、电站电梯、消防员用电梯等。

2. 按驱动方式分类

交流电梯，用交流感应电动机作为驱动力的电梯。根据拖动方式又可分为交流单速、交流双速、交流调压调速、交流变压变频调速等。

直流电梯，用直流电动机作为驱动力的电梯，这类电梯的额定速度一般在 2.00 m/s 以上。

液压电梯，一般利用电动泵驱动液体流动，由柱塞使轿厢升降的电梯。

齿轮齿条电梯，将导轨加工成齿条，轿厢装上与齿条啮合的齿轮，电动机带动齿轮旋转使轿厢升降的电梯。

螺杆式电梯，将直顶式电梯的柱塞加工成矩形螺纹，再将带有推力轴承的大螺母安装于油缸顶，然后通过电机经减速机（或皮带）带动螺母旋转，从而使轿厢上升或下降的电梯。

直线电机驱动的电梯，其动力源是直线电机。电梯问世初期，曾用蒸汽机、内燃机作为动力直接驱动电梯，现已基本绝迹。

3. 按速度分类

电梯无严格的速度分类，我国习惯上按下述方法分类。

低速梯，常指速度低于 1.00 m/s 的电梯。

中速梯，常指速度在 1.00~2.00 m/s 的电梯。

高速梯，常指速度大于 2.00 m/s 的电梯。

超高速梯，速度超过 5.00 m/s 的电梯。

随着电梯技术的不断发展，电梯速度越来越高，区别高、中、低速电梯的速度限值也在相应地提高。

三、电梯的基本结构

1. 曳引系统

曳引系统由曳引机、曳引钢丝绳、导向轮及反绳轮等组成。曳引机由电动机、联轴器、制动器、减速箱、机座、曳引轮等组成，它是电梯的动力源。

曳引钢丝绳的两端分别连接轿厢和对重（或者两端固定在机房上），依靠钢丝绳与曳引轮绳槽之间的摩擦力来驱动轿厢升降。

导向轮的作用是分开轿厢和对重的间距，采用复绕型时还可增加曳引能力，导向轮安装在曳引机架上或承重梁上。

当钢丝绳的绕绳比大于1时，在轿厢顶部和对重架上应增设反绳轮。反绳轮的个数可以是1个、2个甚至3个，这与曳引比有关。

2. 导向系统

导向系统由导轨、导靴和导轨架等组成。它的作用是限制轿厢和对重的活动自由度，使轿厢和对重只能沿着导轨做升降运动。

导轨固定在导轨架上，导轨架是承重导轨的组件，与井道壁连接。导靴装在轿厢和对重架上，与导轨配合，强制轿厢和对重的运动服从于导轨的直立方向。

3. 门系统

门系统由轿厢门、层门、开门机、联动机构、门锁等组成。轿厢门设在轿厢入口，由门扇、门导轨架、门靴和门刀等组成。层门设在层站入口，由门扇、门导轨架、门靴、门锁装置及应急开锁装置组成。开门机设在轿厢上，是轿厢门和层门启闭的动力源。

4. 轿厢

轿厢是用以运送乘客或货物的电梯组件，由轿厢架和轿厢体组成。轿厢架是轿厢体的承重构架，由横梁、立柱、底梁和斜拉杆等组成。轿厢体由轿厢底、轿厢壁、轿厢顶及照明、通风装置、轿厢装饰件和轿内操纵按钮板等组成。轿厢体空间的大小由额定载重量或额定载客人数决定。

5. 重量平衡系统

重量平衡系统由对重和重量补偿装置组成。对重由对重架和对重块组成，用来平衡轿厢自重和部分额定载重。重量补偿装置是补偿高层电梯中轿厢与对重侧曳引钢丝绳长度变化对电梯平衡影响的装置。

6. 安全保护系统

安全保护系统包括机械和电气的各类保护系统，可保护电梯安全使用。机械方面的有限速器、安全钳、轿厢上行超速保护、缓冲器、轿厢护脚板、制动器、紧急报警装置。电气方面的安全保护在电梯的各个运行环节都有，如门锁保护、端站减速保护、限位、极限保护、超载保护、门夹人保护、相序保护、接地保护。

第六节 建筑电气工程图基本知识

一、建筑电气工程施工图概念

建筑电气工程施工图，是用规定的图形符号和文字符号表示系统的组成及连接方式装置和线路的具体安装位置和走向的图纸。

电气工程图的特点：

1. 建筑电气图大多是采用统一的图形符号并加注文字符号绘制的；

2. 建筑电气工程所包括的设备、器具、元器件之间是通过导线连接起来的，构成一个整体，导线可长可短，能比较方便地表达较远的空间距离；

3. 电气设备和线路在平面图中并不是按比例画出它们的形状及外形尺寸，通常用图形符号来表示，线路中的长度是用规定的线路图形符号按比例绘制。

二、建筑电气工程图的类别

1. 系统图

用规定的符号表示系统的组成和连接关系，它用单线将整个工程的供电线路连接起来，主要表示整个工程或某一项目的供电方案和方式，也可以表示某一装置各部分的关系。系统图包括供配电系统图（强电系统图）、弱电系统图。

供配电系统图（强电系统图）表示供电方式、供电回路、电压等级及进户方式，标注回路个数、设备容量及启动方式、保护方式、计量方式、线路敷设方式。强电系统图有高压系统图、低压系统图、电力系统图、照明系统图等。

弱电系统图是表示元器件的连接关系，包括通信电话系统图、广播线路系统图、共用天线系统图、火灾报警系统图、安全防范系统图、微机系统图。

2. 平面图

用设备、器具的图形符号和敷设导线（电缆）或穿线管路的线条画在建筑物或安装场所，用以表示设备、器具、管线实际安装位置的水平投影图，是表示装置、器具、线路具体平面位置的图纸。

强电平面图包括电力平面图、照明平面图、防雷接地平面图、厂区电缆平面图等；弱电部分包括消防电气平面布置图、综合布线平面图等。

3. 原理图

表示控制原理的图纸，在施工过程中，指导调试工作。

4. 接线图

表示系统的接线关系的图纸，在施工过程中指导调试工作。

三、建筑电气工程施工图的组成

电气工程施工图纸的组成有：首页、电气系统图、平面布置图、安装接线图、大样图和标准图。

1.首页：主要包括目录，设计说明、图例、设备器材图表。

（1）设计说明包括：设计依据、工程概况、负荷等级、保安方式、接地要求、负荷分配、线路敷设方式、设备安装高度、施工图未能标明的特殊要求、施工注意事项、测试参数及业主的要求和施工原则。

（2）图例：即图形符号，通常只列出本套图纸中涉及的图形符号，在图例中可以标注装置与器具的安装方式和安装高度。

（3）设备器材表：说明本套图纸中的电气设备、器具及材料明细。

2.电气系统图：指导组织订购，安装调试。

3.平面布置图：指导施工与验收的依据。

4.安装接线图：指导电气安装检查接线。

5.标准图集：指导施工及验收依据。

四、常用的文字符号及图形符号

图纸是工程"语言"，这种"语言"采用规定符号的形式表示出来，符号分为文字符号及图形符号。熟悉和掌握这种"语言"是十分关键的。对了解设计者的意图、掌握安装工程项目、安装技术、施工准备、材料消耗、安装器具安排、工程质量、编制施工组织设计、工程施工图预算（或投标报价）等意义十分重大。

电气施工图上的各种电气元件及线路敷设均是用图例符号和文字符号来表示的，识图的基础是首先要明确和熟悉有关电气图例与符号所表达的内容和含义。

线路的文字标注基本格式为：ab-e（d×e+f×g）i-jh

其中a——线缆编号；

b——型号；

c——线缆根数；

d——线缆线芯数；

e——线芯截面（mm^2）；

f——PE、N线芯数；

g——线芯截面（mm^2）；

i——线路敷设方式；

j——线路敷设部位；

h——线路敷设安装高度（m）。

上述字母无内容时则省略该部分。

例：N，BLX-3×4-SC20-WC 表示有 3 根截面为 4 mm² 的铝芯橡皮绝缘导线，其直径为 20 mm 的水煤气钢管沿墙暗敷设。

动力和照明配电箱的文字标注格式为：a-b-e

其中 a——设备编号；

b——设备型号；

c——设备功率（kW）。

例：$3\frac{XL-3-2}{35.165}$ 表示 3 号动力配电箱，其型号为 XL-3-2 型、功率为 35.165 kW。

照明灯具的文字标注格式为：$a-b\frac{c\times d\times L}{e}f$

其中 a——同一个平面内，同种型号灯具的数量；

b——灯具的型号；

c——每盏照明灯具中光源的数量；

d——每个光源的容量（W）；

e——安装高度，当吸顶或嵌入安装时用"-"表示；

f——安装方式；

l——光源种类（常省略不标）。

五、读图的方法和步骤

1. 读图的原则

就建筑电气施工图而言，一般遵循"六先六后"的原则，即：先强电后弱电，先系统后平面，先动力后照明，先下层后上层，先室内后室外，先简单后复杂。

2. 读图的方法及顺序

（1）看标题栏：了解工程项目名称内容、设计单位、设计日期、绘图比例。

（2）看目录：了解单位工程图纸的数量及各种图纸的编号。

（3）看设计说明：了解工程概况供电方式以及安装技术要求。特别注意的是有些分项局部问题是在各分项工程图纸上说明的，看分项工程图纸时也要先看设计说明。

（4）看图例：充分了解各图例符号所表示的设备器具名称及标注说明。

（5）看系统图：各分项工程都有系统图，如变配电工程的供电系统图，电气工程的电力系统图，电气照明工程的照明系统图，了解主要设备、元件连接关系及它们的规格、型号、参数等。

（6）看平面图：了解建筑物的平面布置、轴线、尺寸、比例、各种变配电设备、用电设备的编号、名称和它们在平面上的位置、各种变配电设备起点、终点、敷设方式及在建筑物中的走向。

（7）读平面图的一般顺序

总干线→总配电箱→支干线→分配电箱→用电器具（负载）

（8）看电路图、接线图：了解系统中用电设备控制原理，用来指导设备安装及调试工作，在进行控制系统调试及校线工作中，应依据功能关系从上至下或从左至右逐个回路地阅读，电路图与接线图端子图配合阅读。

（9）看标准图：标准图详细表达设备、装置、器材的安装方式方法。

（10）看设备材料表：设备材料表提供了该工程所使用的设备、材料的型号、规格、数量，是编制施工方案、编制预算、材料采购的重要依据。

3. 读图注意事项

就建筑电气工程而言，读图时应注意如下事项：

（1）注意阅读设计说明，尤其是施工注意事项及各分部分项工程的做法，特别是一些暗设线路、电气设备的基础及各种电气预埋件更与土建工程密切相关，读图时要结合其他专业图纸阅读。

（2）注意系统图与系统图对照看，例如供配电系统图与电力系统图、照明系统图，核对其对应关系；系统图与平面图对照看，电力系统图与电力平面图对照看，照明系统图与照明平面图对照看，核对有无不对应的错误。看系统的组成与平面对应的位置，看系统图与平面图线路的敷设方式线路的型号、规格是否保持一致。

（3）注意看平面图的水平位置与空间位置。

（4）注意线路的标注、电缆的型号规格、导线的根数及线路的敷设方式。

（5）注意核对图中标注的比例。

第五章 建筑电气安全技术

第一节 人体触电预防

一、电流对人体的伤害分类

电流对人体的伤害分电击和电伤两种类型。

1.电击

电击就是我们通常所说的触电，绝大部分的触电死亡事故都是电击造成的。当人体触及带电导线、漏电设备的金属外壳和其他带电体，或离开高压电距离太近以及雷击或电容器放电等，都可能导致电击。

电击是电流对人体器官的伤害，如破坏人的心脏、肺部、神经系统等造成人死亡。电击时伤害程度主要取决于电流的大小和触电持续时间。

（1）电流流过人体的时间较长，可引起呼吸肌的抽缩，造成缺氧而心脏停搏。

（2）较大的电流流过呼吸中枢时，会使呼吸肌长时间麻痹或严重痉挛造成缺氧性心脏停搏。

（3）在低压触电时，会引起心室颤动或严重心律失常，使心脏停止有节律的泵血活动，导致大脑缺氧而死亡。

2.电伤

电伤是指触电时电流的热效应、化学效应及电刺激引起的生物效应对人体表面或外部造成的局部伤害。电伤在肌体上留下难以愈合的伤痕。常见的电伤有电弧烧伤、电烙印和皮肤金属化等，严重的也可以致人死亡。

二、影响触电严重程度的因素

1.不同电流强度对人体触电的影响

通过人体的电流越大人的生理反应越明显，引起心室颤动所需的时间越短，致命的危险就越大。按照不同的电流通过人体的生理反应，可将电流分成以下三类：

（1）感觉电流。人体能感觉到的最小电流称为感觉电流。女性对电流较敏感，一般成年男性的感觉电流约为 1.1 mA（工频），成年女性约为 0.7 mA。

（2）摆脱电流。触电后人能自主摆脱电源的最大电流称为摆脱电流。摆脱电流男性比女性要大，当然要根据触电人的身体状况，身强力壮的男性摆脱电流甚至可达几十毫安，而女性触电后由于心理紧张加上体力不如男性，所以女性摆脱电流一般较小。一般成年男性摆脱电流在 16 mA 左右（工频），而成年女性约 10 mA（工频）。

（3）致命电流。从名词就可看出这个电流数值将导致人触电死亡。即在较短的时间内，危及人生命的最小电流称为致命电流。一般情况下通过人体的工频电流超过 50mA，人的心脏就能停止跳动，发生昏迷和出现致命的电灼伤。当工频电流达 100mA 通过人体时，人会很快死亡。

2. 电流通过人体的持续时间对人体触电的影响

电流通过人体的时间越长，对人体组织破坏越厉害，后果越严重。人体心脏每收缩和扩张一次，中间有一段时间间隙，在这段间隙时间内触电，心脏对电流特别敏感，即使电流很小，也会引起心室颤动。所以，触电时间如果超过 1 s 就相当危险。

3. 人体电阻对人身触电的影响

人体触电时，当接触的电压一定时，流过人体的电流大小就取决于人体电阻的大小。人体电阻越小，流过人体的电流就越大，也就越危险。人体电阻主要由两个部分组成，即人体内部电阻和皮肤表面电阻。前者与接触电压和外界条件无关，一般在 500 n 左右；后者随皮肤表面的干湿程度、有无破伤及接触电压的大小而变化。不同情况的人，皮肤表面的电阻差异很大，因而使人体电阻差异也很大。但一般情况人体电阻可按 1 000~2 000 Q 考虑。

（1）干燥场所的皮肤，电流途径为单手至双脚。

（2）潮湿场所的皮肤，电流途径为单手至双脚。

（3）有水蒸气，特别潮湿场所的皮肤，电流途径为双手至双脚。

（4）游泳池或浴池中的情况，基本为体内电阻。

三、触电的原因及形式

1. 人体触电的原因

在生产和日常生活中，不同场合下引起触电的原因也不一样。触电现象按其原因可分为直接触电和间接触电两种。直接触电是指人体直接接触或过分接近带电体而触电；间接触电是指人体触及正常时不带电，而发生故障时才带电的金属导体。根据生产、生活中所发生的触电事故，将触电原因归纳为以下几类。

（1）线路架设不合规格

室内、外线路对地距离、导线之间的距离小于允许值；室内导线破旧，绝缘损坏或敷设不合规格容易造成触电或碰线短路引起火灾；通信线、广播线与电力线距离过近或同杆架设，如遇断线或碰线时电力线电压传到这些设备上引起触电；电气修理工作台布线不合理，绝缘线被电烙铁烫坏引起触电；有的地区为节省电线而采用一线一地制等。

（2）电气操作制度不严格

带电操作时未采取可靠的安全措施；救护触电者时不采取安全保护措施；不熟悉电路和电器盲目修理；停电检修时，闸刀上未挂警告牌，其他人员误合闸造成触电事故；使用不合格的安全工具进行操作；无绝缘措施而与带电体过分接近；在架空线上操作时，不在相线上加临时接地线；无可靠的防高空跌落措施等。

（3）用电设备不合要求

电烙铁、电熨斗等电器设备内部绝缘损坏，金属外壳无保护接地措施或接地线接触不良；开关、灯具、携带式电器绝缘外壳破损或相线绝缘老化，失去保护作用；开关、熔断器误装在中性线上，使整个线路带电而触电等。

（4）用电不谨慎

违反布线规程，在室内乱拉电线，在使用中不慎造成触电；换保险丝时，随意加大规格或用铜丝代替铅锡合金丝；在电线上或电线附近晾晒衣物；在高压线附近打鸟、放风筝；未切断电源就去移动灯具或家用电器；用水冲刷电线和电器，或用湿巾擦拭，引起绝缘性能降低而漏电，造成触电事故等。

2.人体触电的形式

人体触电一般有与带电体直接触电、跨步电压触电、接触电压等几种形式。

（1）人体与带电体直接接触触电

人体直接接触带电体造成的触电，称之为直接接触触电。如果人体直接接触到电气设备或电力线路中一相带电体，或者与高压系统中一相带电导体的距离小于该电压的放电距离造成对人体放电，这时电流将通过人体流入大地，这种触电称为单相触电。如果人体同时接触电气设备或线路中两相带电体，或者在高压系统中，人体同时过分靠近两相导体而发生电弧放电，则电流将从一相导体通过人体流入另一相导体，这种触电现象称为两相触电。显然，发生两相触电危害就更严重，因为这时作用于人体的电压是线电压。对于380 V的线电压，两相触电后流过人体的电流为268 mA这样大的电流只要经过0.186 s就会死亡。

（2）跨步电压触电

当电气或线路发生接地故障时，接地电流通过接地体将向大地四周流散，这时在地面上形成分布电位，要20m以外，大地电位才等于零。人假如在接地点周围（20m以内）行走，其两脚之间就有电位差，这就是跨步电压。由跨步电压引起的人体触电，称为跨步电压触电。跨步电压的大小取决于人体离接地点的距离和人体两脚之间的距离。离接地点越近，跨步电压的数值就越大。

《电业安全规程》（DL408-91）中规定：高压设备发生接地时，室内不得接近故障点4m以内，室外不得接近故障点8m以内。进入上述范围人员必须穿绝缘靴，接触设备的外壳和构架时，应戴绝缘手套。《电业安全规程》又规定：雷雨天气，需要巡视室外高压设备时，应穿绝缘靴，并不得靠近避雷针。这些都是为了防止跨步电压触电，保护人身安全面做出的规定。

第二节　接地与接零

一、接地概述

电气设备的某部分用金属与大地做良好的电气连接，称为接地。埋入地中并直接与大地接触的金属导体，称为接地体。连接设备接地部分与接地体的金属导线，称为接地线。接地体和接地线的总和，称为接地装置。接地电阻是指电流从埋入地中的接地体流向周围土壤时，接地体与大地远处的电位差与该电流的比值，而不是接地体表面电阻。

1.电气设备接地的目的

由于电气设备某处绝缘损坏而使外壳带电，一旦人触及设备带电的外壳就会造成对人员的触电伤害。如果没有接地装置，接地电流将同时沿着接地体和人体两条通路流过。接地电阻越小，流经人体的电流也就越小。如果接地电阻小于某个定值，流过人体的电流也就小于伤害人体的电流值，使人体避免触电的危险。为保证电气设备及建筑物等的安全，须采用过电压保护接地、静电感应接地等。

2.接地电阻

接地电阻是指电流从埋入地中的接地体流向周围土壤时，接地体与大地远处的电位差与该电流之比，而不是接地体的表面电阻。所以，接地电阻反映了接地体周围土壤对接地电流场所呈现的阻碍作用的大小。接地体的尺寸、形状、埋地深度及土壤的性质都会影响接地电阻值。严格地说，这里所指的接地电阻应称为流散的电阻，而接地装置及其周围土壤对电流的阻碍作用才称为接地电阻。由于接地电阻和流散电阻相差甚小，一般把它们看作是相等的。

二、保护接地和保护接零的适用范围

对于以下电气设备的金属部分均应采取保护接地或者保护接零措施。

1.电机、变压器、电器、照明器具、携带式及移动式用电器的底座和外壳。

2.电气设备的传动装置。

3.配电屏与控制屏的框架。

4.室内外配电装置的金属架构和钢筋混凝土的架构，以及靠近带电部分的金属挡、金属门。

5. 交流电力电缆的接线盒、终端盒的外壳,以及电缆的金属外皮、穿线的钢管灯。

凡是不采取保护接地或接零的电气设备的金属部分,必须是对人体安全确实没有危害的。

三、接地、接零装置的基本要求

1. 接地体

为了节约钢材,减少施工费用,降低接地电阻,交流电气设备的接地装置应尽可能利用自然接地体。自然接地体包括与地有可靠连接的各种金属结构、管道、钢筋混凝土建筑物基础中的钢筋以及地下敷设的电力电缆的金属外皮等。人工接地体多采用钢管、角钢、扁钢、圆钢制成,其基本埋设方法有垂直埋设和水平埋设。不论采用哪种形式的接地体,最根本的是满足接地电阻的要求。为了达到规定阻值,接地体的长度、截面埋入深度等都有一定的要求。对于高电阻率的土壤,需采用化学处理方法来降低接地电阻。接地体还必须满足热稳定性的要求。敷设在腐蚀性较强的场所的接地装置,应进行热镀锌或热镀锡防腐处理。接地体一般用一定截面的钢材焊接,以防在接地体通过电流时因接触不良而发热损坏。

2. 接地线

接地线包括接地干线和支线,也有自然接线和人工接地线之分。在有条件的地方尽量采用自然接地线。自然接地线可采用建筑物的金属结构、配线钢管电力电缆的金属外皮以及不会引起燃烧和爆炸的金属管道。为了保证接地线的全长为完好的电气通路,在管接头、接线盒以及仅需构件铆接的地方,都要采用跨接线连接。跨接线连接一般采用焊接。对人工接地线的要求除了电气连接可靠外,还要有一定的机械强度。接地干线与接地体之间,至少要有两处连接。为了保证安全可靠,电气设备的接地支线应单独与干线连接,不许采用串联。当不同用途、不同电压的电气设备共用同一接地装置时,其接地电阻应满足最小值的要求。

3. 接零线

在保护接零系统中,零线起着非常重要的作用。此外,在三相四线制中,零线还起着使负荷的三相电压平衡的作用。尽管有重复接地,也要防止零线断裂。零线的截面选择要适当,要考虑三相不平衡时通过零线的电流密度,还要使零线有足够的机械强度。零线的连接应牢固可靠、接触良好。零线的连接线与设备的连接应用螺栓压接。所有电气设备的接零线,均应以并联方式接在零线上,不允许串联。在零线上禁止安装熔断丝或单独的断流开关。在有腐蚀性物质的环境中,为了防止零线的腐蚀,应在其表面涂必要的防腐涂料。

第三节　低压配电系统的保护

一、IT系统

如图 5-1 所示，IT 系统的电源中性点是对地绝缘的或高阻抗接地，而用电设备的金属外壳直接接地。

IT 系统的工作原理：若设备外壳没有接地，在发生单相碰壳故障时，设备外壳带上了相电压，此时若有人触摸外壳，就会有相当危险的电流经过人体与电网和大地之间的分布电容所构成的回路，而设备的金属外壳有了保护接地后，如图 5-1（b）所示，由于人体远比接地装置的接地电阻大，在发生单相碰撞时，大部分接地电流被接地装置分流，流经人体的电流很小，从而对人体安全起了保护作用。

IT 系统适用于环境条件不良、易发生单相接故障的场所，以及易燃的场所、易爆炸的场所（如煤矿、化工厂、纺织厂等）。

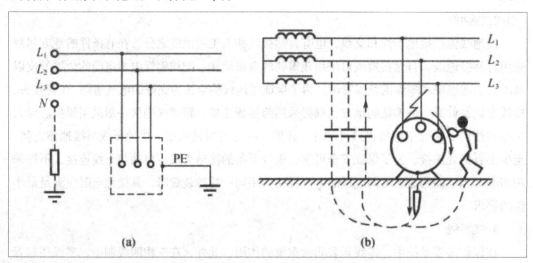

图 5-1　IT 系统

二、TT系统

如图 5-2 所示，TT 系统的电源中性点直接接地，与用电设备接地无关。设备的金属外壳也直接接地，且与电源中性点相接。

TT 系统的工作原理：当发生单相碰壳故障时，接地电流经保护接地装置和电流的工作接地装置所构成的回路流过。此时，若有人触摸带电的外壳，则由于保护接地装置的电阻远小于人体的电阻，大部分接地电流被接地装置分流，从而对人身起到保护作用。

采用 TT 系统的不足之处在于以下几点。

1. 在采用的电气设备发生单相碰壳故障时，接地电流并不很大，往往不能使保护装置动作，这将导致线路长期带故障运行。

2. 当 TT 系统中的用电设备只是由于绝缘不良导致漏电，漏电电流并不很大（仅为毫安级），不可能使线路的保护装置动作，这也导致漏电设备的外壳长期带电，增加了人体触电的危险。因此，TT 系统中必须加装漏电保护开关，保护系统才能真正具有完善的保护功能。

3.TT 系统接地装置耗用的钢材多，而且难以回收，费工、费料。

TT 系统广泛应用于城镇、农村、居民区、工业企业和由公用变压器供电的民用建筑中。

如果有的建筑单位是采用 TT 系统，施工单位借用其他电源做临时用电时，应作一条专用保护线，以减少接地装置钢材用量。

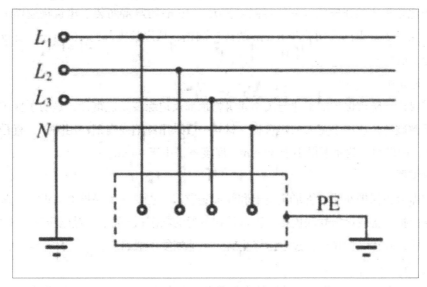

图 5-2　TT 接地系统

第四节　建筑防雷

一、防雷装置

为了避免建筑物遭受雷击，保护建筑物内人员的人身安全，在可能遭受雷击的建筑物上，应装设防雷装置。防雷装置由三个部分组成，即接闪器或避雷器、引下线和接地装置。

1. 接闪器

接闪器是避雷针、避雷线、避雷带、避雷网以及做接闪的金属屋面和金属构件等直接接受雷击的金属构件。其工作原理是：吸引雷电，将雷电引向自身并安全导入地中，从而保护了附近建筑物免遭雷击。接闪器用导电性很好的材料制成，装在建筑物顶部。

（1）避雷针

避雷针适用于保护层高的建筑物，如烟囱、水塔。可用镀锌圆钢或镀锌焊接钢管组成，顶端扎尖，利于尖端放电。针长 1 m 以下，圆钢直径不应小于 12 mm，钢管直径不得小于 20 mm；针长 1~2 m，圆钢直径不得小于 16 mm，钢管直径不得小于 25 mm；烟囱顶上的针，圆钢直径不得小于 20mm。当针长 2m 以上，可用粗细不同的几节钢管焊接起来。在平原地区避雷针的保护角是 45°，在山区是 37°。

（2）避雷网

避雷带和避雷网都是为了不影响建筑物美观，保持其造型艺术而采用的接闪器。避雷网适用于比较重要的建筑物。一般将网格不大于 10 m 的避雷网装于建筑物屋面上，实现较全面的保护。避雷网采用直径 8 mm 的镀锌圆钢，从屋顶支起约 100 mm，支点间的距离一般为 1 m。

（3）避雷带

在需要进行防雷保护的工业与民用建筑物顶部及边缘装设避雷带，是为了保护建筑物的表层不被破坏，适用于宽大的建筑物。材料一般采用圆钢或扁钢，用圆钢，直径不得小于 8 mm；用扁钢，截面不得小于 48 mm，厚度不得小于 4 mm。

2. 避雷器

避雷器分为保护间隙、管形避雷器和阀形避雷器，主要用于保护电力设备。避雷器使用时与被保护设备或设施并联连接，正常处在不通的状态；出现雷电过电压时，击穿放电，切断过电压，发挥保护作用；过电压终止后，迅速恢复不通状态。

3. 引下线

引下线又称引流线，是防雷装置的中间部分，它将接闪器承接的雷电流引入接地装置，保证雷电流通过而不熔化。引下线可以专门敷设，也可以利用建筑物的金属构件。一般采用直径为 8 mm 的镀锌圆钢、镀锌扁钢截面不得小于 48 mm²，厚度不得小于 4 mm。也可利用钢筋混凝土柱子内的主筋。

4. 接地装置

接地装置是防雷装置的重要组成部分。接地装置向大地泄放雷电流。限制防雷装置对地电压不至于过高。接地装置包括埋设在地下的接地线和接地体，它与大地之间保持良好连接，使雷电流很快在大地中流散。

防雷接地装置可敷设人工接地体，一般采用 40mm×4mm 镀锌扁钢及直径为 19mm 镀锌圆钢组成的垂直接地体，此类多用于单独接地；或采用 40mm×4mm 镀锌扁钢的水平连接地体，此类多用于环绕建筑四周的联合接地。防雷接地装置也可利用钢筋混凝土基础接地，此时要求混凝土采用以硅酸盐为基料的水泥，且基础周围土壤的含水量须不低于4%，引下线与基础内直径不小于16mm的主筋两根分别焊接成整体。

除独立避雷针外，在接地电阻满足要求的前提下，防雷接地装置可以与其他接地装置共用。

二、建筑物防雷分类及保护

防雷措施对于建筑物的安全是十分必要的，但并不是对任何建筑物都需要采取相同的保护措施。应该根据当地雷电活动的特点，以及建筑物的重要性采取相应的防雷措施。在建筑设计中，把建筑物按照防雷要求分成三类。

1. 一类防雷建筑物

一类防雷建筑物包括以下几种。

（1）凡在建筑物中制造、使用或贮存大量爆炸物质或在正常情况下能形成爆炸性混合物时，可能因电火花而引起爆炸造成巨大破坏和人身伤亡者。

（2）具有特别重要用途的建筑物。如国家级的大会堂、办公建筑、大型体育馆、展览馆、国际航空港、国宾馆、大型旅游建筑物等。

（3）国家级重点文物保护的建筑物和构筑物。超高层建筑物。

一类防雷建筑的保护措施主要有三种：防直击雷、防雷电感应及防雷电波侵入。防直击雷一般采用装设避雷带或避雷网，对面积较大的屋顶装设避雷网，网格不应大于5m×5m，屋面上的任意一点距避雷网均不得大于5 m。当有3条及以上平行避雷带时，每隔不大于24 m处需相互连接。防直击雷装置的引下线应优先利用建筑物钢筋混凝土中的钢筋，其根数不做具体规定，间距不应大于18 m，但建筑外轮廓各个直击角上的柱筋应被利用。装设引下线时，其根数不应少于两根，间距同样不应大于18m。防直击雷的接地装置冲击电阻不应大于10Ω，接地体宜围绕建筑物敷设。

防感应雷的方法是将防雷装置与大型金属物体连接起来。对于现浇或预制的钢筋混凝土结构的建筑物来说，防雷装置的各部分与建筑物的钢筋是有联系的。例如，引下线都是利用柱筋、混凝土柱子内钢筋和钢筋混凝土基础内的钢筋等，因此对于一般的建筑可以认为是采取了防雷电感应措施。上述的连接并不等于所有的金属管道、金属物体都与防雷装置有了良好的电气连接，因此对于一类建筑要求进行"笼式连接"。

为防雷电波也侵入，进入建筑物的各种线路及管道全线埋地引入，并在入户处将电缆的金属外皮、钢管与接地装置连接。当低压线全线埋地有困难时，可采用一段长度不小于50m的铠装电缆直接埋地引入，其入户端电缆的金属外皮与接地装置连接，其冲击接地电阻不应大于10Ω。

2. 二类防雷建筑物

二类防雷建筑物包括以下几种。

（1）重要的或人员密集的大型建筑物。如部、省级办公楼；省级大型的体育馆、博览馆；交通、通信、广播设施及商业大厦、影剧院等。

（2）省级重点文物保护的建筑物。

（3）19层以上的住宅建筑和高度超过50 m的其他建筑。

（4）省级及以上大型计算机中心和装有重要电子设备的建筑物。

这类防雷建筑物的保护措施与一类防雷建筑物的基本相同，也主要是防直击雷、防雷电感应及防雷电波侵入，只是对保护措施的要求降低了一些。防直击雷的措施是在建筑物易受雷击部位装设避雷带作为接闪器。屋面上任何一点距避雷带均不应大于10m。当有3条及以上平行避雷带时，每隔不大于30m应相互连接。突出屋面的物体，一般可沿其顶部装设环状避雷带保护，若为金属可不装，但应与屋面避雷带连接。防直击雷装置的引下线不应少于2根，间距不应大于30 m。接地装置的冲击接地电阻不应大于10Ω，且宜围绕建筑物敷设。

3. 三类防雷民用建筑物

类防雷民用建筑物包括以下几种。

（1）建筑群中高于其他建筑物或处于边缘地带的高度为20 m以上的建筑物，在雷电活动强烈地区高度为15 m以上的建筑物。

（2）高度超过15m的烟囱、水塔等孤立建筑物。

（3）历史上雷电事故严重地区的建筑物或雷电事故较多地区的较重要建筑物。

（4）建筑物年计算雷击次数达到几次以上的民用建筑。

三类防雷民用建筑物的保护主要为防直击雷和雷电波的侵入。防直击雷的措施为在建筑物易受雷击部位装设避雷带或避雷针。采用避雷带保护时，屋面上任何点距避雷带均不应大于10m。当有3条及以上平行避雷带时，每隔不大于30~40m处将平行避雷带进行连接。当采用避雷针保护时，单针的保护范围可按60°计算。

对那些局部突出部位较高的建筑物，可仅在突出的部位装设避雷带或避雷针，如为金属体将其接地。不足20m高的住宅楼，在雷电活动一般的地区可不装设防雷设备；但当屋顶上有许多烟囱和透气管都超过20m时，除了这些突出的烟囱和透气管装设避雷设备外，在屋顶的周边也应装设避雷带保护。

第六章　建筑给水系统

第一节　建筑给水系统的分类与组成

完善的建筑给水系统是能够以充足的水量、合格的水质和适当的水压向居住建筑、公共建筑或工业企业建筑等各类建筑内部的生活、生产以及消防用水设施供水的一整套构筑物（泵房、储水池等）、设备（水泵、气压罐等）、管路系统（引入管、干管、支管等）及其附件（阀门、管道倒流防止器等）的总称。

一、建筑给水系统的分类

建筑给水系统通常按照其服务对象进行分类，一般可分为生活给水系统、生产给水系统和水消防系统。

（一）生活给水系统

生活给水系统为人们生活提供饮用、烹调、洗涤、盥洗、沐浴等用水的给水系统。根据供水用途的差异可进一步分为：直饮水给水系统、饮用水给水系统、杂用水给水系统。生活给水系统除需要满足用水设施对水量和水压的要求外，还应符合国家规定的相对应的水质标准。

（二）生产给水系统

生产给水系统为产品制造、设备冷却、原料和成品洗涤等生产加工过程供水的给水系统。由于采用的工艺流程不同，生产同类产品的企业对水量、水压、水质的要求可能存在较大差异。

（三）水消防系统

水消防系统向建筑内部以水作为灭火剂的消防设施供水的给水系统。包括消防栓给水系统、自动喷水灭火系统。同时具备两种以上给水用途的建筑，应该根据用水对象对水质、水量、水压的具体要求，通过技术经济比较，确定采用独立设置的给水系统或共用给水系统。共用给水系统有生产、生活共用给水系统，生活、消防共用给水系统，生产、消防共用给水系统，生活、生产、消防共用给水系统。共用方式包括共用储水池、共用水箱、共用水泵、共用管路系统等。

二、建筑给水系统的组成

（一）引入管

引入管是指将室外给水管引入建筑物的管段，它与进户管（入户管）有区别，后者是指住宅内生活给水管道进入住户至水表的管段。对居住小区而言，引入管则是由市政管道引入小区给水管网的管段。

（二）水表节点

安装在引入管上的水表及其前后设置的阀门和泄水装置的总称，水表用于计量建筑物的用水量。

（三）管道系统

管道系统的作用是将由引入管引入建筑物内的水输送到各用水点，根据安装位置和所起作用不同，可分为干管、立管、支管。

（四）给水附件

给水附件包括在给水系统中起控制流量大小、限制流动方向、调节压力变化、保障系统正常运行的各类配水龙头、闸阀、止回阀、减压阀、安全阀、排气阀、水锤消除器等。

（五）升压设备

升压设备用于为给水系统提供适当的水压，常用的升压设备有水泵、气压给水设备、变频调速给水设备。

（六）储水和水量调节构筑物

储水池、水箱是给水系统中的储水和水量调节构筑物，它们在系统中起流量调节、储存消防用水和事故备用水的作用，水箱还具有稳定水压的功能。

（七）消防和其他设备

建筑物内部应按照《建筑设计防火规范》及《高层民用建筑设计防火规范》的规定设置消防栓、自动喷水灭火设备，水质有特殊要求时需设深度处理设备。

第二节　建筑结构

一、钢筋混凝土梁板结构

钢筋混凝土是由钢筋和混凝土两种不同的材料组成的。在钢筋混凝土结构中，针对混凝土抗压能力较强而抗拉能力很弱，以及钢筋抗拉能力很强的特点，利用混凝土主要承受压力而钢筋主要承受拉力，使两者共同工作以满足工程结构的承载力要求。

混凝土所用的砂、石一般易于就地取材，还可有效利用矿渣、粉煤灰等工业废料，与钢结构相比可以降低造价。密实的混凝土具有较高的强度，同时钢筋被混凝土包裹不易锈蚀，而具有良好的耐久性。由于混凝土包裹在钢筋外面，发生火灾时钢筋不会很快达到软化温度导致结构整体破坏，与裸露的木结构和钢结构相比，混凝土结构的耐火性更好。现浇钢筋混凝土结构有良好的整体性，有利于抵抗振动和爆炸冲击波，同时，根据建筑功能需要，首先立模，形成构件外形，然后吊放钢筋骨架，最后浇筑养护成型，可以较容易地浇筑成形状规则和尺寸各异的结构构件。然而由于钢筋混凝土结构自身重力和刚度较大，不适于建造大跨结构和复杂高层建筑结构，也给运输和施工吊装带来困难。另外，钢筋混凝土结构抗裂性较差，受拉和受弯等构件在正常使用时往往带裂缝工作，一些不允许出现裂缝或对裂缝宽度有严格限制的结构不适用，需采用预应力混凝土结构。

二、预应力混凝土结构

1. 预应力混凝土概述

混凝土具有抗压强度高而抗拉强度低的特点，其极限拉应变较小，当混凝土的拉应变大于该值时，混凝土开裂，随着荷载的增加，裂缝宽度不断增大。普通钢筋混凝土受弯构件在使用时往往是带裂缝工作的。

当混凝土开裂后，构件刚度逐渐降低，变形也逐渐增大。如果要限制构件的裂缝和变形，势必要加大构件截面尺寸和增加钢筋用量，但这显然是不合理的。

为了克服这些问题，很早就提出了预应力的概念。在混凝土结构中，预应力是指在结构尚未承受外荷载前，预先用某种方法对构件受拉区混凝土施加一定的预压应力，当构件承受外荷载产生拉应力时，必须先抵消这部分预压应力，从而使结构构件在正常使用状态下不出现裂缝或推迟出现裂缝，从而提高结构的抗裂性能。

预应力混凝土结构的主要优点是其能够充分利用材料性能，抗裂性好，刚度大，节省材料，自重轻结构寿命长等，特别是能够节约材料和节省造价。预应力混凝土结构比普通钢筋混凝土结构节省 20%~40% 的混凝土和 30%~60% 的纵筋钢材，而与钢结构相比，则可节省一半的造价。同时，采用预应力混凝土结构还可提高工程质量。

通过对高强钢材预先施加较高的拉应力，可以使高强钢材在结构破坏前能够达到其屈服强度，充分利用高强钢材性能。可解决大跨度及重载结构的跨高比限值造成的使用净空的问题。

预压应力可使结构内力分布均匀，使结构在使用荷载下不开裂或减小裂缝宽度，改善结构的使用性能，提高结构的耐久性，增强结构的抗裂性和抗渗性，从而扩大了混凝土结构的使用范围。

预应力可使结构产生一定的反拱，因此，与同样尺寸的非预应力构件相比，施加预应力将使得构件的总挠度显著减小，即减小了结构变形程度，最后达到了混凝土结构的使用要求。

预应力混凝土的优点是与普通钢筋混凝土相比较而体现的，在发展的过程中仍会不断出现新问题需要逐步解决。预应力混凝土的缺点是生产工艺较复杂，对质量要求高，需要增加必要的专业设备，如张拉机具、灌浆设备等，这就增加了预应力混凝土结构的开工费用，对构件数量少的工程成本较高。

2. 预应力混凝土材料

预应力混凝土构件中，建立混凝土预压应力是通过张拉钢筋来实现的。钢筋在预应力混凝土构件中，从张拉开始直至构件破坏，始终处于高应力状态，因此必然对预应力钢筋提出较高的质量要求。主要有以下几个方面：在预应力混凝土制作和使用过程中，预应力钢筋中预先施加的张拉应力会产生损失，为使得扣除应力损失后仍具有较高的张拉力，必须使用高强钢筋（丝）作预应力钢筋。张拉材料应使用强度为普通钢筋强度 3~5 倍的预应力钢筋；钢筋与混凝土应有足够的黏结强度在预应力传递长度内。钢筋和混凝土之间的黏结强度是先张法构件建立预压应力和可靠自措的保证；钢筋应具有良好的可焊性以及钢筋经过冷镦或热镦后不致影响原来的物理力学性能等；预应力钢筋应有一定的塑性和一定的延伸率；具有较高应力的预应力钢丝当腐蚀存在时，将以更快的速度被腐蚀，这种现象称为应力腐蚀。因此，随着预应力混凝土结构在腐蚀环境和海洋结构等中的应用，应力腐蚀的研究开始多起来。

预应力混凝土构件对混凝土性能的要求有以下几个方面。

对构件施加的预应力也可以说是借助混凝土较高的抗压强度来弥补其抗拉强度的不足，因此采用的混凝土应具有较大的抗压强度，一般不低于 C40，使其能承受较高的预压应力。发挥高强钢筋的作用，同时有效地减小构件截面尺寸，减轻构件自重。

用于预应力结构的混凝土，不仅强度等级要高，而且应有很好的早期强度以便及早施加预应力，此外其密实性、抗冻性及其他物理力学性能都应较好。为此，必须选择快硬且高标号的水泥及强度较高的骨料，注意级配和降低水灰比。

（一）模板工程

模板工程的施工工艺包括模板的选材、选型、设计、制作、安装、拆除和周转等过程。模板工程是钢筋混凝土结构工程施工的重要组成部分，特别是在现浇钢筋混凝土结构工程施工中占有突出的地位，将直接影响到施工方法和施工机械的选择，对施工工期和工程造价也有一定的影响。

模板的材料宜选用钢材、胶合板、塑料等；模板支架的材料宜选用钢材等。当采用木材时，其树种可根据各地区实际情况选用，材质不宜低于 II 等材。

1. 模板的作用、要求和种类

模板系统包括模板、支架和紧固件三个部分。模板又称模型板，是新浇混凝土成型用的模型。

模板及其支架的要求：能保护工程结构和构件各部分形状尺寸及相互位置的正确；具有足够的承载能力、刚度和稳定性，能可靠地承受新浇混凝土的自重、侧压力及施工荷载；模板构造要求简单，装拆方便，便于钢筋的绑扎、安装、混凝土浇筑及养护等要求；模板的接缝不应漏浆。

（1）模板及其支架的分类：

按其所用的材料不同，分为木模板、钢模板、钢木模板、钢竹模板、胶合板模板、塑料模板、铝合金模板等。

按其结构的类型不同，分为基础模板、柱模板、楼板模板、墙模板、壳模板和烟囱模板等。

按其形式不同，分为整体式模板、定型模板、工具式模板、滑升模板、胎模等。

1）木模板

木模板的特点是加工方便，能适应各种变化形状模板的需要，但周转率低，耗用木材多。如节约木材，减少现场工作，木模板一般预先加工成拼板，然后在现场进行拼装。拼板由板条用拼条拼钉而成，板条厚度一般为25~30mm，其宽度不宜超过700 mm（工具式模板不超过150mm），拼条间距一般为400~500mm，视混凝土的侧压力和板条厚度而定。

2）基础模板

基础的特点是高度不大而体积较大，基础模板一般利用地基或基槽（坑）进行支撑。

安装时，要保证上下模板不发生相对位移，如为杯形基础，则还要在其中放入杯口模板。

如为杯形基础，则还应设杯口芯模，当土质良好时，基础的最下一阶可不用模板，而进行原槽灌筑。模板应支撑牢固，要保证上下模板不产生位移。

3）柱子模板

柱子的特点是断面尺寸不大但比较高。柱子模板由内拼板夹在两块外拼板之内组成，为利用短料，可利用短横板代替外拼板钉在内拼板上。为承受混凝土的侧应力，拼板外沿设柱箍，其间距与混凝土侧压力、拼板厚度有关，为500~700 mm。柱模底部有钉在底部混凝土上的木框，用以固定柱模的位置。柱模顶部有与梁模连接的缺口，背部有清理孔，沿高度每2m设浇筑孔，以便浇筑混凝土。对于独立柱模，其四周应加支撑，以免混凝土浇筑时产生倾斜。

4）梁、楼板模板

梁的特点是跨度大而宽度不大，梁底一般是架空的。楼板的特点是面积大而厚度比较薄，侧向压力小。

梁模板由底模和侧模、夹木及支架系统组成。底模承受垂直荷载，一般较厚。底模用长条木板加拼条拼成，或用整块板条。底模下有支柱或桁架承托。为减少梁的变形，支柱的压缩变形或弹性不超过结构跨度的1/1000。支柱底部应支承在坚实的地面或楼面上，以防下沉。为便于调整高度，宜用伸缩式顶撑或在支柱底部垫以木楔。多层建筑施工中，安装上层楼的楼板时，其下层楼板应达到足够的强度，或设有足够的支柱。梁跨度等于及大于4m时，底模应起拱，起拱高度一般为梁跨度的1/1 000~3/1 000。梁侧模板承受混凝土侧压力，为防止侧向变形，底部用夹紧条夹住，顶部可由支撑楼板模板的木格栅顶住，或用斜撑支牢。

5）楼梯模板

楼梯模板的构造与楼板相似，不同点是楼梯模板要倾斜支设，且要能形成踏步。踏步模板分为底板及梯步两部分。平台、平台梁的模板同前。

楼板模板多用定型模板，它承支在木格栅上，木格栅支承在梁侧模板外的横档上。

6）定型组合钢模板

定型组合钢模板是一种工具式定型模板，由钢模板和配件组成，配件包括连接件和支承件。

钢模板通过各种连接件和支撑件可组合成多种尺寸、结构和几何形状的模板，以适应各种类型建筑物的梁、柱、板、墙、基础和设备等施工的需要，也可用其拼装成大模板、滑模、隧道模和台模等。

施工时可在现场直接组装，亦可预拼装成大块模板或构件模板用起重机吊运安装。定型组合钢模板组装灵活，通用性强，拆装方便；每套钢模可重复使用50~100次；加工精度高，浇筑混凝土的质量好，成型后的混凝土尺寸准确，棱角整齐，表面光滑，可以节省装修用工。

①钢模板

钢模板包括平面模板、阴角模板、阳角模板和连接角模。

钢模板采用模数制设计，宽度模数以50 mm晋级，长度模数为150 mm晋级，可以适应横竖拼装成以50mm晋级的任何尺寸的模板。

②平面模板

平面模板用于基础、墙体、梁、板、柱等各种结构的平面部位，它由面板和肋组成，肋上设有U形卡孔和插销孔，利用U形卡和L形插销等拼装成大块板，规格分类长度有1 500 mm、1200 mm、900 mm、750 mm、600 mm、450 mm六种，宽度有300 mm、250 mm、150mm、100mm几种，高度为55mm可互换组合拼装成以50mm为模数的各种尺寸。

③阴角模板

阴角模板用于混凝土构件阴角，如内墙角、水池内角及梁板交接处阴角等，宽度阴角膜有150 mm×150 mm、100 mm×150 mm两种。

④阳角模板

阳角模板主要用于混凝土构件阳角，宽度阳角膜有100 mm×100 mm、50 mm×50 mm两种。

⑤连接角模

角模用于平模板作垂直连接构成阳角，宽度连接角膜有 50 mm×50mm 一种。

（2）连接件

定型组合钢模板的连接件包括 U 形卡、L 形插销、钩头螺栓、紧固螺栓、对拉螺栓和扣件等，可用 12 的 3 号圆钢自制。

1)U 形卡：模板的主要连接件，用于相邻模板的拼装。

2)L 形插销：用于插入两块模板纵向连接处的插销孔内，以提高模板纵向接头处的刚度。

3）钩头螺栓：用于模板与支撑系统之间的连接件。

4）紧固螺栓：用于内、外钢楞之间的连接件。

5）对拉螺栓：又称穿墙螺栓，用于连接墙壁两侧模板，保持墙壁厚度，承受混凝土侧压力及水平荷载，使模板不致变形。

6）扣件：扣件用于钢楞之间或钢楞与模板之间的扣紧，按钢楞的不同形状，分别采用蝶形扣件和"3"形扣件。

（3）支承件

定型组合钢模板的支承件包括钢楞、柱箍、钢支架、斜撑及钢桁架等。

1）钢楞

钢楞即模板的横档和竖档，分内钢楞与外钢楞。

内钢楞配置方向一般应与钢模板垂直，直接承受钢模板传来的荷载，其间距一般为 700~900 mm。

钢楞一般用圆钢管、矩形钢管、槽钢或内卷边槽钢，而以钢管用得较多。

2）柱箍

柱模板四角设角钢柱箍。角钢柱箍由两根互相焊成直角的角钢组成，用弯角螺栓及螺母拉紧。

3）钢支架

常用钢管支架由内外两节钢管制成，其高低调节距模数为 100mm；支架底部除垫板外，均用木楔调整标高，以利于拆卸。

另一种钢管支架本身装有调节螺杆，能调节一个孔距的高度，使用方便，但成本略高。

当荷载较大、单根支架承载力不足时，可用组合钢支架或钢管井架。还可用扣件式钢管脚手架、门形脚手架作支架。

4）斜撑

由组合钢模板拼成的整片墙模或柱模，在吊装就位后，应由斜撑调整和固定其垂直位置。

5）钢桁架

其两端可支承在钢筋托举、墙、梁侧模板的横档以及柱顶梁底横档上，以支承梁或板的模板。

6）梁卡具

又称梁托架，用于固定矩形梁、圈梁等模板的侧模板，可节约斜撑等材料，也可用于侧模板上口的卡固定位。

2. 模板的施工

模板及其支架在安装过程中，必须设置防倾覆的临时固定设施。对现浇多层房屋和构筑物，应采取分层分段支模的方法。对现浇结构模板安装的允许偏差应符合表 6-1 的规定；对预制构件模板安装的允许偏差应符合表 6-2 的规定。固定在模板上的预埋件和预留孔洞均不得遗漏，安装必须牢固，位置准确。

表 6–1　现浇结构模板安装的允许偏差（mm）

项目		允许偏差
轴线位置		5
底模上表面标高		±5
截面内部尺寸	基础	±10
	柱、墙、梁	+4 -5
构件高度	全高	6
	全高	8
相邻两板表面高低差		2
表面平整（2m 长度上）		5

注：L 为构件长度（mm）。

表 6-2　预埋件和预留孔洞的允许偏差（mm）

项目		允许偏差
长度	板、梁	±5
	薄腹梁、桁架	±10
	柱	0 -10
	墙板	0 -5
宽度	板、墙板	0 -5
	梁、薄腹梁、桁架、柱	+2 -5
	板	+2 -3
高度	墙板	0 -5
	梁、薄腹梁、桁架、柱	+2 -5
板的对角线差		7
拼板表面高低差		1
板的表面平整（2cm 长度上）		3
墙板的对角线差		5
侧向弯曲	梁、柱、板	$L/1000$ 且 $\leqslant 15$
	墙板、薄腹板、桁架	$L/1500$ 且 $\leqslant 15$

注：L 为构件长度（mm）。

3.模板的拆除

模板拆除取决于混凝土的强度、模板的用途、结构的性质、混凝土硬化时的温度及养护条件等。及时拆模可以提高模板的周转率；拆模过早会因混凝土的强度不足，在自重或外力作用大而产生变形甚至裂缝，造成质量事故。因此，合理地拆除模板对提高施工的技术经济效果至关重要。

（1）拆模的要求

对于现浇混凝土结构工程施工时，模板和支架拆除应符合下列规定：

第一，侧模，在混凝土强度能保护其表面及棱角不因拆除模板而受损坏后，方可拆除。

第二，底模，混凝土强度符合表 6-3 的规定，方可拆除。

表 6-3　现浇结构拆模时所需混凝土强度

结构类型	结构跨度 /m	设计的混凝土强度标准值的百分率 /%
板	≤2	50
	>2，≤8	75
	>8	100
梁、拱、壳	≤8	75
	>8	100
悬臂构件	≤2	75
	>2	100

注："设计的混凝土强度标准值"是指与设计混凝土等级相应的混凝土立方抗压强度标准值。

对预制构件模板拆除时的混凝土强度，应符合设计要求；当设计无具体要求时，应符合下列规定：

第一，侧模，在混凝土强度能保证构件不变形、棱角完整时，才允许拆除侧模。

第二，芯模或预留孔洞的内模，在混凝土强度能保证构件和孔洞表面不发生坍陷和裂缝后，方可拆除。

第三，底模，当构件跨度不大于 4m 时，在混凝土强度符合设计的混凝土强度标准值的 50% 的要求后，方可拆除；当构件跨度大于 4m 时，在混凝土强度符合设计的混凝土强度标准值的 75% 的要求后，方可拆模。"设计的混凝土强度标准值"是指与设计混凝土等级相应的混凝土立方抗压强度标准值。

已拆除模板及其支架后的结构，只有当混凝土强度符合设计混凝土强度等级的要求时，才允许承受全部荷载；当施工荷载产生的效应比使用荷载的效应更为不利时，对结构必须经过核算，能保证其安全可靠性或经加设临时支撑加固处理后，才允许继续施工。拆除后的模板应进行清理、涂刷隔离剂，分类堆放，以便使用。

（2）拆模的顺序

一般是先支后拆，后支先拆，先拆除侧模板，后拆除底模板。对于肋形楼板的拆模顺序，首先拆除柱模板，然后拆除楼板底模板、梁侧模板，最后拆除梁底模板。

多层楼板模板支架的拆除，应按下列要求进行：

上层楼板正在浇筑混凝土时，下一层楼板的模板支架不得拆除，再下一层楼板模板的支架仅可拆除一部分。

跨度≥4 m 的梁均应保留支架，其间距不得大于 3 m。

（3）拆模的注意事项

1）模板拆除时，不应对楼层形成冲击荷载。

2）拆除的模板和支架宜分散堆放并及时清运。

3）拆模时，应尽量避免混凝土表面或模板受到损坏。

4）拆下的模板，应及时加以清理、修理，按尺寸和种类分别堆放，以便下次使用。

5）若定型组合钢模板背面油漆脱落，应补刷防锈漆。

6）已拆除模板及支架的结构，应在混凝土达到设计的混凝土强度标准后，才允许承受全部使用荷载。

7）当承受施工荷载产生的效应比使用荷载更为不利时，必须经过核算，并加设临时支撑。

（二）钢筋工程

1.钢筋的分类

钢筋混凝土结构所用的钢筋按生产工艺分为热轧钢筋、冷拉钢筋、冷拔钢筋、冷轧钢筋、热处理钢筋、碳素钢丝、刻痕钢丝和钢绞线等。按轧制外形分为：光圆钢筋和变形钢筋（月牙形、螺旋形、人字形钢筋）；按钢筋直径大小分为：钢丝（直径 3~5mm）、细钢筋（直径 6~10mm）、中粗钢筋（直径 12~20 mm）和粗钢筋（直径大于 20 mm）。

钢筋出厂应附有出厂合格证明书或技术性能及试验报告证书。

钢筋运至现场在使用前，需要经过加工处理。钢筋的加工处理主要工序有冷拉、冷拔、除锈、调直、下料、剪切、绑扎及焊（连）接等。

2.钢筋的验收和存放

钢筋混凝土结构和预应力混凝土结构的钢筋应按下列规定选用：

普通钢筋即用于钢筋混凝土结构中的钢筋及预应力混凝土结构中的非预应力钢筋，宜采用 HRB400 和 HRB335，也可采用 HPB235 和 RRB400 钢筋；预应力钢筋宜采用预应力钢绞线、钢丝，也可采用热处理钢筋。钢筋混凝土工程中所用的钢筋均应进行现场检查验收，合格后方能入库存放、待用。

（1）钢筋的验收

钢筋进场时，应按现行国家标准《钢筋混凝土用热轧带肋钢筋》（GB1499）等的规定抽取试件做力学性能检验，其质量必须符合有关标准的规定。

验收内容：查对标牌，检查外观，并按有关标准的规定抽取试样进行力学性能试验。

钢筋的外观检查包括：钢筋应平直、无损伤，表面不得有裂纹，油污、颗粒状或片状锈蚀。钢筋表面凸块不允许超过螺纹的高度；钢筋的外形尺寸应符合有关规定。

做力学性能试验时，从每批中任意抽出两根钢筋，每根钢筋上取两个试样分别进行拉力试验（测定其屈服点、抗拉强度、伸长率）和冷弯试验。

（2）钢筋的存放

钢筋运至现场后，必须严格按批分等级、牌号、直径、长度等挂牌存放，并注明数量，不得混淆。

应堆放整齐，避免锈蚀和污染，堆放钢筋的下面要加垫木，离地一定距离，一般为

20cm；有条件时，尽量堆入仓库或料棚内。

3.钢筋的冷拉和冷拔

（1）钢筋的冷拉

钢筋冷拉：在常温下对钢筋进行强力拉伸，以超过钢筋的屈服强度的拉应力，使钢筋产生塑性变形，达到调直钢筋、提高强度的目的。

1）冷拉原理

冷拉后钢筋有内应力存在，内应力会促进钢筋内的晶体组织调整，使屈服强度进一步提高。该晶体组织调整过程称为"时效"。

2）冷拉控制

钢筋冷拉控制可以用控制冷拉应力或冷拉率的方法。冷拉后检查钢筋的冷拉率，如超过表中规定的数值，则应进行钢筋力学性能试验。

用作预应力混凝土结构的预应力筋，宜采用冷拉应力来控制。

对同一批钢筋，试件不宜少于 4 个，每个试件都按表 6-4 规定的冷拉应力值在万能试验机上测定相应的冷拉率，取平均值作为该炉批钢筋的实际冷拉率。

不同炉批的钢筋，不宜用控制冷拉率的方法进行钢筋冷拉。

3）冷拉设备

冷拉设备由拉力设备、承力结构、测量设备和钢筋夹具等部分组成。

表 6-4 冷拉控制应力及最大冷拉率

项次	钢筋级别	钢筋直径	冷控控制应力（N/mm²）	最大冷
1	HPB235	d≤12	280	10
2		d≤25	450	
	HRB335			505
3		d=28~40	430	
4	HRB400	d=8~40	500	5
5	RRB400	d=10~28	700	4

表 6-5 测定冷拉率时钢筋的冷拉应力

项次	钢筋级别	钢筋直径	冷拉应力（N/mm²）
1	HPB235	d≤12	310
2		d≤25	480
	HRB335		
3		d=28~40	160
4	HRB400	d=8~40	530
5	RRB400	d=10~28	730

（2）钢筋的冷拔

钢筋冷拔是用强力将直径 6~8mm 的 I 级光圆钢筋在常温下通过特制的钨合金拔丝模，

多次拉拔成比原钢筋直径小的钢丝，使钢筋产生塑性变形。

钢筋经过冷拔后，横向压缩、纵向拉伸，钢筋内部晶格产生滑移，抗拉强度标准值可提高 50%~90%，但塑性降低，硬度提高。这种经冷拔加工的钢筋称为冷拔低碳钢丝。冷拔低碳钢丝分为甲、乙级，甲级钢丝主要用作预应力混凝土构件的预应力筋，乙级钢丝用于焊接网和焊接骨架、架立筋、箍筋和构造钢筋。

1）冷拔工艺

钢筋冷拔工艺过程为：轧头→剥壳→通过润滑剂→进入拔丝模。轧头在钢筋轧头机上进行，将钢筋端轧细，以便通过拔丝模孔。剥壳是通过 3~6 个上下排列的辊子，除去钢筋表面坚硬的氧化铁渣壳。润滑剂常用石灰、动植物油肥皂、白蜡和水按比例制成。

2）影响冷拔质量的因素

影响冷拔质量的主要因素为原材料质量和冷拔点总压缩率。

为保证冷拔钢丝的质量，甲级钢丝采用符合 I 级热轧钢筋标准的圆盘条拔制。冷拔总压缩率（β）是指由盘条拔至成品钢丝的横截面缩减率，可按下式计算：

$$\beta = \frac{d_0^2 - d^2}{d_0^2} \times 100\%$$

式中：β——总压缩率；

d_0——原盘条钢筋直径（mm）；

d——成品钢丝直径（mm）。

总压缩率越大，则抗拉强度提高越高，但塑性降低也越多，因此，必须控制总压缩率。

（三）混凝土工程

混凝土工程包括配料、搅拌、运输、浇筑、振捣和养护等工序。各施工工序对混凝土工程质量都有很大的影响。因此，要使混凝土工程施工能保证结构具有设计的外形和尺寸，确保混凝土结构的强度、刚度、密实性、整体性及满足设计和施工的特殊要求，必须严格保证混凝土工程每道工序的施工质量。

1.混凝土的原料

水泥进场时应对品种、级别、包装或散装仓号、出厂日期等进行检查。

当使用中对水泥质量有怀疑或水泥出厂超过 3 个月（快硬硅酸盐水泥超过 1 个月）时，应进行复验，并依据复验结果使用。

钢筋混凝土结构、预应力混凝土结构中，严禁使用含氯化物的水泥。

混凝土中掺外加剂的质量应符合现行国家标准《混凝土外加剂》、《混凝土外加剂应用技术规程》等有关环境保护的规定。

混凝土中掺用矿物掺和料的质量应符合现行国家标准《用于水泥和混凝土中的粉煤灰》（GB/T1596—2017）等的规定。

普通混凝土所用的粗、细骨料的质量应符合《普通混凝土用碎石或卵石质量标准及检验方法》（JGJ 53）《普通混凝土用砂质量标准及检验方法》（JGJ52）的规定。

拌制混凝土宜采用饮用水；当采用其他水源时，水质应符合国家标准《混凝土拌和用水标准》（JGJ 63）的规定。

2. 钢筋配料

钢筋配料就是根据配筋图计算构件各钢筋的下料长度、根数及质量，编制钢筋配料单，作为备料、加工和结算的依据。

（1）钢筋配料单的编制

1）熟悉图纸编制钢筋配料单之前必须熟悉图纸，把结构施工图中钢筋的品种、规格列成钢筋明细表，并读出钢筋设计尺寸。

2）计算钢筋的下料长度。

3）填写和编写钢筋配料单。根据钢筋下料长度，汇总编制钢筋配料单。在配料单中，要反映出工程名称，钢筋编号，钢筋简图和尺寸，钢筋直径、数量、下料长度、质量等。

4）填写钢筋料牌根据钢筋配料单，将每一编号的钢筋制作一块料牌，作为钢筋加工的依据。

（2）钢筋下料长度的计算原则及规定

1）钢筋长度

钢筋下料长度与钢筋图中的尺寸是不同的。钢筋图中注明的尺寸是钢筋的外包尺寸，外包尺寸大于轴线长度，但钢筋经弯曲成型后，其轴线长度并无变化。因此钢筋应按轴线长度下料，否则，钢筋长度大于要求长度，将导致保护层不够，或钢筋尺寸大于模板净空，既影响施工，又造成浪费。在直线段，钢筋的外包尺寸与轴线长度并无差别；在弯曲处，钢筋外包尺寸与轴线长度间存在一个差值，称之为量度差。故钢筋下料长度应为各段外包尺寸之和减去量度差，再加上端部弯钩尺寸（称末端弯钩增长值）。

①钢筋中间部位弯曲量度差

若钢筋直径为 d，弯曲直径 D=5d，则弯曲处钢筋外包尺寸为：

A′B′+B′C′=2A′B′=2(0.5D+d)tan α/2=7tan α/2

弯曲处钢筋轴线长 ABC 为：

$$ABC = (D+d)\frac{\alpha\pi}{360°} = 6d\frac{\alpha\pi}{360°} = d\frac{\alpha\pi}{60°}$$

则量度差为：

$$7d\tan\frac{\alpha}{2} - \frac{\alpha\pi d}{60°} = d\left(7\tan\frac{\alpha}{2} - \frac{\alpha\pi}{60}\right)$$

由上式可计算出不同弯折角度时的量度差。为计算简便，取量度差近似值如下：当弯 30°时，取 0.3d；当弯 45°时，取 0.5d；当弯 90°时，取 2d；当弯 135°时，取 3d。

②混凝土保护层厚度

混凝土保护层是指受力钢筋外缘至混凝土构件表面的距离，作用是保护钢筋在混凝土结构中不受锈蚀。

混凝土的保护层厚度，一般用水泥砂浆垫块或塑料卡垫在钢筋与模板之间来控制。塑料卡的形状有塑料垫块和塑料环圈两种。塑料垫块用于水平构件，塑料环圈用于垂直构件。

综上所述，钢筋下料长度计算总结为：

直钢筋下料长度 = 直构件长度－保护层厚度 + 弯钩增加长度

弯起钢筋下料长度 = 直段长度 + 斜段长度－弯折量度差值 + 弯钩增加长度

箍筋下料长度 = 直段长度 + 弯钩增加长度－弯折量度差值或箍筋下料长度 = 箍筋周长 + 箍筋调整值

3. 钢筋下料计算注意事项

（1）在设计图纸中，钢筋配置的细节问题没有注明时，一般按构造要求处理。

（2）配料计算时，要考虑钢筋的形状和尺寸，在满足设计要求的前提下，要有利于加工。

（3）配料时，还要考虑施工需要的附加钢筋。

3. 混凝土的施工配料

混凝土应按国家现行标准《普通混凝土配合比设计规程》（JGJ55）的有关规定，根据混凝土强度等级、耐久性和工作性等要求进行配合比设计。

施工配料时影响混凝土质量的因素主要有两方面：一是称量不准；二是未按砂、石骨料实际含水率的变化进行施工配合比的换算。

混凝土的配合比是在实验室根据混凝土的施工配制强度经过试配和调整而确定的，称为实验室配合比。

实验室配合比所用的砂、石都是不含水分的。而施工现场的砂、石一般都含有一定的水分，且砂、石含水率的大小随当地气候条件不断发生变化。因此，为保证混凝土配合比的质量，在施工中应适当扣除使用砂、石的含水量，经调整后的配合比，称为施工配合比。施工配合比可以经对实验室配合比做如下调整得出：

设实验室配合比为水泥：砂子：石子 =1 ： x ： y，水灰比为 W/C，并测得砂、石含水率分别为 W_x、W_y，则施工配合比应为：

水泥：砂子：石子=1 ： 1 ： x（1+W_x）： y（1+W_y）

按实验室配合比 1 m³ 混凝土水泥用量为 C（kN），计算时保持水灰比 W/C 不变，则 1 m³ 混凝土的各材料的用量（KN）为：

水泥：C′ =C；砂：G′（1+W_x）

石：G′$_石$=C_y（1+W_y）；水：W′ =W-$C_x$$W_x$-$C_y$$W_y$

混凝土配合比时，混凝土的最大水泥用量不宜大于 550 kg/m²，且应保证混凝土的最大水灰比和最小水泥用量应符合表的规定。

配制泵送混凝土的配合比时，骨料最大粒径与输送管内径之比，对碎石不宜大于

1 ：3，卵石不宜大于 1 ：2.5，通过 0.315 mm 筛孔的砂不应少于 15%；砂率宜控制在 40%~50%；最小水泥用量宜为 300 kg/m；混凝土的坍落度宜为 80~180 mm；混凝土内宜掺加适量的外加剂。泵送轻骨料混凝土的原材料选用及配合比，应由试验确定。

4. 混凝土的搅拌

混凝土搅拌，是将水、水泥和粗细骨料进行均匀拌和及混合的过程。同时，通过搅拌还要使材料达到强化、塑化的作用。混凝土可采用机构搅拌和人工搅拌。搅拌机械分为自落式搅拌机和强制式搅拌机。

（1）混凝土搅拌机

混凝土搅拌机按搅拌原理分为自落式和强制式两类。

自落式搅拌机多用于搅拌塑性混凝土和低流动性混凝土，根据其构造的不同又分为若干种。

强制式搅拌机多用于搅拌干硬性混凝土和轻骨料混凝土，也可以搅拌低流动性混凝土。

强制式搅拌机又分为立轴式和卧轴式两种。卧轴式有单轴、双轴之分，而立轴式又分为涡桨式和行星式。

（2）混凝土搅拌

1）搅拌时间

混凝土的搅拌时间：从砂、石、水泥和水等全部材料投入搅拌筒起，到开始卸料为止所经历的时间。

搅拌时间与混凝土的搅拌质量密切相关，随搅拌机类型和混凝土的和易性不同而变化。在一定范围内，随搅拌时间的延长，强度有所提高，但过长时间的搅拌既不经济，而且混凝土的和易性又将降低，影响混凝土的质量。

加气混凝土还会因搅拌时间过长而使含气量下降。

2）投料顺序

投料顺序应从提高搅拌质量，减少叶片、衬板的磨损，减少拌和物与搅拌筒的黏结，减少水泥飞扬，改善工作环境，提高混凝土强度及节约水泥等方面综合考虑确定。常用一次投料法和二次投料法。

①一次投料法是在上料斗中先装石子，再加水泥和砂，然后一次投入搅拌筒中进行搅拌。

自落式搅拌机要在搅拌筒内先加部分水，投料时砂压住水泥，使水泥不飞扬，而且水泥和砂先进搅拌筒形成水泥砂浆，可缩短水泥包裹石子的时间。

强制式搅拌机出料口在下部，不能先加水，应在投入原材料的同时，缓慢均匀分散地加水。

②二次投料法，是先向搅拌机内投入水、水泥（和砂），待其搅拌 1 min 后再投入石子和砂继续搅拌到规定时间。这种投料方法，能改善混凝土性能，提高了混凝土的强度，在保证规定的混凝土强度的前提下节约了水泥。

目前常用的方法有两种：预拌水泥砂浆法和预拌水泥净浆法。

预拌水泥砂浆法是指先将水泥、砂和水加入搅拌筒内进行充分搅拌，成为均匀的水泥砂浆后，再加入石子搅拌成均匀的混凝土。

预拌水泥净浆法是先将水泥和水充分搅拌成均匀的水泥净浆后，再加入砂和石子搅拌成混凝土。

与一次投料法相比，二次投料法可使混凝土强度提高10%~15%，节约水泥15%~20%。

水泥裹砂石法混凝土搅拌工艺，用这种方法拌制的混凝土称为造壳混凝土（简称SEC混凝土）。

它是分两次加水，两次搅拌。

先将全部砂、石子和部分水倒入搅拌机拌和，使骨料湿润，称之为造壳搅拌。搅拌时间以45~75s为宜，再倒入全部水泥搅拌20s，加入拌和水和外加剂进行第二次搅拌，60s左右完成，这种搅拌工艺称为水泥裹砂法。

③进料容量

进料容量是将搅拌前各种材料的体积累积起来的容量，又称干料容量。

进料容量与搅拌机搅拌筒的几何容量有一定比例关系。进料容量为出料容量的1.4~1.8倍（通常取1.5倍），如任意超载（超载10%），就会使材料在搅拌筒内无充分的空间进行拌和，影响混凝土的和易性。装料过少，又不能充分发挥搅拌机的效能。

5.混凝土的运输

（1）混凝土运输的要求

运输中的全部时间不应超过混凝土的初凝时间。

运输中应保持匀质性，不应产生分层离析现象，不应漏浆；运至浇筑地点应具有规定的坍落度，并保证混凝土在初凝前能有充分的时间进行浇筑。

混凝土的运输道路要求平坦，应以最少的运转次数、最短的时间从搅拌地点运至浇筑地点。

从搅拌机中卸出后到浇筑完毕的延续时间不宜超过表6-6规定。

表6-6　混凝土从搅拌机中卸出后到浇筑完毕的延续时间

混凝土强度等级	延续时间/min	
	气温<25℃	气温≥25℃
低于及等于C30	120	90
高于C30	90	60

注：①掺用外加制或采用快硬水泥拌制混凝土时，应按试验确定。
②轻骨料混凝土的运输、浇筑延续时间应适当缩短。

（2）运输工具的选择

混凝土运输分地表水平运输、垂直运输和楼面水平运输等三种。

地面运输时，短距离多用双轮手推车、机动翻斗车，长距离宜用自卸汽车、混凝土搅拌运输车。

垂直运输可采用各种井架、龙门架和塔式起重机作为垂直运输工具。对于浇筑量大、浇筑速度比较稳定的大型设备基础和高层建筑，宜采用混凝土泵，也可采用自升式塔式起重机或爬升式塔式起重机运输。

（3）泵送混凝土

混凝土用混凝土泵运输，通常称为泵送混凝土。常用的混凝土泵有液压柱塞泵和挤压泵两种。

1）液压柱塞泵

它是利用柱塞的往复运动将混凝土吸入和排出。

混凝土输送管有直管、弯管、锥形管和浇筑软管等，一般由合金钢、橡胶、塑料等材料制成，常用混凝土输送管的管径为100~150mm。

2）泵送混凝土对原材料的要求

①粗骨料：碎石最大粒径与输送管内径之比不宜大于1：3；卵石不宜大于1：2.5。

②砂：以天然砂为宜，砂率宜控制在40%~50%，通过0.315 mm筛孔的砂不少于15%。

③水泥：最少水泥用量为300 kg/m^2，坍落度宜为80~180 mm，混凝土内宜适量掺入外加剂。泵送轻骨料混凝土的原材料选用及配合比，应通过试验确定。

（4）泵送混凝土施工中应注意的问题

输送管的布置宜短直，尽量减少弯管数，转弯宜缓，管段接头要严密，少用锥形管。混凝土的供料应保证混凝土泵能连续工作；正确选择骨料级配，严格控制配合比。

泵送前，为减少泵送阻力，应先用适量与混凝土内成分相同的水泥浆或水泥砂浆润滑输送管内壁。

泵送过程中，泵的受料斗内应充满混凝土，防止吸入空气形成堵塞。

防止停歇时间过长，若停歇时间超过45min，应立即用压力或其他方法冲洗管内残留的混凝土；泵送结束后，要及时清洗泵体和管道；用混凝土泵浇筑的建筑物，要加强养护，防止龟裂。

6.混凝土的浇筑与振捣

（1）混凝土浇筑前的准备工作

混凝土浇筑前，应对模板、钢筋、支架和预埋件进行检查。检查模板的位置、标高、尺寸、强度和刚度是否符合要求，接缝是否严密，预埋件位置和数量是否符合图纸要求。

检查钢筋的规格、数量、位置、接头和保护层厚度是否正确；清理模板上的垃圾和钢筋上的油污，浇水湿润木模板；填写隐蔽工程记录。

（2）混凝土的浇筑

1）混凝土浇筑的一般规定

混凝土浇筑前不应发生离析或初凝现象，如已发生，须重新搅拌。混凝土运至现场后，其坍落度应满足表 6-7 的要求。

表 6-7　混凝土浇筑时的坍落度

结构种类	坍落度 /mm
基础或地面的垫层、无配筋的大体积结构（挡土墙、基础等）或配筋稀疏的结构	10~30
板、梁和大型及中型截面的柱子等	30~50
配筋密列的结构（薄壁、斗仓、筒仓、细柱等）	50~70
配筋特密的结构	70~90

混凝土自高处倾落时，其自由倾落高度不宜超过 2m；若混凝土自由下落高度超过 2 m，应设串筒、斜槽、溜管或振动溜管等。

混凝土的浇筑工作，应尽可能连续进行。混凝土的浇筑应分段、分层连续进行，随浇随捣。在竖向结构中浇筑混凝土时，不得发生离析现象。

2）施工缝的留设与处理

如果由于技术或施工组织上的原因，不能对混凝土结构一次连续浇筑完毕，而必须停歇较长的时间，其停歇时间已超过混凝土的初凝时间，致使混凝土已初凝；当继续浇混凝土时，形成了接缝，即为施工缝。

①施工缝的留设位置

施工缝设置的原则，一般宜留在结构受力（剪力）较小且便于施工的部位。

柱子的施工缝宜留在基础与柱子交接处的水平面上或梁的下面，或吊车梁牛腿的下面、吊车梁的上面、无梁楼盖柱帽的下面。

高度大于 1 m 的钢筋混凝土梁的水平施工缝，应留在楼板底面下 20~30 mm 处，当板下有梁托时，留在梁托下部；单向平板的施工缝，可留在平行于短边的任何位置处；对于有主次梁的楼板结构，宜顺着次梁方向浇筑，施工缝应留在次梁跨度的中间 1/3 范围内。

②施工缝的处理

施工缝处继续浇筑混凝土时，应待混凝土的抗压强度不小于 1.2MPa 方可进行。

施工缝浇筑混凝土之前，应除去施工缝表面的水泥薄膜、松动石子和软弱的混凝土层，并加以充分湿润和冲洗干净，不得有积水。

浇筑时，施工缝处宜先铺水泥浆（水泥∶水 =1 ∶ 0.4），或与混凝土成分相同的水泥砂浆一层，厚度为 30~50 mm，以保证接缝的质量。浇筑过程中，施工缝应仔细捣实，使其紧密结合。

3）混凝土的浇筑方法

①多层钢筋混凝土框架结构的浇筑

浇筑框架结构首先要划分施工层和施工段，施工层一般按结构层划分，而每一施工层的施工段划分，则要考虑工序数量、技术要求、结构特点等。

混凝土的浇筑顺序：先浇捣柱子，在柱子浇捣完毕后，停歇 1~1.5h，使混凝土达到一定强度后，再浇捣梁和板。

②大体积钢筋混凝土结构的浇筑

大体积钢筋混凝土结构多为工业建筑中的设备基础及高层建筑中厚大的桩基承台或基础底板等。

特点是混凝土浇筑面和浇筑量大，整体性要求高，不能留施工缝，以及浇筑后水泥的水化热量大且聚集在构件内部，形成较大的内外温差，易造成混凝土表面产生收缩裂缝等。

为保证混凝土浇筑工作连续进行，不留施工缝，应在下一层混凝土初凝之前，将上一层混凝土浇筑完毕。要求混凝土按不小于下述的浇筑量进行浇筑：

$$Q=FH/T$$

式中：Q——混凝土最小浇注量（m³/h）；

F——混凝土浇筑区的面积（m³）；

H——浇筑层厚度（m）；

T——下层混凝土从开始浇筑到初凝所允许的时间间隔（h）。

大体积钢筋混凝土结构的浇筑方案，一般分为全面分层、分段分层和斜面分层三种。

全面分层：在第一层浇筑完毕后，再回头浇筑第二层，如此逐层浇筑，直至完工为止。

分段分层：混凝土从底层开始浇筑，进行 2~3 m 后再回头浇第二层，同样依次浇筑各层。

斜面分层：要求斜坡坡度不大于 1/3，适用于结构长度超过厚度 3 倍的情况。

（3）混凝土的振捣

振捣方式分为人工振捣和机械振捣两种。

1）人工振捣

利用捣锤或插钎等工具的冲击力来使混凝土密实成型，其效率低、效果差。

2）机械振捣

将振动器的振动力传给混凝土，使之发生强迫振动而密实成型，其效率高、质量好。混凝土振动机械按其工作方式分为内部振动器、表面振动器、外部振动器和振动台等。这些振动机械的构造原理，主要是利用偏心轴或偏心块的高速旋转，使振动器因离心力的作用而振动。

①内部振动器

内部振动器又称插入式振动器。适用于振捣梁、柱、墙等构件和大体积混凝土。

插入式振动器操作要点：

插入式振动器的振捣方法有两种：一是垂直振捣，即振动棒与混凝土表面垂直；二是斜向振捣，即振动棒与混凝土表面呈 40°~45°。

振捣器的操作要做到快插慢拔，插点要均匀，逐点移动，顺序进行，不得遗漏，达到均匀振实。振动棒的移动，可采用行列式或交错式。

混凝土分层浇筑时，应将振动棒上下来回抽动 50~100 mm；同时，还应将振动棒深入下层混凝土中 50 mm 左右。

②表面振动器

表面振动器又称平板振动器，是将电动机轴上装有左右两个偏心块的振动器固定在一块平板上而成。其振动作用可直接传递于混凝土面层上。

这种振动器适用于振捣楼板、空心板、地面和薄壳等薄壁结构。

③外部振动器

外部的振动器又称附着式振动器，是直接安装在模板上进行振捣，利用偏心块旋转时产生的振动力通过模板传给混凝土，达到振实的目的。

适用于振捣断面较小或钢筋较密的柱子、梁、板等构件。

④振动台

振动台一般在预制厂用于振实干硬性混凝土和轻骨料混凝土。宜采用加压振动的方法，加压力为 1~3 kN/m²。

7. 混凝土的养护

混凝土的凝结硬化是水泥水化作用的结果，而水泥水化作用必须在适当的温度和湿度条件下才能进行。混凝土的养护，就是使混凝土具有一定的温度和湿度，从而逐渐硬化。混凝土养护分自然养护和人工养护。自然养护就是在常温（平均气温不低于 5℃）下，用浇水或保水方法使混凝土在规定的期间内有适宜的温湿条件进行硬化。人工养护就是人工控制混凝土的温度和湿度，使混凝土强度增大，如蒸汽养护、热水养护、太阳能养护等，现浇结构多采用自然养护。

混凝土自然养护，是对已浇筑完毕的混凝土，应加以覆盖和浇水，并应符合下列规定：

应在浇筑完毕后的 12 d 以内对混凝土加以覆盖和浇水；混凝土浇水养护的时间，对采用硅酸盐水泥、普通硅酸盐水泥或矿渣硅酸盐水泥拌制的混凝土，不得少于 7d，对掺用缓凝型外加剂或有抗渗性要求的混凝土，不得少于 14d；浇水次数应能保持混凝土处于湿润状态；混凝土的养护用水应与拌制用水相同。

对不易浇水养护的高耸结构、大面积混凝土或缺水地区，可在已凝结的混凝土表面喷涂塑性溶液，等溶液挥发后，形成塑型膜，使混凝土与空气隔绝，阻止水分蒸发，以保证水化作用正常进行。

对地下建筑或基础，可在其表面涂刷沥青乳液，以防混凝土内水分蒸发。已浇筑的混凝土，强度达到 1.2 N/mm² 后，方允许在其上往来人员进行施工操作。

（二）先张法与后张法预应力工程

1. 预应力混凝土工程

预应力混凝土，与钢筋混凝土比较，具有构件截面小、自重轻、刚度大、抗裂度高、耐久性好、材料省等优点，但预应力混凝土施工需要专门的材料和设备及特殊的工艺，单价较高。

在大开间大跨度和重荷载的结构中，采用预应力混凝土结构，可减少材料用量，扩大使用功能，综合经济效益高，在现代结构中具有广阔的发展前景。

预应力混凝土按预应力度大小可分为全预应力混凝土和部分预应力混凝土。全预应力混凝土是在全部使用荷载下受拉边缘不允许出现拉应力的预应力混凝土，适用于要求混凝土不开裂的结构；部分预应力混凝土是在全部使用荷载下受拉边缘允许出现一定的拉应力或裂缝的混凝土，其综合性能较好，费用较低，适用面广。

预应力混凝土按施工方式不同可分为预制预应力混凝土、现浇预应力混凝土和叠合预应力混凝土等。按预加应力的方法不同可分为：先张法预应力混凝土和后张法预应力混凝土。先张法是在混凝土浇筑前张拉钢筋，预应力靠钢筋与混凝土之间的黏结力传递给混凝土；后张法是在混凝土达到一定强度后张拉钢筋，预应力靠锚具传递给混凝土。在后张法中，按预应力筋黏结状态又可分为：有黏结预应力混凝土和无黏结预应力混凝土。前者在张拉后通过孔道灌浆使预应力筋与混凝土相互黏结；后者由于预应力筋涂有油脂，预应力只能永久地靠锚具传递给混凝土。

2. 先张法预应力混凝土施工

先张法是在台座或钢模上先张拉预应力筋并用夹具临时固定，再浇筑混凝土，待混凝土强度达到强度标准值的 75% 以上，预应力筋与混凝土之间具有足够的黏结力之后，在端部放松预应力筋，使混凝土产生预压应力。该法适用于生产预制预应力混凝土构件。

先张法生产可采用台座法。采用台座法时，构件是在固定的台座上生产，预应力筋的张拉力由台座承受。预应力筋的张拉、锚固，混凝土的浇筑、养护和预应力筋的放张等均在台座上进行。台座法不需要复杂的机械设备，能适应多种产品生产，可露天生产、自然养护也可采用湿热养护，故应用较广。

张拉设备和机具

（1）台座

台座是先张法生产的主要设备之一，它承受预应力筋的全部张拉力。因此，台座应有足够的强度、刚度和稳定性，以免因台座变形、倾覆、滑移而引起预应力值的损失。

台座按构造形式分为墩式和槽式两类。选用时根据构件种类、张拉吨位和施工条件确定。

1）墩式台座

墩式台座由台墩、台面和横梁组成。

①台墩

承力台墩，一般由现浇钢筋混凝土做成。台墩应有合适的外伸部分，以增大力臂而减少台墩自重。台墩应具有足够的强度、刚度和稳定性，稳定性验算一般包括抗倾覆验算和抗滑移验算。

$$K = \frac{M_1}{M} = \frac{GL + E_{Pe_2}}{Ne_1} \geq 1.5$$

式中：K——抗倾覆安全系数，一般不小于1.50；

M——抗倾覆力矩，由台座自重力和土压力等产生；

M_1——倾覆力矩，由预应力筋的张拉力产生；

N——预应力筋的张拉力；

e_1——张拉力合力作用点至倾覆点的力臂；

G——台墩的自重力；

L——台墩重心至倾覆点的力臂；

E_p——台墩后面的被动土压力合力，当台墩埋置深度较浅时，可忽略不计；

e_2——被动土压力合力至倾覆点的力臂。

台墩倾覆点的位置，对与台面共同工作的台墩，按理论计算倾覆点应在混凝土台面的表面处，但考虑到台墩的倾覆趋势使得台面端部顶点出现局部应力集中和混凝土面抹面层的施工质量，倾覆点的位置宜取在混凝土台面往下4~5 cm处。

台墩的抗滑移验算，可按下式进行：

$$K_e = \frac{N_1}{N} \geq 1.3$$

式中：K_e——抗滑移安全系数，一般不小于1.30；

N_1——抗滑移的力，对独立的台墩，由侧壁土压力和底部摩擦阻力等产生，对与台面共同工作的台墩，以往在抗滑移验算中考虑台面的水平力、侧壁土压力和底部摩阻力共同工作。

经过分析认为，混凝土的弹性模量（C20混凝土E=2.6×10⁴N/mm²）和土的压缩模量（E=20N/mm²）相差极大，两者不可能共同工作；而底部的阻力也较小（约占5%），可略去不计；实际上台墩的水平推力几乎全都传给台面，不存在滑移问题，因此，台墩与台面共同工作时，可不作抗滑移计算，而应验算台面的承载力。

为了增加台墩的稳定性，减小台墩的自重，可采用锚杆式台墩。

台墩的牛腿和延伸部分，分别按钢筋混凝土结构的牛腿和偏心受压构件计算。

台墩横梁的挠度不应大于2mm，并不得产生翘曲。预应力筋的定位板必须安装准确，其挠度不大于1 mm。

②台面

台面一般是在夯实的碎石垫层上浇筑一层厚度为6~10 cm混凝土而成。

2）槽式台座

槽式台座由端柱、传力柱、柱垫、横梁和台面等组成，既可承受张拉力，又可作为蒸汽养护槽，适用于张拉吨位较高的大型构件。

（2）夹具

夹具是预应力筋进行张拉和临时固定的工具，要求夹具工作可靠，构造简单，施工方便，成本低。根据夹具的工作特点分为张拉夹具和锚固夹具。

1）张拉夹具

张拉夹具是将预应力筋与张拉机械连接起来，进行预应力张拉的工具。常用的张拉夹具有两种。

①偏心式夹具。偏心式夹具由一对带齿的月牙形偏心块组成。

②楔形夹具。楔形夹具由锚板和楔块组成。

2）锚固夹具

锚固夹具是将预应力筋临时固定在台座横梁上的工具。常用的锚固夹具有以下三种。

①锥形夹具

锥形夹具是用来锚固预应力钢丝的，由中间开有圆锥形孔的套筒和刻有细齿的锥形齿板或锥销组成，分别称为圆锥齿板式夹具和圆锥三槽式夹具。

圆锥齿板式夹具的套筒和齿板均用 45 号钢制作。套筒不需作热处理，齿板热处理后的硬度应达到 HRC40~50。

圆锥三槽式夹具锥销上有三条半圆槽，依锥销上半圆槽的大小，可分别锚固一根 fb3、fb4 或 fb5 钢丝。套筒和锥销均用 45 号钢制作，套筒不做热处理，锥销热处理后的硬度应达到 HRC 40~45。

锥形夹具工作时依靠预应力钢丝的拉力就能够锚固住钢丝。锚固夹具本身牢固可靠的锚固住预应力筋的能力，称为自锚。

②圆套筒三片式夹具

圆套筒三片式夹具是用于锚固预应力钢筋的，由中间开有圆锥形孔的套筒和三片夹片组成。

圆套筒三片式夹具可以锚固中 12 mm 或中 14 mm 的单根冷拉 Ⅰ、Ⅱ、Ⅳ钢筋。套筒和夹片用 45 号钢制作，套筒和夹片热处理后硬度应分别达到 HRC35~40 和 HRC40~45。

③方套筒两片式夹具

方套筒两片式夹具用于锚固单根热处理钢筋。该夹具的特点是操作非常简单，钢筋由套筒小直径一端插入，夹片后退，两夹片间距扩大，钢筋从两夹片之间通过，由套筒大直径一端穿出。夹片受弹簧的顶推前移，两夹片间距缩小，夹持钢筋。

3. 预应力筋铺设

预应力钢丝宜用牵引车铺设。如果钢丝需要接长，可借助钢丝拼接器用 20~22 号铁丝密排绑扎。绑扎长度：对冷轧带肋钢筋不应小于 45d（d 为钢丝直径）；对刻痕钢丝不应小于 80d。钢筋搭接长度应比绑扎长度大 10d。

预应力筋张拉

（1）单根张拉

冷拔钢丝可在两横梁式长线台座上采用 10kN 电动螺杆张拉机或电动卷扬张拉机单根张拉，弹簧测力计测力，锥销式夹具锚固。

刻痕钢丝可采用 20~30kN 电动卷扬张拉机单根张拉，优质锥销式夹具锚固。

（2）整体张拉

在预制场以机组流水法或传送带法生产预应力多孔板时，还可在钢模上用墩头梳筋板夹具整体张拉。

（3）张拉程序

预应力张拉程序：$0 \rightarrow 1.05\sigma con \rightarrow 0 \sigma con$ 锚固或 $0 \rightarrow 1.03\sigma con$ 锚固，其中，1.03、1.05 是考虑弹簧测力计的误差、温度影响、台座横梁或定位板刚度不足、台座长度不符合设计取值、工人操作影响等的系数。

4. 混凝土的浇筑与养护

混凝土的浇筑必须一次完成，不允许留设施工缝。混凝土的强度等级不得小于 C30。为了减少混凝土的收缩和徐变引起的预应力损失，在确定混凝土的配合比时，应采用低水灰比，控制水泥的用量，对骨料采取良好的级配。预应力混凝土构件制作时，必须振捣密实，特别是构件的端部，以保证混凝土的强度和黏结力。

预应力混凝土构件叠层生产时，应待下层构件的混凝土强度达到 8~10 N/mm² 后，再进行上层混凝土构件的浇筑。

5. 预应力筋放张

预应力筋放张时，混凝土的强度应符合设计要求；如设计无规定，不应低于设计的混凝土强度标准值的 75%。过早放张预应力会引起较大的预应力损失或预应力钢丝产生滑动。预应力筋的放张顺序，如设计无规定，可按下列要求进行：

（1）轴心受预压的构件（如拉杆、桩等），所有预应力筋应同时放张；

（2）偏心受预压的构件（如梁等），应先同时放张预压力较小区域的预应力筋，再同时放张预压力较大区域的预应力筋；

（3）如不能满足 1、2 两项要求，应分阶段、对称、交错地放张，以防止在放张过程中构件产生弯曲、裂纹和预应力筋断裂。

6. 后张法预应力混凝土施工

后张法是先制作构件或结构，待混凝土达到一定强度后，在构件或结构上张拉预应力筋的方法。后张法预应力施工不需要台座设备，灵活性大，广泛用于施工现场生产大型预制预应力混凝土构件和就地浇筑预应力混凝土结构。后张法预应力施工又可分为有黏结预应力施工和无黏结预应力施工两类。

有黏结预应力施工过程：混凝土构件或结构制作时，在预应力筋部位预先留设孔道，然后浇筑混凝土并进行养护；制作预应力筋并将其穿入孔道；待混凝土达到设计要求的强度后张拉预应力筋并用锚具锚固；最后进行孔道灌浆与封蜡。

这种施工方法通过孔道灌浆，使预应力筋与混凝土相互黏结，减轻了锚具传递预应力作用，提高了锚固可靠性与耐久性，广泛用于主要承重构件或结构。

无黏结预应力施工过程：混凝土构件或结构制作时，预先铺设无黏结预应力筋，然后浇筑混凝土并进行养护；待混凝土达到设计要求的强度后，张拉预应力筋并用锚具锚固，最后进行封锚。这种施工方法不需要留孔灌浆，施工方便，但预应力只能永久地靠锚具传递给混凝土。适用于分散配置预应力筋的楼板与墙板、次梁及低预应力度的主梁等。

（1）预留孔道

1）预应力筋孔通道布置

预应力筋孔道形状有直线、曲线和折线三种类型。

预留孔道的直径，应根据预应力筋根数、曲线孔道形状和长度、穿筋难易程度等因素确定。孔道内径应比预应力筋与连接器外径大 10~15mm，孔道面积宜为预应力筋净面积的 3~4 倍。

预应力筋孔道的间距与保护层应符合下列规定：

①对预制构件，孔道的水平净间距不宜小于 50mm；孔道至构件边缘的净间距不应小于 30 mm，且不应小于孔道直径的一半。

②在框架梁中，预留孔道垂直方向净间距不应小于孔道外径，水平方向净间距不宜小于 1.5 倍孔道外径；从孔壁算起的混凝土最小保护层厚度，梁底为 50mm，梁侧为 40mm，板底为 30 mm。

2）预埋金属螺旋管留孔

金属螺旋管又称波纹管，是用冷轧钢带或镀锌钢带在卷管机上压迫后螺旋咬合而成的。按照相邻咬口之间的凸出部位（即波纹）的数量分为单波纹和双波纹；按照截面形状分为圆形和扁形；按照径向刚度分为标准型和增强型；按照钢带表面状况分为镀锌螺旋管和不镀锌螺旋管。

3）抽拔芯管留孔

①钢管抽芯法

钢管抽芯法是在制作后张法预应力混凝土构件时，在预应力筋位置预先埋设钢管，待混凝土初凝后再将钢管旋转抽出的留孔方法。为防止在浇筑混凝土时钢管产生位移，每隔 1 m 用钢筋井字架固定牢靠。钢管接头处可用长度为 30~40 cm 的铁皮套管连接。在混凝土浇筑后，每隔一定时间慢慢转动钢管，使之不与混凝土黏结；待混凝土初凝后、终凝前抽出钢管，即形成孔道。钢管抽芯法适用于留设直线孔道。

②胶管抽芯法

胶管抽芯法是在制作后张法预应力混凝土构件时，在预应力筋的位置处预先埋设胶管，待混凝土结硬后再将胶管抽出的留孔方法，采用 5~7 层帆布胶管。为防止在浇筑混凝土时胶管产生位移，直线段每隔 60cm 用钢筋井字架固定牢靠，曲线段应适当加密。胶管两端应有密封装置。在浇筑混凝土前，胶管内充入压力为 0.6~0.8 MPa 的压缩空气或压力水，管径增大约 3mm，待浇筑的混凝土初凝后，放出压缩空气或压力水，管径缩小，混凝土脱开，随即拔出胶管。胶管抽芯法适用于留设直线与曲线孔道。

4）灌浆孔、排气孔和泌水管

在预应力筋孔道两端，应设置灌浆孔和排气孔。灌浆孔可设置在锚垫板上或利用灌浆管引至构件外，其间距对抽芯成型孔道不宜大于12m，孔径应能保证浆液畅通，一般不宜小于20 mm。

（2）预应力筋穿入孔道

预应力筋穿入孔道，简称穿束。穿束需要解决两个问题：穿束时机和穿束方法。

1）穿束时机

根据穿束与浇筑混凝土之间的先后关系，可分为先穿束和后穿束两种。

①先穿束法

先穿束法即在浇筑混凝土之前穿束。此法穿束省力，但穿束占用工期，束的自重引起的波纹管摆动会增大摩擦损失，束端保护不当易生锈。按穿束与预埋波纹管之间的配合，又可分为以下三种情况：

A.先穿束后装管。即将预应力筋先穿入钢筋骨架内，然后将螺旋管逐节从两端套入并连接。

B.先装管后穿束。即将螺旋管先安装就位，然后将预应力筋穿入。

C.二者组装后放入。即在梁外侧的脚手架上将预应力筋与套管组装后，从钢筋骨架顶部放入就位，箍筋应先做成开口箍，再封闭。

②后穿束法

后穿束法即在浇筑混凝土之后穿束。此法可在混凝土养护期内进行，不占工期，便于用通孔器或高压水通孔，穿束后即行张拉，易于防锈，但穿束较为费力。

2）穿束方法

根据一次穿入数量，可分为整束穿和单根穿。钢丝束应整束穿；钢绞线宜采用整束穿，也可用单根穿。穿束工作可由人工、卷扬机和穿束机进行。

（3）预应力筋张拉

1）预应力筋张拉方式

根据预应力混凝土结构特点、预应力筋形状与长度以及施工方法的不同，预应力筋张拉方式有以下几种：

①一端张拉方式

张拉设备放置在预应力筋一端的张拉方式。适用于长度不大于30m的直线预应力筋与锚固损失影响长度 L ≥ L/2（L 为预应力筋长度）的曲线预应力筋；如设计人员根据计算资料或实际条件认为可以放宽以上限制的话，也可采用一端张拉，但张拉端宜分别设置在构件的两端。

②两端张拉方式

张拉设备放置在预应力筋两端的张拉方式。适用于长度大于30m的直线预应力筋与锚固损失影响长度 L<L/2 的曲线预应力筋。当张拉设备不足或由于张拉顺序安排关系，也可先在一端张拉完成后，再移至另端张拉，补足张拉力后锚固。

③分批张拉方式

对配有多束预应力筋的构件或结构分批进行张拉的方式。由于后几批预应力筋张拉所产生的混凝土弹性压缩对先批张拉的预应力筋造成预应力损失，所以先批张拉的预应力筋张拉力应加上该弹性压缩损失值或将弹性压缩损失平均值统一增加到每根预应力筋的张拉力内。

2）张拉操作程序

预应力筋的张拉操作程序，主要根据构件类型、张拉锚固体系、松弛损失等因素确定。

①采用低松弛钢丝和钢绞线时，张拉操作程序为：$0 \to 0\sigma con$ 锚固。

②采用普通松弛预应力筋时，按下列超张拉程序进行操作：对墩头锚具等可卸载锚具，$0 \to 1.05\sigma con \to 0\sigma con$ 锚固；对夹片锚具等不可卸载锚具，$0 \to 1.03\sigma con$ 锚固。

（4）孔道灌浆

预应力筋张拉后，利用灌浆泵将水泥浆压灌到预应力筋孔道中去，其作用有：一是保护预应力筋，以免锈蚀；二是使预应力筋与构件混凝土有效地黏结，以控制超载时裂缝的间距与宽度并减轻梁端锚具的负荷状况。因此，对孔道灌浆的质量必须重视。

预应力筋张拉完成并经检验合格后，应尽早进行孔道灌浆。灌浆时注意以下几点：

1）灌浆前应全面检查构件孔道及灌浆孔、泌水孔、排气孔是否畅通。对抽拔管成孔，可采用压力水冲洗孔道；对预埋管成孔，必要时可采用压缩空气清孔。

2）灌浆前应对锚具夹片空隙和其他可能产生的漏浆处采用高强度水泥浆或结构胶等方法封堵。封堵材料的抗压强度大于 10MPa 时方可灌浆。

3）灌浆顺序宜先灌下层孔道，后浇上层孔道。

4）灌浆工作应缓慢均匀地进行，不得中断，并应排气通顺，在孔道两端冒出浓浆并封闭排气孔后，宜再继续加压至 0.5~0.7 N/mm²，稳压 2 min，再封闭灌浆孔。

5）当孔道直径较大且水泥浆不掺微膨胀剂或减水剂进行灌浆时，可采取下列措施：

①二次压浆法，但二次压浆的间歇时间宜为 30~45 min；

②重力补浆法，在孔道最高处连续不断地补充水泥浆。

6）如遇灌浆不畅通，更换灌浆孔，应将第一次灌入的水泥浆排出，以免两次灌浆之间有空气存在。

7）室外温度低于 -5℃时，孔道灌浆应采取抗冻保温措施，防止浆体冻胀使混凝土沿孔道产生裂缝。抗冻保温措施：采用早强型普通硅酸盐水泥，掺入一定量的防冻剂；水泥浆用温水拌合；灌浆后将构件保温，宜采用木模，待水泥浆强度上升后，再拆除模板。

（三）无黏结预应力工程

后张法预应力混凝土中，预应力筋分为有黏结与无黏结两种。凡是预应力筋张拉后通过灌浆或其他措施使预应力筋与混凝土产生黏结力，在使用荷载作用下，构件的预应力筋与混凝土不产生相对滑动的预应力筋（束）称为有黏结，反之为无黏结。无黏结预应力施工方法是在预应力筋表面刷涂料并包裹塑料布后，如同普通钢筋一样，先铺设在安装好的模板内，浇筑混凝土，待混凝土达到设计要求强度后进行张拉锚固。无黏结预应力混凝土具有施工简单，不需预留孔道和灌浆、张拉阻力小、易于弯成曲线形状等优点。

无黏结后张预应力起源于 20 世纪 50 年代的美国，我国于 70 年代开始研究，80 年代初应用于实际工程中。无黏结后张预应力混凝土是在浇灌混凝土之前，把预先加工好的无黏结筋与普通钢筋一样直接放置在模板内，然后浇筑混凝土，待混凝土达到设计强度时，即可进行张拉。它与有黏结预应力混凝土的不同之处就在于，不需在放置预应力钢筋的部位预先留设孔道和沿孔道穿筋；预应力钢筋张拉完后，不需进行孔道灌浆。

1. 无黏结预应力钢筋的制作

无黏结筋的制作是无黏结后张预应力混凝土施工中的主要工序。无黏结筋一般由钢丝、钢绞线等柔性较好的预应力钢材制作，当用电热法张拉时，亦可用冷拉钢筋制作。

无黏结筋的涂料层应由防腐材料制作，一般防腐材料可以用沥青、油脂、蜡、环氧树脂或塑料。涂料应具有良好的延性及韧性；在一定的温度范围内（-20℃~70℃）不流淌、不变脆、不开裂；应具有化学稳定性，与钢、水泥以及护套材料均无化学反应，不透水、不吸湿，防腐性能好；油滑性能好，摩擦阻力小，如规范要求，防腐油脂涂料层无黏结筋的张拉摩擦系数不应大于 0.12，防腐沥青涂料则不应大于 0.25。

无黏结筋的护套材料可以用纸带或塑料带包缠或用注塑套管。护套材料应具有足够的抗拉强度及韧性，以免在工作现场或因运输、储存、安装引起难以修复的损坏和磨损；要求其防水性及抗腐蚀性强；低温不脆化、高温化学稳定性高；对周围材料无腐蚀性。如用塑料作为外包装材料时，还应具有抗老化的性能。高密度的聚乙烯和聚丙烯塑料就具有较好的韧性和耐久性，低温下不易发脆，高温下化学稳定性较好，并具有较高的抗磨损能力和抗蠕变能力。但这种塑料目前我国产量还较低，价格昂贵。我国目前用高压低密度的聚乙烯塑料通过专门的注塑设备挤压成型，将涂有防腐油脂层的预应力钢筋包裹上一层塑料。当用沥青防腐剂做涂料层时，可用塑料带密缠做外包层，塑料各圈之间的搭接宽度应不小于带宽的 1/4，缠绕层数不应小于两层。

2. 无黏结筋的铺设

无黏结筋的铺设工序通常在绑扎完底筋后进行。无黏结筋铺放的曲率，可用垫铁马凳或其他构造措施控制。其放置间距不宜大于 2 m，用铁丝与非预应力钢筋扎紧。铺设双向配筋的无黏结筋时，应先铺低的，再铺高的，应尽量避免两个方向的无黏结筋相互穿插编结。

绑扎无黏结筋时，应先在两端拉紧，同时从中间往两端绑扎定位。

浇筑混凝土前应对无黏结筋进行检查验收，如各控制点的矢高、塑料保护套有无脱落和歪斜、固定端镦头与锚板是否贴紧、无黏结筋涂层有无破损等，经检验合格后方可浇筑混凝土。

3. 无黏结筋的张拉

无黏结预应力束的张拉与有黏结预应力钢丝束的张拉相似。张拉程序一般为 $0 \to 1.03 \sigma con$，然后进行锚固。由于无黏结预应力束为曲线配筋，故应采用两端同时张拉。

成束无黏结筋正式张拉前，宜先用千斤顶往复抽动几次，以降低张拉摩擦损失。实验表明，进行三次张拉时，第三次的摩阻损失值可比第一次降低 16.8%~49.1%。在张拉过程中，当有个别钢丝发生滑脱或断裂时，可相应降低张拉力，但滑脱或断裂的根数，不应超过结构同一截面钢丝总根数的 2%。

4. 锚头端部的处理

无黏结预应力束通常采用镦头锚具，外径较大，钢丝束两端留有一定长度的孔道，其直径略大于锚具的外径。钢丝束张拉锚固以后，其端部便留下孔道，且该部分钢丝没有涂层，必须采取保护措施，防止钢丝锈蚀。

无黏结预应力束锚头端部处理的办法，目前常用的有两种：一是在孔道中注入油脂并加以封闭；二是在两端留设的孔道内注入环氧树脂水泥砂浆，将端部孔道全部灌注。

密实，以防预应力钢筋发生局部锈蚀。灌注用环氧树脂水泥砂浆的强度不得低于 35MPa。灌浆同时将锚环内也用环氧树脂水泥砂浆封闭，既可防止钢丝锈蚀，又可起一定的锚固作用。最后浇筑混凝土或外包钢筋混凝土，或用环氧砂浆将锚具封闭。用混凝土做堵头封闭时，要防止产生收缩裂缝。当不能采用混凝土或环氧砂浆做封闭保护时，预应力钢筋锚具要全部涂刷抗锈漆或油脂，并加其他保护措施。

（1）无黏结预应力筋的布置

无黏结预应力筋应严格按设计要求的曲线形状就位固定牢固。无黏结预应力筋的铺设通常是在底部钢筋铺设后进行。水电管线敷设一般宜在无黏结预应力筋铺设后进行，无黏结预应力筋应铺放在电线管下面，且不得将无黏结预应力筋的竖向位置抬高或压低。支座处负弯矩钢筋通常最后铺设。

（2）无黏结预应力混凝土结构施工

1）无黏结预应力筋的铺设

铺设双向配筋的无黏结预应力筋时，应先铺设标高低的钢丝束，再铺设标高较高的钢丝束，以避免两个方向钢丝束相互穿插。

无黏结预应力筋应在绑扎完底筋后进行铺放。

2）无黏结预应力筋的张拉

无黏结预应力筋张拉时，混凝土强度应符合设计要求，当设计无要求时，混凝土强度应达到设计强度的 75% 才能进行张拉。

其张拉程序一般为 $0 \to 1.03 \sigma con$，以减少无黏结预应力筋的松弛损失。其张拉顺序应根据预应力筋的铺设顺序进行，先铺设的先张拉，后铺设的后张拉。当预应力筋的长度小于 25m 时，宜采用一端张拉；长度大于 25m 时，宜采用两端张拉；若长度超过 50m，宜采取分段张拉。

预应力平板结构中预应力筋往往很长，如何减少其摩阻损失值是一个重要的问题。影响摩阻损失值的主要因素有润滑介质、外包层和预应力筋截面形式。其中，润滑介质和外包层的摩阻损失值对一定的预应力束而言是个定值，相对稳定；而截面形式则对摩阻损失值的影响较大。不同截面形式，其离散性不同。但若能保证截面形状在全长内一致，则其摩阻损失值就能在很小范围内波动；否则，因局部阻塞就可能导致其损失值无法测定。摩阻损失值可用标准测力计或传感器等测力装置进行测定。施工时，为降低摩阻损失值，宜采用多次张拉工艺。

成束无黏结预应力筋在正式张拉前，宜先用千斤顶往复抽动一两次，以降低张拉摩擦损失。在无黏结预应力筋张拉过程中，当有个别钢丝发生滑脱或断裂时，可相应降低张拉力，以免发生钢丝连续断裂。但滑脱或断裂的数量不应超过同一构件截面内无黏结预应力筋总量的 2%。

3）无黏结预应力筋的端部锚头处理

①无黏结钢丝束镦头锚具。

张拉端钢丝束从外包层抽拉出来，穿过锚杯孔眼镦成粗头。

②无黏结钢绞线夹片式锚具。

无黏结钢绞线夹片式锚具常采用 XM 型锚具，其固定端采用压花成型埋置在设计部位，待混凝土强度达到设计强度后方能形成可靠的黏结式锚头。

5. 现浇结构工程质量检查验收与缺陷处理

外观质量与尺寸偏差

（1）一般规定

1）现浇结构的外观质量缺陷，应由监理（建设）单位、施工单位等各方根据其对结构性能和使用功能影响的严重程度确定。

2）现浇结构拆模后，应由监理（建设）单位、施工单位对外观质量和尺寸偏差进行检查，做出记录，并应及时按施工技术方案对缺陷进行处理。

（2）外观质量

1）主控项目

现浇结构的外观质量不应有严重缺陷。对已经出现的严重缺陷，应由施工单位提出技术处理方案，并经监理（建设）单位认可后进行处理，经处理的部位应重新检查、验收。

检查数量：全数。

检验方法：观察，检查技术处理方案。

2）一般项目

现浇结构的外观质量不宜有一般缺陷。对已经出现的一般缺陷，应由施工单位按技术处理方案进行处理，并重新检查、验收。

检查数量：全数。

检验方法：观察，检查技术处理方案。

（3）尺寸偏差

1）主控项目

现浇结构不应有影响结构性能和使用功能的尺寸偏差。混凝土设备基础不应有影响结构性能和设备安装的尺寸偏差。对超过尺寸允许偏差且影响结构性能和安装、使用功能的部位，应由施工单位提出技术处理方案，并经监理（建设）单位认可后进行处理，经处理的部位应重新检查、验收。

检查数量：全数。

检验方法：量测，检查技术处理方案。

2）一般项目

现浇结构和混凝土设备基础的尺寸允许偏差及检验方法应符合规定。

检查数量：按楼层，结构缝或施工段划分检验批。在同一检验批内，对于梁、柱和独立基础，应抽查构件数量的10%，且不少于3件；对于墙和板，应按有代表性的自然间抽查10%，且不少于3间；对于大空间结构，墙可按相邻轴线间高度为5m左右划分检查面，板可按纵、横轴线划分检查面，抽查10%，且均不少于3面；对于电梯井核对设备基础，应全数检查。

检验方法：量测检查。

6. 缺陷处理

常见的现浇结构外观质量缺陷有露筋、孔洞、蜂窝、锚台、漏浆、外形缺陷、外表缺陷。

（1）蜂窝

1）现象

混凝土结构局部出现疏松，砂浆少、石子多，石子之间形成类似蜂窝状的窟窿。

①混凝土配合比不当或砂、石子、水泥材料加水量计量不准，造成砂浆少、石子多。

②混凝土搅拌时间不够，未拌和均匀，和易性差，振捣不密实。

③下料不当或下料过高，未设串筒使石子集中，造成混凝土离析。

④混凝土未分层下料，漏振或振捣时间不够。

⑤模板缝隙未堵严，水泥浆流失（即漏浆）。

⑥钢筋较密，使用的石子粒径过大或混凝土坍落度过小。

⑦基础、柱、墙根部未梢加间歇就继续灌注上层混凝土。

2）防治措施

①认真设计、严格控制混凝土配合比，经常检查，做到计量准确，混凝土拌和均匀，坍落度适当。

②混凝土下料高度超过2m时应设串筒或溜槽。

③浇灌应分层下料，分层振捣，防止漏振。

④模板缝隙应堵塞严密，浇灌中随时检查模板支撑情况，防止漏浆。

⑤基础、柱、墙根部应在下部浇完1~1.5h且沉实后再浇上部混凝土，避免出现"烂脖子"现象。

3）处理措施

①对于数量不多的小蜂窝混凝土表面，主要应保证钢筋不受侵蚀，采用表面抹浆修补，可用1∶2.5~1∶2水泥砂浆抹面修整。抹砂浆前，须用钢丝刷和加压力的水清洗湿润，抹浆初凝后要加强养护工作。

②当蜂窝比较严重或露筋较深时，应除掉附近不密实的混凝土和凸出的骨料颗粒，用清水洗刷干净并充分润湿后，再用比原来强度等级高一级的细石混凝土填补并仔细捣实。

（2）麻面

1）现象

混凝土局部表面出现缺浆和许多小凹坑、麻点，形成粗糙面，但无钢筋外露现象。

2）产生的原因

①模板表面粗糙或黏附水泥浆渣等杂物未清理干净，拆模时混凝土表面被黏坏。

②模板未浇水湿润或湿润不够，构件表面混凝土的水分被吸去，使混凝土失水过多而出现麻面。

③模板拼缝不严，局部漏浆。

④模板隔离剂涂刷不匀或局部漏刷，使混凝土表面与模板黏结造成麻面。

⑤混凝土振捣不实，气泡未排出，停在模板表面形成麻点。

3）防治措施

①模板表面清理干净，不得粘有干硬水泥砂浆等杂物。浇灌混凝土前，模板应浇水充分湿润。模板缝隙应用油毡纸、腻子等堵严。模板隔离剂应选用长效产品，涂刷均匀，不得漏刷。

②混凝土应分层均匀振捣密实，至排除气泡为止。

4）处理措施

表面需做粉刷或防水层的，可不处理；表面无粉刷的，应在麻面部位浇水充分湿润后，用原混凝土配合比水泥砂浆，将麻面抹平压光。

（3）孔洞

1）现象

混凝土结构内部有尺寸较大的空隙，局部没有混凝土或蜂窝特别大，钢筋局部或全部裸露。

2）产生的原因

①在钢筋较密的部位或预留孔洞和埋件处，混凝土下料被搁住，未振捣就继续浇筑上层混凝土。

②混凝土离析，砂浆分离，石子成堆，严重跑浆，又未进行振捣。

③混凝土一次下料过多、过厚，下料过高，振捣器振动不到位，形成松散孔洞。

④混凝土内掉入工具、木块、泥块等杂物，混凝土粗骨料被卡住。

3）防治措施

①在钢筋密集处及复杂部位，采用细石混凝土浇灌，将模板充满，认真分层振捣、密实。

②预留孔洞处应两侧同时下料，侧面加开浇灌门，严防漏振。砂石中混有黏土块、模板工具等杂物掉入混凝土内时，应及时清除干净。

4）处理措施

将孔洞周围的松散混凝土和软弱浆膜凿除，用压力水冲洗，湿润后用高强度等级细石混凝土仔细浇灌、捣实。

（4）露筋

1）现象

混凝土内部主筋、副筋或箍筋局部裸露在结构构件表面。

2）产生的原因

①灌注混凝土时，钢筋保护层垫块太少或漏放，致使钢筋紧贴模板外露。

②结构构件表面尺寸小，钢筋过密，石子卡在钢筋上，使水泥砂浆不能充满钢筋周围，造成露筋。

③混凝土配合比不当，产生离析，模板部位缺浆或模板漏浆。

④混凝土保护层太薄或保护层处混凝土振捣不实，或浇筑混凝土时工人踩踏钢筋使钢筋位移，造成露筋。

⑤模板未洒水湿润，混凝土吸水黏结或脱模过早，拆模时缺棱、掉角，导致漏筋。

3）防治措施

①浇筑混凝土时应保证钢筋位置和保护层厚度正确并加强检查。钢筋密集时，应选用适当粒径的石子，保证混凝土配合比准确并具有良好的和易性。

②浇筑高度超过2m的结构时，应用串筒或溜槽进行下料，以防止混凝土发生离析。

③模板应充分湿润并认真堵好缝隙，模板内的杂物清理干净。

④混凝土振捣严禁撞击钢筋，操作时避免踩踏钢筋，如有踩弯或脱扣等情况则应及时调整。

⑤正确掌握脱模时间，防止过早拆模而碰坏棱角。

4）处理措施

表面漏筋刷洗干净后，在表面抹1:2或1:2.5水泥砂浆，将漏筋部位抹平；漏筋较深的凿去薄弱混凝土和凸出颗粒，洗刷干净后用比原混凝土强度等级高一级的细石混凝土填塞压实。

（5）外形缺陷（表面不平整、锚台、翘曲不平）

1）现象

混凝土表面凹凸不平或板厚薄不一、表面不平。

2）产生的原因

①混凝土浇筑后，表面仅用铁锹拍打，未用抹子找平压光造成表面粗糙不平。

②模板未支承在坚硬土层上，或支承面强度不足，或支撑松动、泡水，致使新浇灌的混凝土早期养护时发生不均匀下沉现象。

③混凝土未达到一定强度便上人操作或运料，使表面出现凹陷不平或印痕。

3）防治措施

①严格按施工规范操作，灌注混凝土后应根据水平控制标志或弹线用抹子找平、压光，终凝后浇水养护。

②模板应有足够的强度、刚度和稳定性，应支在坚实地基上，有足够的支承面积，以保证不发生下沉。

③在浇筑混凝土时应加强检查，凝土强度达到 1.2N/mm 以上，方可在已浇结构上走动。

④要求模板与模板之间及模板下部与老混凝土之间加固紧密，保证模板接合处不留缝隙。

⑤保证模板与模板之间拼接紧密，模板加固支撑刚度足够，以免浇筑时出现漏浆、跑模或模板变形过大的现象。

⑥加强混凝土浇筑的过程控制，随时进行模板变形监测，发现模板变形后应及时调整。

⑦根据普通大模板浇筑层厚 3m 的使用经验，浇筑至 0.5m、1.5m 时，分别紧固一次模板支撑系统收仓时再紧固一次模板支撑系统，每次紧固量可根据大模板的使用经验确定。这样能有效地防止锚台、"鼓肚"等缺陷发生。

4）处理措施

①对锚台大于 2cm 的部分，用扁平凿按 1∶30（垂直水流向锚台）和 1∶20（顺水流向锚台）坡度凿除，并预留 0.5~1.0cm 的保护层，再用电动砂轮打磨平整，使其与周边混凝土保持平顺连接。

②对锚台小于 2cm 的部位，直接用电动砂轮按 1∶30（垂直水流向锚台）和 1∶20（顺水流向锚台）坡度打磨平整。根据现场施工经验，对锚台的处理一般在混凝土强度达到 70% 后进行修补效果最佳。

③混凝土表面不平整现象较严重，而且将来上面没有覆盖层的，必须凿除凸出的混凝土，冲刷干净后用 1∶2 水泥浆或砂石混凝土抹平压光。

（6）缺棱掉角

1）现象

结构或构件边角处混凝土局部掉落，边角不规则，棱角有缺陷。

2）产生的原因

①木模板未充分浇水湿润或湿润不够，混凝土浇筑后养护得不好，造成脱水，且强度降低，或模板吸水膨胀将边角拉裂，拆模时棱角被粘掉。

②低温施工时过早拆除侧面非承重模板。

③拆模时边角受外力或重物撞击或保护不好，棱角被碰掉。

④模板未涂刷隔离剂，或涂刷不均。

3）防治措施

①木模板在浇筑混凝土前应充分湿润，混凝土浇筑后应认真浇水养护。拆除侧面非承重模板时，混凝土应具有 $1.2N/mm^2$ 以上的强度。

②拆模时注意保护棱角，避免用力过猛、过急。

③吊运模板时，防止撞击棱角；运输时，将成品阳角用草袋等保护好，以免碰损。

4）处理措施

缺棱掉角时，可将该处松散颗粒凿除，冲洗干净并充分湿润后，对破损部分用 1 ： 2 或 1 ： 2.5 水泥砂浆抹补齐整，或支模，再用比原混凝土强度等级高一级的细石混凝土捣实补好，认真养护。

三、砌体结构

砌体结构原指用砖石材和砂浆砌筑的结构，故称砖石结构，由于在工程中已采用砌块材料砌筑，故统称为砌体结构。

砌体结构在我国的应用非常广泛。5000 年前我国就有石砌祭坛和石砌围墙，3000 年以前有烧制的黏土瓦和铺地砖。秦朝建造的驰名中外的万里长城在砌体结构史上写下了光辉的一页。唐代的西安大雁塔、小雁塔等一大批古代流传下来的佛塔。城墙、砖砌穿拱和殿堂楼阁等砌体结构，为中华悠久的文明历史增添了异彩。

砌体结构在国外也有广泛的采用，埃及的金字塔、雅典的巴特农神庙、罗马的古城堡和教堂都是古代人类应用砌体结构的典范。19 世纪 20 年代水泥的发明使砂浆的强度大大提高，促进了砌体结构的发展。在早期欧美各国也建造了大量的多层砌体结构房屋和高层砌体结构房屋。多孔砖、硅酸盐砌块、混凝土空心砌块以及配筋砌体的采用，扩大了砌体结构应用的规模和范围。大量的民用住宅，小型工业厂房和桥梁等都采用了砌体结构。创造了砌体结构的辉煌业绩。

（一）砖砌体工程

1. 施工准备

（1）砖块准备

砖应按设计要求的数量、品种、强度等级及时组织进场，并按砖的外观、几何尺寸和强度等级进行验收，并检验出厂合格证。对每一生产厂家，烧结普通砖、混凝土实心砖每150000 块为一批验收，烧结多孔砖、混凝土多孔砖、蒸压灰砂砖及蒸压粉煤灰砖每 10000 块为一验收批。不足上述数量时按一批计，抽检数量为一组。

常温施工时，为避免砖吸收砂浆中过多的水分而影响黏结力，砖应提前 1~2d 浇水湿润，以水浸入砖内 10mm 左右为宜，并可除去砖面上的粉末。烧结普通砖含水率宜为10%~15%，但浇水过多会产生砌体走样或滑动现象。灰砂砖、粉煤灰砖不宜浇水过多，其含水率控制在 5%~8% 为宜。

（2）砂浆准备

砌筑砂浆的配合比应适当提前由试验室试配确定，试配时一定要采用施工中实际使用的材料。配制时，各原材料应采用质量计量，水泥及外加剂配料的允许偏差为 ±2%，砂、粉煤灰、石灰膏等配料的允许偏差为 ±5%。同时应注意各原材料的质量必须合格。

砌筑砂浆应采用机械搅拌，搅拌时间自投料完算起应符合下列规定：

1）水泥砂浆和水泥混合砂浆不得少于 2min；

2）水泥粉煤灰砂浆和掺用外加剂的砂浆不得少于 3min；

3）掺用有机塑化剂的砂浆应为 3~5min。

砂浆拌制时，按规定在搅拌机旁挂设砂浆配合比标志牌，设置磅秤，并严格按相关规范要求控制各原材料的计量偏差、搅拌时间、砂浆稠度等技术指标。

（3）机具准备

砌筑前，必须将按施工组织设计所确定的垂直运输设备、搅拌机械设备等按时组织进场，并做好机械的安装工作，搭设搅拌棚，安设搅拌机，同时备好脚手工具、砌筑工具（如线锤、皮数杆、托线板、靠尺等）磅秤、砂浆试模等。

2. 施工工艺与方法

砖砌体施工通常包括抄平、放线、摆砖、立皮数杆、挂线、砌砖、勾缝和清理等工序。

（1）抄平

砌墙前应在基础防潮层或楼面上定出各层标高，并用 M7.5 水泥砂浆或 C10 细石混凝土找平，使各段砖墙底部标高符合设计要求。

（2）放线

抄平后应确定各段墙体砌筑的位置。根据轴线桩或龙门板上给定的轴线及图纸上标注的墙体尺寸，在基础顶面上用墨线弹出墙的轴线和宽度线，并定出门洞口位置线。二层以上墙的轴线可以用经纬仪或锤球将轴线引上。

（3）摆砖

摆砖是指在放线的基面上按选定的组砌方式用干砖试摆。摆砖的目的是核对所放的墨线在门窗洞口、附墙垛等处是否符合砖的模数，以尽可能减少砍砖，并使砌体灰缝均匀、整齐，同时可提高砌筑效率。

（4）立皮数杆

皮数杆是指在其上画有每皮砖和砖缝厚度及门窗洞口、过梁、板、梁底、预埋件等标高位置的一种木制标杆。其作用是砌筑时控制砌体竖向尺寸的准确度，同时保证砌体的垂直度。

皮数杆一般立于房屋的四大角、内外墙交接处、楼梯间及洞口较多之处。砌体较长时，可每隔10~15m增设一根皮数杆。皮数杆固定时，应用水准仪抄平，并用钢尺量出楼层高度，定出本楼层楼面标高，使皮数杆上所画室内地面标高与设计要求标高一致。

（5）挂线

为保证砌体垂直、平整，砌筑时必须挂通线。一般二四墙可单面挂线，三一七墙及三一七墙以上的墙则应双面挂线。

（6）砌砖

砌砖的操作方法有很多，常用的是"三一"砌砖法、挤浆法和满口灰法等。

1）"三一"砌砖法：一块砖、一铲灰、一揉压并随手将挤出的砂浆刮去的砌筑方法。这种砌法的优点是灰缝容易饱满，黏结性好，墙面整洁。因此实心砖砌体宜采用"三一"砌砖法。

2）挤浆法：用灰勺、大铲或铺灰器在墙顶上铺一段砂浆，然后双手拿砖或单手拿砖，用砖挤入砂浆中一定厚度后把砖放平，达到下齐边、上齐线、横平竖直的要求的砌筑方法。这种砌法的优点是可以连续挤砌多块砖，减少烦琐的动作；平推平挤，可使灰缝饱满；施工效率高。应注意的是，操作时铺浆长度不得超过 750mm；气温超过 30℃时，铺浆长度不得超过 500mm。

3）满口灰法：将砂浆满口刮满在砖面和砖棱上，随即砌筑的方法。其特点是砌筑质量好，但效率较低，仅适用于砌筑砖墙的特殊部位，如保温墙，烟囱等。

砌砖时，通常先在墙角以皮数杆进行盘角。盘角又称为立头角，是指在砌墙时先砌墙角，每次盘角不得超过 5 皮砖，然后从墙角处拉准线，再按准线砌中间的墙。砌筑过程中应三皮一吊、五皮一靠，以保证墙面横平竖直。

（7）勾缝、清理

清水墙砌完后要进行墙面修整及勾缝。墙面勾缝应横平竖直、深浅一致，搭接平整，不得有裂缝、开裂和黏结不牢等现象。砖墙勾缝宜采用凹缝或平缝，凹缝深度一般为 4~5mm。勾缝完毕后，应清理落地灰。

3.技术与质量要求

烧结普通砖砌体的质量分合格和不合格两个等级。

当烧结普通砖砌体质量达到下列要求时为合格：主控项目应全部符合要求，一般项目应有 80% 及以上的抽检符合要求，或偏差在允许范围以内。当达不到上述规定时，烧结普通砖砌体质量为不合格。

（1）烧结普通砖砌体的主控项目

1）砖和砂浆的强度等级必须符合设计要求。

抽检数量：每一生产厂家的砖到现场后，烧结普通砖按 150000 块为一批验收，抽检数量为一组；对于砂浆试块，每一检验批且不超过 250m² 砌体的各种类型及强度等级的砌筑砂浆，每台搅拌机应至少抽检一次。

检验方法：检查砖和砂浆试块的试验报告。

2）砌体水平灰缝的砂浆饱满度不得小于 80%。抽检数量：每一检验批抽查不应少于 5 处。

检验方法：用百格网检查砖底面与砂浆的黏结痕迹面积，每处检测 3 块砖，取平均值。

3）砖砌体的转角处和交接处应同时砌筑，严禁无可靠措施进行内外墙分砌施工。对不能同时砌筑而又必须留置的临时间断处应砌成斜槎，斜槎水平投影长度不应小于高度的 2/3。

抽检数量：每一检验批抽 20% 的接槎，且不应少于 5 处。

检验方法：观察检查。

4）非抗震设防及抗震设防裂度为 6 度、7 度地区的临时间断处当不能留斜槎时，除转角外，可留直槎，但必须做成凸槎。留直槎处应加设拉结钢筋，拉结钢筋的数量为每 120mm 墙厚放置 1ø6 拉结钢筋，间距沿墙高不应超过 500mm；从留槎处算起，埋入长度每边均不应小于 500mm，对抗震设防烈度为 6 度、7 度的地区应不小于 1000mm，末端应有 90° 弯钩。

抽检数量：每一检验批抽 20% 的接槎，且不应少于 5 处。

检验方法：观察和尺量检查。

5）普通砖砌体的位置偏移及垂直度允许偏差应符合规定。

抽检数量：轴线查全部承重墙柱；外墙承重柱全高查阳角，不应少于 4 处，每层每 20m 查一处；内墙按有代表性的自然间抽 10%，但不应少于 3 间，每间不应少于 2 处，柱不少于 5 根。

（2）烧结普通砖砌体的一般项目

1）砖砌体组砌方法应正确，上下错缝内外搭砌，砖柱不得采用包心砌法。

抽检数量：外墙每 20m 抽查一处，每处 3~5m，且不应少于 3 处；内墙按有代表性的自然间抽 10%，但不应少于 3 间。

检验方法：观察检查。

2）砖砌体的灰缝应横平竖直、厚薄均匀。水平灰缝厚度一般规定为 10mm。不应小于 8mm，也不应大于 12mm。

抽检数量：每步脚手架施工的砌体，每 20m 抽查 1 处。

检验方法：用尺量 10 皮砖砌体高度折算。

（3）其他质量要求

在砖墙上留置施工洞口时，其侧边离交接处墙面的距离不应小于 500mm，洞口净宽度不应超过 1m。临时施工洞口待工程施工完毕应做好补砌。

不得在下列墙体或部位设置脚手眼。

1）过梁上部，与过梁成 60° 的三角形及过梁跨度 1/2 范围内。

2）宽度不大于 800mm 的窗间墙。

3）梁和梁垫下及其左右各 500mm 的范围内。

4）门窗洞口两侧 200mm 范围内和墙体交接处 400mm 范围内。

5）设计规定不允许设脚手眼的部位。

2.混凝土小型空心砌块砌体工程

砌块代替实心黏土砖作为墙体材料，是墙体改革的一个重要途径。普通混凝土小型空心砌块以水泥、砂、碎石或卵石、水等预制而成。普通混凝土小型空心砌块主要规格尺寸为 390mm×190mm×190mm，有两个方形孔，最小外壁厚度应不小于 30mm，最小肋厚应不小于 25mm，空心率应不小于 25%。由于砌块的规格、型号与砌块幅面尺寸的大小有关（即砌块幅面尺寸大，规格、型号就多，砌块幅面尺寸小，规格、型号就少），因此合理制定砌块的规格有助于促进砌块生产的发展，加快施工进度，保证工程质量。

1.施工准备

施工准备事项如下。

（1）砂浆宜选用专用的小砌块砌筑砂浆。

（2）砌块应保证有 28d 以上的龄期。混凝土空心砌块砌筑前无须浇水，当天气干燥时，可提前喷水湿润；轻骨料混凝土空心砌块宜提前 2d 以上浇水；加气混凝土砌块应适量浇水。砌块严禁雨天施工，砌块表面有浮水时也不得进行砌筑。

（3）砌筑前应根据砌块的尺寸和灰缝的厚度确定皮数和排数，对于加气混凝土砌块砌体，还应绘制砌块排列图，尽量采用规格砌块。多孔砖和空心砖墙砌筑前应试摆，在不够整砖处如无半砖规格，可用普通黏土砖补砌。

（4）小型空心砌块的主要规格尺寸为 390mm×190mm×190mm，墙厚等于砌块的宽度，其立面砌筑形式只有全顺一种，上、下皮竖缝相互错开 1/2 砌块长，上、下皮砌块孔相互对准。

2.施工工艺与方法

（1）施工工艺

砌块施工的工艺流程为：铺灰→砌块就位→校正→勾缝与灌竖缝→镶砖。

1）铺灰

砌块墙体所采用的砂浆应具有良好的和易性，其稠度以 50~70mm 为宜。铺灰应平整、饱满，每次铺灰长度一般不超过 5m，炎热天气或寒冷天气铺灰长度应适当缩短。

2）砌块就位

砌块就位应从外墙转角或定位标块处开始砌筑，砌块必须遵守"反砌"原则，即按照砌块底面朝上的原则砌筑。砌筑时严格按砌块排列图的顺序和错缝搭接的原则进行，内外墙同时砌筑，在相邻施工段之间留阶梯形斜槎。砌块就位时，应使夹具中心尽可能与墙体中心线在同一垂直线上，对准位置缓慢、平稳地落在砂浆层上，待砌块安放稳定后方可松开夹具。

3）校正

砌块吊装就位后，用锤球或托线板检查墙体的垂直度，用皮数杆拉准线的方法检查其水平度。校正时可用撬棍轻微撬动砌块，以调整偏差。

4）勾缝与灌竖缝

砌块经校正后随即进行勾缝，深度不超过 7mm。此后砌块一般不准再有撬动，以防砂浆黏结力受损，如砌块发生位移应重砌。灌注竖缝时可先用夹板在墙体内外夹住，然后在缝内灌注砂浆，由专人用竹片捣实后可松去夹具。超过 30mm 的垂直缝应用细石混凝土灌实，其强度等级不低于 C20。

5）镶砖

当竖缝间出现较大竖缝或过梁找平时应镶砖。镶砖砌体的竖缝和水平缝应控制为 15~30mm。镶砖工作应在砌块校正后立即进行，镶砖时应注意使砖的竖缝浇灌密实。镶砌的最后一批砖和安放有擦条、梁楼板等构件下的砖层，均需用丁砖镶砌。丁砖必须用无裂缝的整砖。

（2）芯柱、小砌块砌筑方法

1）芯柱

①芯柱构造。

墙体的下列部位宜设置芯柱：

A. 在外墙转角、楼梯间四角的纵横墙交接处的三个孔洞，宜设置素混凝土芯柱；

B. 五层及五层以上的房屋，应在上述部位设置钢筋混凝土芯柱。

芯柱的构造要求如下：

A. 芯柱截面尺寸不宜小于 120mm×120mm，宜用强度等级不低于 C20 的细石混凝土浇灌；

B. 钢筋混凝土芯柱每孔内插竖筋不应小于 $1\phi10$，底部应伸入室内地面下 500mm 或与基础圈梁锚固，顶部与屋盖圈梁锚固；

C. 在钢筋混凝土芯柱处，沿墙高每隔 600mm 应设 $\phi4$ 钢筋网片拉结，每边伸入墙体不小于 600mm；

D. 芯柱应沿房屋的全高贯通并与各层圈梁整体现浇。

芯柱竖向插筋应贯通墙身且与圈梁连接，插筋不应小于 $1\phi12$。芯柱应伸入室外地下 500mm 或锚入小于 500mm 基础圈梁内。

抗震设防地区的芯柱与墙体连接处，应设置 $\phi4$ 钢筋网片拉结，钢筋网片每边伸入墙内不宜小于 1m，且沿墙高每隔 600mm 设置。

②芯柱施工。

芯柱部位宜采用不封底的通孔小砌块，当采用半封底小砌块时，砌筑前必须打掉孔洞毛边。在楼（地）面砌筑第一皮小砌块时，芯柱部位应用开口砌块（或 U 形砌块）砌出操作孔，操作孔侧面宜预留连通孔；必须清除芯柱孔洞内的杂物及削掉孔内凸出的砂浆，并用水冲洗干净；校正钢筋位置并绑扎或焊接固定后方可浇灌混凝土。

芯柱钢筋应与基础或基础梁中的预埋钢筋连接，上、下楼层的钢筋可在楼板面上搭接，搭接长度不应小于 40d（d 为钢筋直径）。

砌完一个楼层高度后，应连续浇灌芯柱混凝土。每浇灌 400~500mm 高度捣实一次，或边浇灌边捣实。第二次浇灌混凝土前，先注入适量水泥砂浆；严禁灌满一个楼层后再捣实，宜采用插入式混凝土振动器捣实；混凝土坍落度不应小于 50mm，砌筑砂浆强度达到 1.0MPa 以上方可浇灌芯柱混凝土。

2）小砌块施工

普通混凝土小砌块不宜浇水；当天气干燥炎热时，可在砌块上稍加喷水润湿；轻集料混凝土小砌块施工前可洒水，但不宜过多。龄期不足 28d 及潮湿的小砌块不得进行砌筑。在房屋四角或楼梯间转角处设立皮数杆，皮数杆间距不得超过 15m。皮数杆上应画出各皮小砌块的高度及灰缝厚度。在皮数杆上相对小砌块上边线之间拉准线，小砌块依准线砌筑。

小砌块砌筑应从转角或定位处开始，内、外墙同时砌筑，纵、横墙交错搭接。外墙转角处应使小砌块隔皮露端面；T 字交接处应使横墙小砌块隔皮露端面，纵墙在交接处改砌两块辅助规格小砌块（尺寸为 290mm×190mm×190mm，一头开口），所有露端面用水泥砂浆抹平。

小砌块应对孔错缝搭砌。上下皮小砌块竖向灰缝相互错开 190mm。特殊情况下无法对孔砌筑时，普通混凝土小砌块错缝长度不应小于 90mm，轻骨料混凝土小砌块错缝长度不应小于 120mm；当不能满足此要求时，应在水平灰缝中设置 2ø4 钢筋网片，钢筋网片每端均应超过该垂直灰缝，且长度不得小于 300mm。

小砌块砌体临时间断处应砌成斜槎，斜槎长度不应小于斜槎高度的 2/3（一般按一步脚手架高度控制）。如留斜槎有困难，除外墙转角处及抗震设防地区的砌体临时间断处不应留直槎外，可从砌体面伸出 200mm 砌成阴阳槎，并沿砌体高度方向每三皮砌块（600mm）设拉结筋或钢筋网片，接槎部位延至门窗洞口。

承重砌体严禁使用断裂小砌块或壁肋中有竖向凹形裂缝的小砌块砌筑，也不得采用小砌块与烧结普通砖等其他块体材料混合砌筑。

小砌块砌体内不宜设脚手眼，如必须设置，则可用辅助规格 190mm×190mm×190mm 的小砌块侧砌，将其孔洞作为脚手眼，砌体完后用 C15 混凝土填实。

常温条件下，普通混凝土小砌块的日砌筑高度应控制在 1.8m 内，轻骨料混凝土小砌块的日砌筑高度应控制在 2.4m 以内。

砌体表面的平整度和垂直度，以及灰缝的厚度和砂浆饱满度应随时检查，及时校正偏差。砌完每一楼层后，应校核砌体的轴线尺寸和标高，允许范围内的轴线与标高偏差可在楼板面上校正。

3.质量要求

（1）基本规定

1）龄期不足 28d 及潮湿的小砌块不得进行砌筑。

2）应在房屋四角或楼梯间转角处设立皮数杆，皮数杆间距不宜超过 15m。

3）应尽量采用主规格小砌块，小砌块的强度等级应符合设计要求，并应清除小砌块表面污物和芯柱用小砌块孔洞底部的毛边。

4）墙体转角处和纵横墙交接处应同时砌筑，纵、横墙交错搭接。外墙转角处严禁留直槎，墙体临时间断处应设在洞口边并砌成斜槎，斜槎长度不应小于高度。非承重隔墙不能与承重墙或柱同时砌筑时，应在连接处的承重墙或柱的水平灰缝中预埋 2ø6 钢筋作为拉结筋，其间距沿墙或柱高不得大于 400mm，埋入墙内与伸出墙外的每边长度均不小于 600mm。

5）小砌块应对孔上、下皮错缝搭砌，并且竖缝相互错开 1/2 砌块长。特殊情况下无法对孔砌筑时，普通混凝土小砌块的搭接长度不应小于 90mm，轻骨料混凝土小型砌块不应小于 120mm；当不能满足此要求时，应在灰缝中设置拉结钢筋或网片。

6）承重墙体不得采用小砌块与黏土砖等其他块体材料混合砌筑。

7）严禁使用断裂或有裂缝的砌块砌筑承重墙体。

（2）质量标准

1）砌体灰缝应横平竖直，全部灰缝均应铺填砂浆；水平灰缝的砂浆饱满度不得低于 90%；竖缝的砂浆饱满度不得低于 80%；砌筑中不得出现瞎缝、透明缝；砌筑砂浆强度未达到设计要求的 70% 时，不得拆除过梁底部的模板。

2）砌体的水平灰缝厚度和竖直灰缝宽度应控制在 8~12mm，砌筑时的铺灰长度不得超过 800mm；严禁用水冲浆灌缝。

3）当缺少辅助规格小砌块时，墙体通缝不应超过两皮砌块。

4）清水墙面应随砌随勾缝，并要求光滑、密实、平整。

5）拉结钢筋或网片必须放置于灰缝和芯柱内，不得漏放，其外露部分不得随意弯折。

6）砂浆的强度等级和品种必须符合要求。砌筑砂浆必须搅拌均匀，随拌随用；盛入灰槽（盆）内的砂浆如有泌水现象，则应在砌筑前重新拌和。当用于普通混凝土小型砌块时，砂浆稠度宜为 50mm，用于轻骨料混凝土小砌块时宜为 70mm。

7）混凝土及砌筑砂浆用的水泥、水、骨料、外加剂等必须符合现行国家标准和有关规定。每一楼层或 250m² 的砌体，每种强度等级的砂浆至少制作两组（每组 6 块）试块，每层楼每种强度等级的混凝土至少制作一组（每组 3 个）试块。

8）需要移动已砌好的小型砌块或被撞动的小型砌块时，应重新铺浆砌筑。

9）小型砌块用于框架填充墙时，应与框架中预埋的拉结筋连接。当填充墙砌至顶面最后一皮时，与上部结构的接触处宜用烧结普通砖斜砌楔紧。

10）设计规定的洞口、管道、沟槽和预埋件等应在砌筑时预留或预埋，严禁在砌好的墙体上打凿。小型砌块墙体上不得预留水平沟槽。

11）砌体内不宜设脚手眼。如必须设置，可用 190mm×190mm×190mm 小型砌块侧砌，利用其孔洞作为脚手眼。砌体完工后用 C15 混凝土填实。

12）墙体分段施工时的分段位置宜设置在伸缩缝、沉降缝、防震缝、构造柱或门窗洞口处。砌体相邻工作段的高度差不得大于一个楼层或 4m。砌体每日砌筑高度宜控制在 1.4m 或一步脚手架高度范围内。

13）若施工中需要在砌体中设置临时施工洞口，则其侧边离交接处的墙面不应小于600mm，并在顶部设过梁，且填砌施工洞口的砌筑砂浆强度等级应提高一级。

（三）填充墙砌体工程

建筑物框架填充墙的砌筑常采用的块材有烧结空心砖、蒸压加气混凝土砌块、轻骨料混凝土小型砌块等，严禁使用实心黏土砖。当使用蒸压加气混凝土砌块、轻骨料混凝土小型砌块时，其产品龄期应超过28d。

1. 施工准备

（1）技术准备

填充墙砌筑前应根据建筑物的平面、立面图绘制砌块排列图。

（2）材料准备

主要材料包括空心砖（或蒸压加气混凝土砌块、轻骨料混凝土小型空心砌块等）、水泥、中砂、石灰膏（或生石灰、磨细生石灰）或电石膏、黏土膏、外加剂、钢筋等。

（3）主要机具

1）机械设备：应备有砂浆搅拌机、筛砂机、淋灰机、塔式起重机或其他吊装机械、卷扬机或其他提升机械等。

2）主要工具：加气混凝土砌块专用工具有铺灰铲、锯、钻、镂、平直架等，空心砖砌筑时还应备有无齿锯开槽机（或凿子）。

2. 施工工艺与方法

（1）工艺流程

填充墙砌体施工工艺流程为：放线→立皮数杆→排列空心砖→拉线→砂浆拌制→砌筑→勾缝→质量验收。

1）放线：空心砖墙砌筑前应在楼面上定出轴线位置，在柱上标出标高线。

2）立皮数杆：在各转角处设立皮数杆，皮数杆间距不得超过15m。皮数杆上应注明门窗洞口、木砖、拉结筋、圈梁、过梁的尺寸标高。皮数杆应垂直、牢固，标高应一致。

3）排列空心砖：第一皮砌筑时应试摆，应尽量采用主规格空心砖。按墙段实量尺寸和空心砖规格尺寸进行排列摆块，不足整块的可锯截成需要尺寸，但不得小于空心砖长度的1/3。

4）拉线：在皮数杆上相对空心砖上边线之间拉准线，空心砖按准线砌筑。

5）砂浆拌制：砂浆拌制应采用机械搅拌，搅拌加料顺序是先加砂、掺和料和水泥干拌1min，再加水湿拌，总的搅拌时间不得少于4min。若加外加剂，则在湿拌1min后加入。

6）砌筑。

砌空心砖宜采用刮浆法。竖缝应先批砂浆再砌筑。当孔洞为垂直方向时，水平铺砂浆，应用套板盖住孔洞，以免砂浆掉入孔洞内。

空心砖墙应采用全顺侧砌，上、下皮竖缝相互错开1/2砖长。

空心砖墙中不够整砖的部分，宜用无齿锯加工制作非整砖块，不得用砍凿方法将砖打断。补砌时应使灰缝砂浆饱满。

空心砖与普通砖墙交接处应以普通砖墙引出不小于240mm长与空心砖墙相接，并与隔2皮空心砖高度在交接处的水平灰缝中设置2φ6钢筋作为拉结筋，拉结钢筋在空心砖墙中的长度不小于空心砖长度加240mm。

空心砖墙的转角处应用烧结普通砖砌筑，砌筑长度两边不小于240mm。

空心砖墙砌筑不得留斜槎或直槎，中途停歇时应将墙顶砌平。在转角处、交接处，空心砖与普通砖应同时砌筑。

管线槽留置时，可采用弹线定位后用开槽机开槽，不得采用斩砖预留槽的方法。

7）勾缝：在砌筑过程中，应采用"原浆随砌随收缝法"，先勾水平缝，后勾竖向缝。灰缝与空心砖面要平整密实，不得出现丢缝、瞎缝、开裂和黏结不牢等现象，以避免墙面渗水和开裂，便于墙面粉刷和装饰。

（2）施工要点

1）填充墙采用烧结多孔砖、烧结空心砖进行砌筑时，材料应提前2d进行浇水湿润。当采用蒸压加气混凝土砌块砌筑时，应向砌筑面适当浇水。

2）多孔砖应采用一顺一丁或梅花丁的组砌形式。多孔砖的孔洞应使垂直面受压，砌筑前应先进行干砖试验。混凝土砌块一般采用一顺一丁的组砌形式。

3）墙体的灰缝要求横平竖直，厚薄均匀，并应填满砂浆，竖缝不得出现透明缝、瞎缝。

4）框架柱和梁施工完成后，应按设计要求砌筑内、外墙体，墙体应与框架柱进行锚固，锚固用的拉结筋的规格、数量、间距、长度应符合设计要求。填充墙拉结筋的设置方法主要有以下几种。

①在框架柱施工时预埋锚筋，锚筋的设置为沿柱高每500mm配置2φ6钢筋；伸入墙内长度要求一、二级框架宜沿墙全长布置，三、四级框架不应小于墙长的1/5，且不应小于700mm；锚筋的位置必须准确。砌体施工时，将锚筋凿出并拉直砌在砌体的水平砌缝中，确保墙体与框架柱的连接。

②框架柱施工时，在规定留设锚筋位置处预留铁块或沿柱高设置2φ6预埋钢筋，当进行墙体砌筑施工时按设计要求的锚筋间距将其凿出与锚筋焊接。

③先进行框架柱的施工，再进行墙体砌筑时，按设计规定的要求在需要留设锚筋的位置进行拉结锚筋的植筋。当填充墙长度大于5m时，墙顶部与梁应有拉结措施；墙高度超过4m时。应在墙高中部设置与柱连接的、通长的钢筋混凝土水平墙梁。

5）当采用蒸压加气混凝土砌块、轻骨料混凝土小型砌块施工时，应在墙底部先砌筑烧结普通砖或多孔砖，或现浇混凝土坎台等，其高度不宜小于200mm。

6）对卫生间、浴室等潮湿房间，在砌体的底部应现浇宽度不小于120mm、高度不小于100mm的混凝土导墙，待达到一定强度后再在上面砌筑砌体。

7）门窗洞口的侧壁应用烧结普通砖镶框砌筑，并与砌块相互咬合。填充墙砌至接近梁底、板底时，应留一定的空隙，待填充墙砌筑完毕并应至少间隔 14d 后采用烧结普通砖侧砌，并用砂浆填塞密实，以提高砌体与框架间的拉结力。

（3）技术与质量要求

1）砌筑砂浆、砖和砌块的强度等级应符合设计要求。

2）填充墙砌体的灰缝应横平竖直，砂浆饱满，灰缝厚度和宽度应符合设计要求。空心砖、轻骨料混凝土小型砌块的砌体灰缝厚度或宽度应为 8~12mm。蒸压加气混凝土砌块砌体的水平灰缝厚度及竖向灰缝宽度分别宜为 15mm 和 20mm。空心砖砌体的水平灰缝砂浆饱满度不宜小于 80%，竖向灰缝要求填满砂浆，不得有透明缝、瞎缝。蒸压加气混凝土砌块和轻骨料混凝土小型砌块的水平和垂直灰缝砂浆饱满度不宜小于 80%。

3）填充墙砌体的一般尺寸允许偏差。

（四）配筋砌体工程

配筋砌体是指在砖、石、块体砌筑的砌体结构中加入钢筋混凝土（或混凝土砂浆）而形成的砌体。配筋砌体是网状配筋砌体柱、水平配筋砌体墙、砖砌体和钢筋混凝土面层或钢筋砂浆面层组合砌体柱（墙）、砖砌体和钢筋混凝土构造柱组合墙及配筋块砌体剪力墙的统称。

1.施工准备

（1）技术准备

1）根据设计施工图纸（已会审）及标准规范，编制配筋砌体的施工方案并经相关单位批准通过。

2）根据现场条件，完成工程测量控制点的定位、移交、复核工作。

3）编制工程材料、机具、劳动力的需求计划。

4）完成进场材料的见证取样复检及砌筑砂浆、浇筑混凝土的试配工作。

5）组织施工人员进行技术、质量、安全、环境交底。

（2）材料准备

1）砌筑砂浆及浇筑混凝土。

砌筑砂浆和浇筑混凝土强度等级必须符合设计要求，浇筑混凝土强度等级不低于 C20。配筋砖或砌块砌体宜用水泥砂浆或混合砂浆。

2）砖、砌块的品种、强度等级必须符合设计要求，并应规格一致，有出厂合格证及试验单。配筋砖砌体宜用烧结普通砖，配筋砌块砌体宜用混凝土小型空心砌块。

3）钢筋必须具有出厂合格证，进场后要见证取样送检，合格后才能使用。

（3）机具准备

1）机械设备：砂浆搅拌机、混凝土搅拌机、插入式振动器、垂直运输机械等。

2）主要工具：瓦刀、手锤、钢凿、勾缝刀、灰板、筛子、铁锹、手推车等。

3）检测工具：水准仪、经纬仪、钢卷尺、卷尺、锤线球、水平尺、皮数杆、磅秤、砂浆及混凝土试模等。

（4）作业条件

1）办好基础工程隐检验收手续。

2）弹好轴线、墙身线，弹出门窗洞口位置线。

3）按设计标高要求立好皮数杆，皮数杆的间距以 15~20m 为宜。

4）砂浆、混凝土由试验室做好试配，准备好砂浆、混凝土试模，材料准备到位。

5）施工现场安全防护已完成，并通过质检员的验收。

6）脚手架应随砌随搭设，运输通道通畅，各类机具应准备就绪。

2. 施工工艺与方法

（1）配筋砖砌体施工

1）工艺流程

配筋砖砌体施工工艺流程为：基础验收，墙体放线→见证取样，拌制砂浆（混凝土）→排砖撂底，墙体盘角→立杆挂线，砌墙→绑扎钢筋，浇筑混凝土→验收，养护。

2）工艺方法

①组砌方法：砌体一般采用一顺一丁（满丁、满条）、梅花丁或三顺一丁的砌法。

②排砖撂底（干摆砖）：一般外墙第一层砖撂底时，两山墙排丁砖，前后檐纵墙排条砖。根据弹好的门窗洞口位置线，认真核对窗间墙、垛尺寸，其长度是否符合排砖模数。如不符合模数量，则可将门窗口的位置左右移动。若有"破活"，七分头或丁砖应排在窗口中间、附墙垛或其他不明显的部位。移动门窗口位置时，应注意使暖卫立管安装及门窗开启不受影响。另外，排砖时还要考虑在门窗口上边的砖墙合拢时不出现破损，因此排砖时必须做全盘考虑。前后檐墙排第一皮砖时，要考虑甩窗口后砌条砖，窗角上必须是七分头。

③选砖：砌墙应选择棱角整齐，无弯曲、裂纹，颜色均匀，规格基本一致的砖，且敲击时声音响亮。焙烧过火变色、变形的砖可用在基础及不影响外观的内墙上。

④盘角：砌砖前应先盘角，每次盘角不要超过五层，新盘的大角及时进行吊、靠，如有偏差要及时修整。盘角时要仔细对照皮数杆的砖层和标高，控制好灰缝大小，使水平灰缝均匀一致。大角盘好后再复查一次，其平整度和垂直度完全符合要求后再挂线砌墙。

⑤挂线：砌筑一砖半墙必须双面挂线，如果长墙几个人均使用一根通线则中间应设几个支线点，小线要拉紧，每层砖都要穿线看平，使水平缝均匀一致，平直通顺；砌一砖厚混水墙时宜采用外手挂线，可照顾砖墙两面平整，为下道工序控制抹灰厚度奠定基础。

⑥砌砖及放置水平钢筋：砌砖宜采用"三一"砌砖法，即满铺、满挤操作法。砌砖一定要跟线，即"上跟线，下跟棱，左右相邻要对平"。水平灰缝厚度和竖向灰缝宽度一般为 10mm，但不应小于 8mm，也不应大于 12mm。皮数杆上要标明钢筋网片、箍筋或拉结筋的设置位置，并在该处钢筋进行隐蔽工程验收后方可进行上层砌砖，同时要保证水平灰缝内放置的钢筋网片、箍筋或拉结筋上下至少各有 2mm 厚的砂浆保护层，再按规定间距绑扎受力及分布钢筋。为保证墙面主缝垂直，不游丁走缝，当砌完一步架高时，宜每隔

2m 水平间距在丁砖立楞位置弹两道垂直立线，可以分段控制游丁走缝。

⑦留槎：同上有关内容。

⑧木砖预留孔洞和墙体拉结筋：木砖预埋时应小头在外，大头在内。数量按洞口高度确定，即洞口高度在 1.2m 以内，每边放 2 块；高 1.2~2m，每边放 3 块；高 2~3m，每边放 4 块。预埋木砖的部位一般在洞口上边或下边四皮砖，中间均匀分布。木砖要提前做好防腐处理。钢门窗安装的预留孔、硬架支模、暖卫管道，均应按设计要求预留，不得事后剔凿。墙体拉结筋的位置、规格、数量、间距均应按设计要求留置，不应错放、漏放。

⑨安装过梁、梁垫：安装过梁、梁垫时，其标高、位置及型号必须准确，坐浆饱满。如坐浆厚度超过 2mm，则要用细石混凝土铺垫。过梁安装时，两端支承点的长度应一致。

⑩砂浆（混凝土）面层施工：面层施工前，应清除面层底部的杂物，并浇水湿润砖砌体表面。砂浆面层施工从上而下分层涂抹，一般应两次涂抹，第一次主要是刮底，使受力钢筋与砖砌体有一定的保护层；第二次主要是抹面，使面层表面平整。混凝土面层施工应支设模板，每次支设高度宜为 50~60mm，并分层浇筑，振捣密实，待混凝土强度达到设计强度 30% 以上才能拆除模板。

（2）配筋砌块砌体施工

1）工艺流程

配筋砌块砌体施工工艺流程为：找平→放线→立皮数杆→排列砌块→拉线、砌筑、勾缝→芯柱施工等。

2）工艺方法

①砌筑前应在基础面或楼面上定出各层的轴线位置和标高，并用 1：2 水泥砂浆或 C15 细石混凝土找平。

②砌筑前应按砌块尺寸和灰缝厚度计算皮数和排数。砌筑一般采用"披灰挤浆"，即先用瓦刀在砌块底面的周肋上满披灰浆，铺灰长度为 2~3m，再在待砌的砌块端头满披头灰，然后双手搬运砌块，进行挤浆砌筑。

③砌筑时应尽量采用主规格砌块，用反砌法（底面朝上）砌筑，从转角或定位处开始向一侧进行。内、外墙同时砌筑，纵、横梁交错搭接。上、下皮砌块要求对孔，错缝搭砌，个别不能对孔时允许错孔砌筑，但搭接长度不应小于 90mm。如无法保证搭接长度，则应在灰缝中设置构造筋或加网片拉结。

④砌体灰缝应横平竖直，砂浆严实。水平灰缝砂浆饱满度不得小于 90%，竖直灰缝不小于 60%，不得用水冲浆灌缝。水平和垂直灰缝的宽度应为 8~12mm。

⑤墙体临时间断处应砌成斜槎，斜槎长度应大于或等于斜槎的高度（一般按一步脚手架高度控制）；必须留直槎时应设 2ø4 的钢筋网片拉结或 2ø6 的拉结筋。

⑥预制梁、板安装时应坐浆垫平。墙上要预留的孔洞、管道、沟槽和预埋件，应在砌筑时预留或预埋，不得在砌好的墙体上凿洞。

⑦如需移动已砌好的砌块，则应清除原有砂浆，重铺新砂浆砌筑。

⑧在墙体下列部位，空心砌块应用混凝土填实：底层室内地面以下砌体；楼板支撑处如无圈梁时，板下一皮砌块；次梁支承处等。

⑨对于5、6层房屋，常在四大角及外墙转角处用混凝土填实三个孔洞，以构成芯柱。砌完一个楼层高度后可连续分层浇灌，混凝土坍落度应不小于5mm，每浇灌400~500mm应捣实一次。

⑩砌块每日砌筑高度应控制在1.5m或一步脚手架高度；每砌完一楼层后，应校核墙体的轴线尺寸和标高。在允许范围内的轴线及标高的偏差，应在楼板面上予以纠正。

⑪钢门、窗安装前，先将弯成Y形或U形的钢筋埋入混凝土小型砌块墙体的灰缝中，每个门、窗洞的一侧设置两个，安装门窗时用电焊固定。木门窗安装时应事先在混凝土小砌块内预埋浸沥青的木砖，四周用C15细石混凝土填实，砌筑时将K3砌块侧砌在门窗洞的两侧。一般门洞用6块木砖，每个窗洞用4块木砖。

⑫在砌筑过程中应采用"原浆随砌随收缝法"，先勾水平缝，后勾竖向缝。灰缝与砌块面要平整、密实，不得出现丢缝、瞎缝、开裂和黏结不牢等现象，防止墙面渗水和开裂，便于墙面粉刷和装饰。

（3）钢筋混凝土构造柱施工

钢筋混凝土构造柱是从构造角度考虑设置的。结合建筑物的防震等级，可在建筑物的四角、内外墙交接处、较长的墙体及楼梯口、电梯间的四个角的位置设置构造柱。构造柱应与圈梁紧密连接，使建筑物形成一个空间骨架，从而提高结构的整体稳定性，增强建筑物的抗震能力。

1）构造要求

①钢筋混凝土构造柱截面尺寸不应小于240mm×180mm，纵向钢筋一般采用4φ12，箍筋直径一般采用φ6，其间距一般不宜大于250mm，且在柱上、下端宜适当加密。

当抗震设防裂度为7度且多层房屋超过6层时，为8度且超过5层时或9度时，构造柱的纵向钢筋宜采用4φ4，箍筋间距不应大于200mm。

②构造柱应沿墙高每隔500mm设置2φ6的水平拉结钢筋，拉结钢筋两边伸入墙内不宜小于1m。当墙上门窗洞边的长度小于1m时，拉结钢筋伸到洞口为止。如果墙体为一砖半墙，则水平拉结钢筋应为3根。

③砖墙与构造柱交接处，砖墙应砌成马牙槎。从每个楼层开始，马牙槎应先退槎后进槎，以保证构造柱脚为大断面。进、退槎应大于60mm，每个马牙槎沿高度方向的尺寸不宜超过300mm（或5皮砖高度）。

④构造柱与圈梁连接处，其纵筋应穿过圈梁，以保证纵筋上下贯通，且应适当加密构造柱的箍筋，加密范围从圈梁上、下边算起且均不应小于层高的1/6或450mm，箍筋间距不宜大于100mm。

⑤构造柱的纵向钢筋应做成弯钩，接头可以采用绑扎。其搭接长度宜为35倍钢筋直径，搭接接头长度范围内箍筋间距不应大于100mm。箍筋弯钩应为135°，平直长度应为

10 倍钢筋直径。

2）施工要点

①构造柱的施工顺序应为先砌墙后浇混凝土构造柱，具体施工工艺流程为：绑扎钢筋→砌砖墙→放置拉结筋→支模板→浇筑混凝土→拆模。

②构造柱的模板可用木模板或组合钢模板。每层砖墙及其马牙槎砌好后，应立即支设模板，模板必须与所在墙的两侧严密贴紧，支撑牢靠，防止模板缝漏浆。构造柱的底部（圈梁面上）应留出 2 皮砖高的孔洞，以便清除模板内的杂物，清除后封闭。

③构造柱浇灌混凝土前，必须将马牙槎部位和模板浇水湿润，将模板内的落地灰、砖渣等杂物清理干净，并在结合面处注入适量与构造柱混凝土强度等级相同的水泥砂浆。

④构造柱的混凝土坍落度宜为 50~70mm，石子粒径不宜大于 20mm。混凝土随拌随用，拌和好的混凝土应在 1.5h 内浇灌完。

⑤构造柱的混凝土浇灌可以分段进行，每段高度不宜大于 2.0m。在施工条件允许并能确保混凝土浇灌密实时，也可每层浇灌一次。

⑥捣实构造柱混凝土时，宜用插入式混凝土振动器；应分层振捣，振动棒随振随拔，每次振捣的厚度不应超过振动棒长度的 1.25 倍。振动棒应避免直接碰触砖墙，严禁通过砖墙传振。钢筋混凝土保护层厚度宜为 20~30mm。构造柱与砖墙连接的马牙槎内的混凝土必须密实、饱满。在新、老混凝土接槎处，须先用水冲洗湿润，再铺 10~20mm 厚的水泥砂浆（用原混凝土配合比，去掉石子），方可继续浇筑混凝土。

⑦构造柱从基础到顶层必须垂直，轴线对准。逐层安装模板前，必须根据构造柱轴线随时校正竖向钢筋的位置和垂直度。

3. 技术与质量要求

配筋砌体质量分为合格和不合格两个等级。配筋砌体质量合格应符合如下要求：主控项目应全部符合规定；一般项目应有 80% 及 80% 以上的抽检处符合规定，或偏差值在允许偏差范围以内。

（1）配筋砌体主控项目

1）钢筋的品种、规格和数量应符合设计要求。

检验方法：检查钢筋的合格证书、钢筋性能试验报告、隐蔽工程记录。

2）构造柱、芯柱组合砌体构件、配筋砌体剪力墙构件的混凝土或砂浆的强度等级应符合设计要求。

抽检数量：各类构件每一检验批砌体至少应做一组试块。

检验方法：检查混凝土或砂浆试块试验报告。

3）构造柱与墙体的连接处应砌成马牙槎，马牙槎应先退后进，预留拉结钢筋的位置应正确，施工中不得任意弯折。

抽检数量：每一检验批抽 20% 构造柱，且不少于 3 处。

检验方法：观察检查。

合格标准：钢筋竖向位移不应超过 100mm，每一马牙槎沿高度方向尺寸偏差不应超过 300mm；钢筋竖向位移和马牙槎尺寸偏差每一构造柱不应超过 2 处。

4）对于配筋混凝土小型空心砌块砌体，芯柱混凝土应在装配式楼盖处贯通，不得削弱芯柱截面尺寸。

抽检数量：每一检验批抽 10%，且不应少于 5 处。

检验方法：观察检查。

（2）配筋砌体一般项目

1）设置在砌体水平灰缝内的钢筋应居中置于灰缝中。水平灰缝厚度应大于钢筋直径 4mm 以上。砌体外露面砂浆保护层的厚度不应小于 15mm。

抽检数量：每一检验批抽检 3 个构件，每个构件检查 3 处。

检验方法：观察检查，辅以钢尺检测。

2）设置在潮湿环境或有化学腐蚀性介质环境中的砌体灰缝内的钢筋应采取防腐措施。

抽检数量：每一检验批抽检 10% 的钢筋。

检验方法：观察检查。

合格标准：防腐涂料无漏刷（喷浸），无起皮、脱落现象。

3）网状配筋砌体中，钢筋网及放置间距应符合设计要求。

抽检数量：每一检验批抽 10%，且不应少于 5 处。

检验方法：检查钢筋网成品，钢筋网放置间距局部剔缝观察或用探针刺入灰缝内检查，或用钢筋位置测定仪测定。

合格标准：钢筋网沿砌体高度位置超过设计规定一皮砖厚度不得多于 1 处。

4）对于组合砖砌体构件，竖向受力钢筋保护层应符合设计要求，至砖砌体表面距离不应小于 5mm；拉结筋两端应设弯钩，拉结筋及箍筋的位置应正确。

抽检数量：每一检验批抽检 10%，且不应少于 5 处。

检验方法：支模前观察与尺量检查。

合格标准：钢筋保护层符合设计要求；拉结筋位置及弯钩设置 80% 及 80% 以上符合要求，箍筋间距超过规定者每件不得多于 2 处，且每处不得超过一皮砖。

5）配筋砌块砌体剪力墙中，采用搭接接头的受力钢筋搭接长度不应小于 35d（d 为钢筋直径），且不应小于 300mm。

抽检数量：每一检验批每类构件抽 20%（墙、柱、连梁），且不应少于 3 件。

检验方法：尺量检查。

四、钢结构构件

（一）概述

我国古代金属结构建筑技术在世界上处于领先地位，早在公元前 50 年就建成了跨度达百米的铁索桥，而欧美直到十八世纪才建成了第一座铸铁桥（1777—1781）；又如我国公元825年（唐宝历元年）建成的甘露寺铁塔和公元1061年（宋代）在湖北荆州玉泉寺建成的玉泉寺铁塔，领先于法国在1889年建成的埃菲尔铁塔，由于我国长期处于封建主义统治之下，束缚了生产力的发展，1840年鸦片战争以后，更沦为半封建半殖民地国家，工业落后，古代在铁结构方面的技术优势早已丧失殆尽。一直到1907年才建成了钢铁厂，但年产钢只有0.85万吨。

而同时期，欧美等地涌现了大批的钢铁建筑，第一座依照现代钢框架结构原理建造起来的高层建筑是芝加哥家庭保险公司大楼（1883—1885年建造），共10层，它的外形依然保持着古典的风格。新中国成立后，随着经济建设的发展，钢结构曾起过重要作用，如第一个五年计划期间，我国建设了一大批钢结构厂房、桥梁。但由于受到钢产量的制约在其后的很长一段时间内钢结构仅被使用在其他结构不能代替的重大工程项目中，这在一定程度上影响了建筑钢结构的发展。自1978年我国实行改革开放政策以来，经济建设获得了飞速的发展，钢产量逐年增加，并于1989年建成了第一栋高层钢结构民用建筑——长富宫。我国自1996年钢产量超过1亿吨以来，一直位列世界钢产量的首位，2003年更达到创纪录的2.2亿吨，逐步改变着钢材供不应求的局面。我国的钢结构技术政策也从"限制使用"改为积极合理地推广应用。所有这些，为钢结构在我国的快速发展创造了条件。

（二）钢结构构件制作

1. 钢材的储存

（1）钢材储存的场地条件

钢材的储存可露天堆放，也可堆放在有顶棚的仓库里。露天堆放时，场地要平整，并应高于周围地面，四周留有排水沟；堆放时要尽量使钢材截面的背面向上或向外，以免积雪、积水，两端应有高差，以利排水。堆放在有顶棚的仓库内时，可直接堆放在地坪上，下垫楞木。

（2）钢材堆放要求

钢材的堆放要尽量减少钢材的变形和锈蚀；钢材堆放时每隔5~6层放置楞木，其间距以不引起钢材明显的弯曲变形为宜，楞木要上下对齐，在同一垂直面内；考虑材料堆放之间留有一定宽度的通道以便运输。

（3）钢材的标识

钢材端部应竖立标牌，标牌要标明钢材的规格、钢号、数量和材质验收证明书编号。钢材端部根据其钢号涂以不同颜色的油漆。钢材的标牌应定期检查。

（4）钢材的检验

钢材在正式入库前必须严格执行检验制度，经检验合格的钢材方可办理入库手续。钢材检验的主要内容有：钢材的数量、品种与订货合同相符；钢材的质量保证书与钢材上打印的记号符合，核对钢材的规格尺寸；钢材表面质量检验。

2. 钢结构加工制作的准备工作

（1）详图设计和图纸审查

一般设计院提供的设计图，不能直接用来加工制作钢结构，而是要考虑加工工艺，如公差配合、加工余量、焊接控制等因素后，在原设计图的基础上绘制加工制作图（又称施工详图）。详图设计一般由加工单位负责，应根据建设单位的技术设计图纸以及发包文件中所规定的规范、标准和要求进行。加工制作图是最后沟通设计人员及施工人员意图的详图，是实际尺寸、划线、剪切、坡口加工、制孔、弯制、拼装、焊接、涂装、产品检查、堆放、发送等各项作业的指示书。

图纸审核的主要内容包括以下项目：设计文件是否齐全，设计文件包括设计图、施工图、图纸说明和设计变更通知单等；构件的几何尺寸是否标注齐全；相关构件的尺寸是否正确；节点是否清楚，是否符合国家标准；标题栏内构件的数量是否符合工程和总数量；构件之间的连接形式是否合理；加工符号、焊接符号是否齐全；结合本单位的设备和技术条件考虑，能否满足图纸上的技术要求图纸的标准化是否符合国家规定等。图纸审查后要做技术交底准备，其内容主要有：根据构件尺寸考虑原材料对接方案和接头在构件中的位置；考虑总体的加工工艺方案及重要的工装方案；对构件的结构不合理处或施工有困难的地方，要与需方或者设计单位做好变更签证的手续；列出图纸中的关键部位或者有特殊要求的地方，加以重点说明。

（2）备料和核对

根据图纸材料表计算出各种材质、规格、材料净用量，再加一定数量的损耗提出材料预算计划。工程预算一般可按实际用量所需的数值再增加 10% 进行提料和备料。核对来料的规格、尺寸和重量，仔细核对材质；如进行材料代用，必须经过设计部门同意，并进行相应修改。

（3）编制工艺流程

编制工艺流程的原则是操作能以最快的速度、最少的劳动量和最低的费用，可靠地加工出符合图纸设计要求的产品。内容包括：成品技术要求。具体措施：关键零件的加工方法、精度要求、检查方法和检查工具；主要构件的工艺流程、工序质量标准、工艺措施（如组装次序、焊接方法等）；采用的加工设备和工艺设备。编制工艺流程表（或工艺过程卡）基本内容包括零件名称、件号、材料牌号、规格、件数、工序名称和内容、所用设备和工艺装备名称及编号、工时定额等。关键零件还要标注加工尺寸和公差，重要工序要画出工序图。

第三节 给水管材、附件与水表

一、常用给水管材

建筑给水管种类繁多，根据材质的不同大体可分为3大类：金属管、塑料管、复合管。金属管包括镀锌钢管、不锈钢管、铜管等；塑料管包括硬聚氯乙烯管（UPVC）、聚乙烯管（PE）、交联聚乙烯（PEX）、聚丙烯管（PP）、聚丁烯管（PB）、丙烯腈-丁二烯-苯乙烯管（ABS）等；复合管包括铝塑复合管、涂塑钢管、钢塑复合管等。其中聚乙烯管、聚丙烯管、铝塑复合管为目前建筑给水推荐使用的管材。

（一）镀锌钢管

镀锌钢管一度是我国生活饮用水采用的主要管材，由于其内壁易生锈、结垢、滋生细菌、微生物等有害杂质，使自来水在输送途中造成"二次污染"，甚至在饮用水中出现大量"军团菌"存在的现象，根据国家有关规定，镀锌钢管已被定为淘汰产品，从2000年6月1日起，在城镇新建住宅生活给水系统禁用镀锌钢管，并根据当地实际情况逐步限时禁用热镀锌管；目前镀锌钢管主要用于水消防系统。镀锌钢管的优点在于强度高、抗震性能好；管道可采用焊接、螺纹连接、法兰连接或卡箍连接。

（二）不锈钢管

不锈钢管具有机械强度高、坚固、韧性好、耐腐蚀性好、热膨胀系数低、卫生性能好、可回收利用、外表亮丽大方、安装维护方便、经久耐用等优点，适用于建筑给水特别是管道直饮水及热水系统中。管道可采用焊接、螺纹连接、卡压式、卡套式等多种连接方式。

（三）铜管

铜管包括拉制铜管、挤制铜管、拉制黄铜管、挤制黄铜管，是传统的给水管材，具有耐温、延展性好、承压能力强、化学性质稳定、线形膨胀系数小等优点。铜管公称压力2.0MPa，冷、热水均适用，因为一次性投入较高，一般在高档宾馆等建筑中采用。铜管可采用螺纹连接、焊接及法兰连接。

（四）硬聚氯乙烯管（UPVC）

UPVC给水管材质为聚氯乙烯，使用温度为5℃~45℃，不适用于热水输送，常见规格为DN15~DN400；公称压力为0.6~1.0MPa。优点是耐腐蚀性好、抗衰老性强、粘接方便、价格低、产品规格全、质地坚硬，符合输送纯净饮用水标准，缺点为维修麻烦、无韧性，环境温度低于5℃时脆化，高于45℃时软化，长期使用有UP-VC单体和添加剂渗出。该管材为早期替代镀锌钢管的管材，现已不推广使用。硬聚氯乙烯管通常采用承插粘接，也可采用橡胶密封圈柔性连接、螺纹连接或法兰连接。

（五）聚乙烯管（PE）

聚乙烯管包括高密度聚乙烯管（HDPE）和低密度聚乙烯管（LDPE）。聚乙烯管的特点是重量轻、韧性好、耐腐蚀、可盘绕、耐低温性能好、运输及施工方便、具有良好的柔性和抗蠕变性能，在建筑给水中得到广泛应用。目前国内产品的规格在 D_N16~D_N160 之间，最大可达 D_N400。聚乙烯管道可采用电熔、热熔、橡胶圈柔性连接，工程上主要采用熔接。

（六）交联聚乙烯管（PEX）

交联聚乙烯是通过化学方法，使普通聚乙烯的线性分子结构改性成三维交联网状结构。交联聚乙烯管具有强度高、韧性好、抗老化（使用寿命达 50 年以上）、温度适应范围广（-70℃~110℃）、无毒、不滋生细菌、安装维修方便、价格适中等优点。目前国内产品常用规格在 D_N10~D_N32 之间，少量达 D_N63，缺少大管径管道，主要用于建筑室内热水给水系统上。管径小于等于 25mm 的管道与管件采用卡套式，管径大于等于 32mm 的管道与管件采用卡箍式连接。

（八）聚丙烯管（PP）

普通聚丙烯材质有一显著的缺点，即耐低温性差，在 5℃ 以下因脆性太大而难以正常使用。通过共聚合的方式可以使聚丙烯性能得到改善。改性聚丙烯管有三种：均聚聚丙烯（PP-H，一型）管、嵌段共聚聚丙烯（PP-B，二型）管、无规共聚聚丙烯（PP-R，三型）管。由于 PP-B、PP-R 的适用范围涵盖了 PP-H，故 PP-H 逐步退出了管材市场。PP-B、PP-R 的物理特性基本相似，应用范围基本相同。50PP-R 管的优点为强度高、韧性好、无毒、温度适应范围广（5℃~95℃）、耐腐蚀、抗老化、保温效果好、不结垢、沿程阻力小、施工安装方便。目前国内产品规格在 D_N20~D_N110 之间，不仅可用于冷、热水系统，且可用于纯净饮用水系统。管道之间采用热熔连接，管道与金属管件通过带金属嵌件的聚丙烯管件采用丝扣或法兰连接。

（九）聚丁烯管（PB）

聚丁烯管是用高分子树脂制成的高密度塑料管，管材质软、耐磨、耐热、抗冻、无毒无害、耐久性好、重量轻、施工安装简单，公称压力可达 1.6MPa，能在 -20℃~95℃之间安全使用，适用于冷、热水系统。聚丁烯管与管件的连接方式有三种方式，即铜接头夹紧式连接、热熔式插接、电熔合连接。

（十）丙烯腈 - 丁二烯 - 苯乙烯管（ABS）

ABS 管材是丙烯腈、丁二烯、苯乙烯的三元共聚物，丙烯腈提供了良好的耐蚀性、表面硬度；丁二烯作为一种橡胶体提供了韧性；并且苯乙烯提供了优良的加工性能。三种组合的共同作用使 ABS 管强度大，韧性高，能承受冲击。ABS 管材的工作压力 1.0MPa，冷水管常用规格为 D_N15~D_N50，使用温度为 -40℃~60℃；热水管规格不全，使用温

度 -40℃~95℃。管材连接方式为粘接。

（十一）铝塑复合管

铝塑复合管是通过挤出成型工艺而制造出的新型复合管材，它由聚乙烯（或交联聚乙烯）层—胶粘剂层—铝层—胶粘剂层—聚乙烯层（或交联聚乙烯）五层结构构成。既保持了聚乙烯管和铝管的优点，又避免了各自的缺点。可以弯曲，弯曲半径等于 5 倍直径；耐温差性能强，使用温度范围 -100℃~110℃；耐高压，工作压力可以达到 1.0MPa以上。管件连接主要是夹紧式铜接头，可用于室内冷、热水系统，目前市场上供货的规格在 D_N14~D_N32 之间。

（十二）钢塑复合管

钢塑复合管是在钢管内壁衬（涂）一定厚度的塑料层复合而成，依据复合管基材不同，可分为衬塑复合管和涂塑复合管两种。衬塑钢管是在传统的输水钢管内插入一根薄壁的 PVC 管，使二者紧密结合，就成了 PVC 衬塑钢管；涂塑钢管是以普通碳素钢管为基材，将高分子 PE 粉末融熔后均匀地涂敷在钢管内壁，经塑化后，形成光滑、致密的塑料涂层。钢塑复合管兼备了金属管材的强度高、耐高压、能承受较强的外来冲击力和塑料管材的耐腐蚀、不结垢、导热系数低、流体阻力小等优点。钢塑复合管可采用沟槽式、法兰式或螺纹式连接方式，同原有的镀锌管系统完全相容，使用方便，但需在工厂预制，不宜在施工现场切割。选用给水管材时，首先应了解各类管材的特性指标，如耐温耐压能力、线性膨胀系数、抗冲击能力、热传导系数及保温性能、管径范围、卫生性能等，然后根据建筑装饰标准、输送水的温度及水质要求、使用场合、敷设方式等进行技术经济比较后确定，需要遵循的原则是：安全可靠、卫生环保、经济合理、水利条件好、便于施工维护。埋地给水管道采用的管材，应具有耐腐蚀和能承受相应地面荷载的能力。可采用塑料给水管、有衬里的铸铁给水管、经可靠防腐处理的钢管。室内的给水管道，应选用耐腐蚀和安装连接方便可靠的管材，可采用塑料给水管、塑料和金属复合管、铜管、不锈钢管及经可靠防腐处理的钢管。

二、给水管道附件

给水管道附件是安装在管道及设备上的具有启闭或调节功能、保障系统正常运行的装置，分为配水附件、控制附件与其他附件三类。

（一）配水附件

配水附件是指为各类洁具或受水器分配或调节水流的各式水龙头（或阀件），是使用最为频繁的管道附件，产品应符合节水、耐用、开关灵便、美观等要求。

1. 旋启式水龙头

旋启式水龙头如图 6-1（1）所示，普遍用于洗涤盆、污水盆、盥洗槽等卫生器具的配水，由于密封橡胶垫磨损容易造成滴、漏现象，我国已明令限期禁用普通旋启式水龙头，以陶瓷芯片水龙头而代之。

2. 旋塞式水龙头

旋塞式水龙头如图 6-1（2）所示，手柄旋转 90° 即完全开启，可在短时间内获得较大流量；由于启闭迅速容易产生水击，一般设在浴池、洗衣房、开水间等压力不大的给水设备上。因水流直线流动，阻力较小。

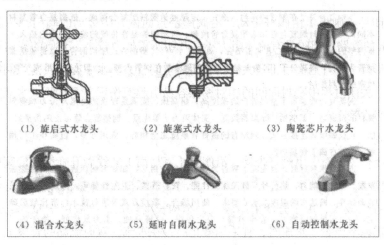

图 6-1　水龙头

3. 陶瓷芯片水龙头

陶瓷芯片水龙头如图 6-1（3）所示，采用精密的陶瓷片作为密封材料，由动片和定片组成，通过手柄的水平旋转或上下提压造成动片与定片的相对位移启闭水源，使用方便，但水流阻力较大。陶瓷芯片硬度极高，优质陶瓷阀芯使用 10 年也不会漏水。新型陶瓷芯片水龙头大多有流畅的造型和不同的颜色，有的水龙头表面镀钛金、镀铬、烤漆、烤瓷等；造型除常见的流线型、鸭舌形外还有球形、细长的圆锥形、倒三角形等，使水龙头具有了装饰功能。

4. 混合水龙头

混合水龙头如图 6-1（4）所示，安装在洗面盆、浴盆等卫生器具上，通过控制冷、热水流量调节水温，作用相当于两个水龙头，使用时将手柄上下移动控制流量，左右偏转调节水温。

5. 延时自闭水龙头

延时自闭水龙头如图 6-1（5）所示，主要用于酒店及商场等公共场所的洗手间，使用时将按钮下压，每次开启持续一定时间后，靠水压力及弹簧的增压而自动关闭水流，能够有效避免"长流水"现象，避免浪费。

6. 自动控制水龙头

自动控制水龙头如图 6-1（6）所示，根据光电效应、电容效应、电磁感应等原理，自动控制水龙头的启闭，常用于建筑装饰标准较高的盥洗、淋浴、饮水等的水流控制，具有防止交叉感染、提高卫生水平及舒适程度的功能。

（二）控制附件

控制附件是用于调节水量、水压、关断水流、控制水流方向、水位的各式阀门。控制附件应符合性能稳定、操作方便、便于自动控制、精度高等要求。

1. 闸阀

是指关闭件（闸板）由阀杆带动，沿阀座密封面做升降运动的阀门，一般用于口径 DN ≥ 70mm 的管路。闸阀具有流体阻力小、开闭所需外力较小、介质的流向不受限制等优点；但外形尺寸和开启高度都较大、安装所需空间较大、水中有杂质落入阀座后，阀不能关闭严密、关闭过程中密封面间的相对摩擦容易引起擦伤现象。在要求水流阻力小的部位（如水泵吸水管上），宜采用闸板阀。

2. 截止阀

是指关闭件（阀瓣）由阀杆带动，沿阀座（密封面）轴线做升降运动的阀门。截止阀具有开启高度小、关闭严密、在开闭过程中密封面的摩擦力比闸阀小、耐磨等优点；但截止阀的水头损失较大，由于开闭力矩较大，结构长度较长，一般用于 D_N ≤ 200mm 以下的管道中。需调节流量、水压时，宜采用截止阀；在水流需双向流动的管段上不得使用截止阀。

3. 球阀

是指启闭件（球体）绕垂直于通路的轴线旋转的阀门，在管路中用来做切断、分配和改变介质的流动方向，适用于安装空间小的场所。球阀具有流体阻力小。结构简单、体积小、重量轻、开闭迅速等优点，但容易产生水击。

4. 蝶阀

是指启闭件（蝶板）绕固定轴旋转的阀门。蝶阀具有操作力矩小、开闭时间短、安装空间小、重量轻等优点；蝶阀的主要缺点是蝶板占据一定的过水断面，增大水头损失，且易挂积杂物和纤维。

5. 止回阀

止回阀是指启闭件（阀瓣或阀芯）借介质作用力，自动阻止介质逆流的阀门。一般安装在引入管、密闭的水加热器或用水设备的进水管、水泵出水管上、进出水管合用一条管道的水箱（塔、池）的出水管段上。止回阀的开启压力与止回阀关闭状态时的密封性能有关，关闭状态密封性好的，开启压力就大，反之就小。开启压力一般大于开启后水流正常流动时的局部水头损失。速闭消声止回阀和阻尼缓闭止回阀都有削弱停泵水锤的作用，但两者削弱停泵水锤的机理不同，一般速闭消声止回阀用于小口径水泵，阻尼缓闭止回阀用于大口径水泵。止回阀的阀瓣或阀芯，在水流停止流动时，应能在重力或弹簧力作用下自行关闭，也就是说重力或弹簧力的作用方向与阀瓣或阀芯的关闭运动的方向应一致，才能使阀瓣或阀芯关闭。一般来说,卧式升降式止回阀和阻尼缓闭止回阀只能安装在水平管上,立式升降式止回阀不能安装在水平管上,其他的止回阀均可安装在水平管上或水流方向自下而上的立管上。水流方向自上而下的立管,不应安装止回阀,其阀瓣不能自行关闭,起不到止回作用。

6. 浮球阀

广泛用于工矿企业、民用建筑中各种水箱、水池、水塔的进水管路中,通过浮球的调节作用来维持水箱(池、塔)的水位。当水箱(池、塔):充水到既定水位时,浮球随水位浮起,关闭进水口,防止流溢,当水位下降时,浮球下落,进水口开启。为保障进水的可靠性,一般采用两个浮球阀并联安装,浮球阀前应安装检修用的阀门。

7. 减压阀

给水管网的压力高于配水点允许的最高使用压力时,应设置减压阀,给水系统中常用的减压阀有比例减压阀和可调式减压阀两种。比例式减压阀用于阀后压力允许波动的场合,垂直安装,减压比不宜大于 3 ∶ 1;可调式减压阀用于阀后压力要求稳定的场合,水平安装,阀前与阀后的最大压差不应大于 0.4MPa。

供水保证率要求高,停水会引起重大经济损失的给水管道上设置减压阀时,宜采用两个减压阀,并联设置,一用一备工作,但不得设置旁通管。减压阀后配水件处的最大压力应在减压阀失效情况下进行校核,其压力不应大于配水件的产品标准规定的试验压力。减压阀前宜设置管道过滤器。

8. 泄压阀

与水泵配套使用,主要安装在供水系统中的泄水旁路上,可保证供水系统的水压不超过主阀上导阀的设定值,确保供水管路、阀门及其他设备的安全。当给水管网存在短时超压工况,且短时超压会引起使用不安全时,应设置泄压阀。泄压阀的泄流量大,应连接管道排入非生活用水水池,当直接排放时,应有消能措施。

9. 安全阀

可以防止系统内压力超过预定的安全值,它利用介质本身的力量排出额定数量的流体,不需借助任何外力,当压力恢复正常后,阀门再行关闭并阻止介质继续流出。安全阀的泄流量很小,主要用于释放压力容器因超温引起的超压。

10. 多功能阀

兼有电动阀、止回阀和水锤消除器的功能,一般装在口径较大的水泵出水管路的水平管段上。

11. 紧急关闭阀

用于生活小区中消防用水与生活用水并联的供水系统中,当消防用水时,阀门自动紧急关闭,切断生活用水,保证消防用水,当消防结束时,阀门自动打开,恢复生活供水。

（三）其他附件

在给水系统的适当位置，经常需要安装一些保障系统正常运行、延长设备使用寿命、改善系统工作性能的附件，如排气阀、橡胶接头、伸缩器、过滤器、倒流防止器、水锤消除器等。

1. 排气阀

用来排除集积在管中的空气，以提高管线的使用效率。在间歇性使用的给水管网末端和最高点、自动补气式气压给水系统配水管网的最高点、给水管网有明显起伏可能积聚空气的管段的峰点应设置自动排气阀。

2. 橡胶接头

由织物增强的橡胶件与活接头或金属法兰组成，用于管道吸收振动、降低噪声，补偿因各种因素引起的水平位移、轴向位移、角度偏移。

3. 伸缩器

可在一定的范围内轴向伸缩，也能在一定的角度范围内克服因管道对接不同轴而产生的偏移。它既能极大地方便各种管道、水泵、水表、阀门、管道的安装与拆卸，也可补偿管道因温差引起的伸缩变形，进而代替 U 形管。

4. 管道过滤器

用于除去液体中少量固体颗粒，安装在水泵吸水管、水加热器进水管、换热装置的循环冷却水进水管上，以及进水总表、住宅进户水表、减压阀、自动水位控制阀、温度调节阀等阀件前，保护设备免受杂质的冲刷、磨损、淤积和堵塞，保证设备正常运行，延长设备的使用寿命。

5. 倒流防止器

倒流防止器也称防污隔断阀，由两个止回阀中间加一个排水器组成，用于防止生活饮用水管道发生回流污染。倒流防止器与止回阀的区别在于：止回阀只是引导水流单向流动的阀门，不是防止倒流污染的有效装置；管道倒流防止器具有止回阀的功能，而止回阀却不具备管道倒流防止器的功能，设有管道倒流防止器后，不需再设止回阀。

6. 水锤消除器

在高层建筑物内用于消除因阀门或水泵快速开、闭所引起管路中压力骤然升高的水锤危害，减少水锤压力对管路及设备的破坏，可安装在水平、垂直甚至倾斜的管路中。

三、水表

水表用于计量建筑物的用水量，通常设置在建筑物的引入管、住宅和公寓建筑的分户配水支管、公用建筑物内需计量水量的水管上，具有累计功能的流量计可以替代水表。

（一）水表的类型

根据工作原理可将水表分为流速式和容积式两类。容积式水表要求通过的水质良好，精密度高，但构造复杂，我国很少使用，在建筑给水系统中普遍使用的是流速式水表。流速式水表是根据管径一定时，水流速度与流量成正比的原理制成的。流速式水表按叶轮构造不同可进一步分为旋翼式、螺翼式和复式三种；按水流方向不同可分为立式和水平式两种；按计数机件所处状态不同可分为干式和湿式两种；按使用介质温度不同分为冷水表和热水表两种。远传式水表、IC卡智能水表是现代计算机技术、电子信息技术，通信技术与水表计量技术结合的产物。

（二）水表的性能参数

水表性能参数包括过载流量、常用流量、分界流量、最小流量和始动流量，具体参数如下：

1. 过载流量

过载流量也称最大流量，只允许短时间流经水表的流量，为水表使用的上限值；旋翼式水表通过最大流量时的水头损失为100kPa，螺翼式水表通过最大流量时的水头损失为10kPa。

2. 常用流量

常用流量也称公称流量或额定流量，是水表允许长期使用的流量。

3. 分界流量

水表误差限度改变时的流量。

4. 最小流量

水表开始准确指示的流量值，为水表使用的下限值。

5. 始动流量

始动流量也称启动流量，是水表开始连续指示的流量值。

用水量均匀的生活给水系统的水表，应以给水设计流量选定水表的常用流量；用水量不均匀的生活给水系统的水表，应以设计流量选定水表的过载流量；在消防时除生活用水外尚需通过消防流量的水表，应以生活用水的设计流量叠加消防流量进行校核，校核流量不应大于水表的过载流量。

（三）水表的选用

选用水表时，应根据用水量及其变化幅度、水质、水温、水压、水流方向、管道口径、安装场所等因素经过比较后确定。

旋翼式水表一般为小口径（≤D_N50mm）水表，叶轮转轴与水流方向垂直，水流阻力较大，始动流量和计量范围较小，适用于用水量及逐时变化幅度都比较小的用户；螺翼式水表一般为大口径（>D_N50mm）水表，叶轮转轴与水流方向平行，水流阻力较小，始动流量和计量范围较大，适用于用水量大的用户；对流量变化幅度非常大的用户，应选用复式水表。干式水表的计数机件与水隔离，计量精度较差，适用于水质浊度较大的场合；湿式水表的计数机件浸泡在水中，构造简单，精度较高，但要求水质纯净。水温≤40℃时选用冷水表，水温 >40℃时选用热水表。安装在住户室内的分户水表应选用远传式水表或 IC 卡智能水表。

（四）水表的设置方式

住宅的分户水表宜相对集中读数，宜设置于户外观察方便、不冻结、不被任何液体及杂质所淹没和不易受损坏的地方。

1. 传统设置方式

这是最简单的设置方式，即在厨房或卫生间用水比较集中处设置给水立管，每户设置水平支管，安装阀门、分户水表，再将水送到各用水点。这种方式管道系统简单，管道短，耗材少，沿程阻力小，但必须入户抄表，给用户和抄表工作带来很大的麻烦，目前已被远传计量方式和 IC 卡计量方式取代。

2. 首层集中设置方式

内能将分户水表集中设置在首层管道井或室外水表井，每户有独立的进户管、立管。这种设置方式适合于多层建筑，便于抄表，降低抄表人员劳动强度，维修方便，但增加了施工难度，管材耗量大，需特定空间布置，上部几层水头损失较大，北方寒冷地区要注意管道保温。

3. 分层设置方式

将给水立管设于楼梯平台处，墙体预留 500mm×300mm×220mm 的分户水表箱安装孔洞。分层设置方式虽不能彻底解决抄表麻烦，但节省管材，水头损失小，适合于多层及高层住宅，但厨、卫分散的建筑设置不宜采用。暗敷在墙槽、楼板面层上的管道要杜绝出现接头，以防止出现渗、漏水现象。

4. 远传计量设置方式

这一方式是在传统的水表设置方式基础上，将普通水表改成远传水表。远传水表又称一次水表，可发出传感信号，通过电缆线被采集到数据采集箱（又称二次表），采集箱上的数码管可以显示一系列相关信息，并如实记录水表运行状态，当远传信号线遭到破坏，系统自动启动报警记录，保证系统运行安全。这种方式使给水管道布置灵活，设计简化，也节省了大量管材，工作人员在办公室就可以通过电脑得到所需数据及用户用表状态，管理方便，但需预埋信号管线，投资较大，特别适用于多层及高层住宅，是今后的发展方向。

5. IC 卡计量设置方式

这种方法使水作为商品实现了先付费再使用的消费原则，在传统水表位置上换成 IC 卡智能水表，无须敷设线管及线路维护，安装使用方便。用户将已充值的 IC 卡插入水表存储器，通过电磁阀来控制水的通断，用水时 IC 卡上的金额会自动被扣除。

第四节 建筑给水升压设备

一、水泵

（一）常用水泵

水泵是给水系统中的主要升压设备，除了直接给水方式和单设水箱给水方式以外，其他给水方式都需要使用水泵。在建筑给水系统中，较多采用离心式水泵，主要有单级单吸卧式离心泵、单级双吸卧式离心泵、分段多级卧式离心泵、分段多级立式离心泵、管道泵、自吸泵、潜水泵等。

离心式水泵的共同特点是结构简单、体积小、效率高、流量和扬程在一定范围内可调。单吸式水泵流量较小，适用于用水量小的给水系统，双吸式水泵流量较大，适用于用水量大的给水系统；单级泵扬程较低，一般用于低层或多层建筑，多级泵扬程较高，通常用于高层建筑；立式泵占地面积较小，在泵房面积紧张时适用，卧式泵占地面积较大，多用于泵房面积宽松的场合，管道泵一般为小口径泵，进出口直径相同，并位于同一中心线上，可以像阀门一样安装于管路之中，灵活方便，不必设置基础，紧凑美观，占地面积小，带防护罩的管道泵可设置在室外；自吸泵除了在安装或维修后的第一次启动时需要灌水外，以后再次启动均不需要灌水，适用于从地下储水池吸水、不宜降低泵房地面标高而且水泵机组频繁启动的场合；潜水泵不需灌水、启动快、运行噪声小、不需设置泵房，但维修不方便。

（二）水泵选择

水泵选择的主要依据是给水系统所需要的水量和水压。选择的原则是在满足给水系统所需的水压与水量条件下，水泵的工况点位于水泵特性曲线的高效段。上附的小上型建筑给水系统无水箱时，应按设计秒流量确定水泵流量；建筑物内采用高位水箱调节的生活给水系统时，水泵的最大出水量不应小于最大小时用水量。生活、生产采用调速水泵的出水量应按设计秒流量确定。生活、生产和消防共用调速水泵，在消防时其流量除保证消防用水总量外，还应满足《建筑设计防火规范》和《高层民用建筑设计防火规范》关于生活、生产用水量的要求。对于用水量变化较大的给水系统，应采用水泵并联、大小泵交替工作等方式适应水泵扬程应满足最不利处的用水点或消防栓所需水压，具体分两种情况：

（1）水泵直接由室外管网吸水时，水泵扬程按下式确定：

$$H_b = H_1 + H_2 + H_3 + H_4 - H_0$$

式中：H_b——水泵扬程，kPa；

H_1——最不利配水点与引入管起点的静压差，kPa；

H_2——设计流量下计算管路的总水头损失，kPa；

H_3——最不利点配水附件的最低工作压力，kPa；

H_4——水表的水头损失，kPa；

H_0——室外给水管网所能提供的最小压力，kPa。

此外，还应以室外管网的最大水压校核系统是否超压。

（2）水泵从储水池吸水时，总扬程按下式确定：

$$H_b = H_1 + H_2 + H_3 + H_4$$

式中：H1——最不利配水点与储水池最低工作水位的静压差，kPa。其他符号意义同前。

（三）水泵设置

1. 管路敷设

吸水管路和压水管路是泵房的重要组成部分，正确设计、合理布置与安装，对保证水泵的安全运行，节省投资，减少电耗有很大的关系。水泵压水管内水流速度可采用1.5~2.0m/s，所选水泵扬程较大时采用上限值，否则采用下限值。水泵宜自灌吸水，每台水泵宜设置单独从水池吸水的吸水管。吸水管长度应尽可能短、管件要少、水头损失要小；吸入式水泵的吸水管应有向水泵方向上升且大于0.005的坡度；如吸水管的水平管段变径时，偏心异径管的安装要求管顶平接；吸水管内的流速宜采用1.0~1.2m/s；吸水管口应设置向下的喇叭口，喇叭口低于水池最低水位不宜小于0.5m，达不到此要求时，应采取防止空气被吸入的措施。吸水管喇叭口至池底的净距，不应小于0.8倍吸水管管径，且不应小于0.1m；吸水管喇叭口边缘与池壁的净距，不宜小于1.5倍吸水管管径；吸水管与吸水管之间的净距，不宜小于3.5倍吸水管管径（管径以相邻两者的平均值计）。

当每台水泵单独从水池吸水有困难时，可采用单独从吸水总管上自灌吸水，吸水总管应符合下列规定。

（1）吸水总管伸入水池的引水管不宜少于两条（水池有独立的两个及以上的分格，每格有1条引水管，可视为有两条以上引水管），当1条引水管发生故障时，其余引水管仍能通过全部设计流量，每条引水管上应设闸门。

（2）引水管应设向下的喇叭口，喇叭口的设置也应符合单独从水池吸水的吸水管喇叭口的相应规定，但喇叭口低于水池最低水位的距离不宜小于0.3m。

（3）吸水总管内的流速应小于1.2m/s。

（4）水泵吸水管与吸水总管的连接，应采用管顶平接，或高出管顶连接。泵房内管道管外底距地面或管沟底面的距离，当管径≤150mm时，不应小于0.2m；当管径大于等于200mm时，不应小于0.25m。

2. 管路附件

每台水泵的出水管上，应装设压力表、止回阀和阀门（符合多功能阀安装条件的出水管，可用多功能阀取代止回阀和阀门），必要时应设置水锤消除装置。自灌式吸水的水泵吸水管上应装设阀门，并宜装设管道过滤器。水泵吸水管上的阀门平时常开，仅在检修时关闭，宜选用手动阀门；出水管上的阀门启闭比较频繁，应选用电动、液动或气动阀门。为减小水泵运行时振动所产生的噪声，每台水泵的吸水管、压水管上应设橡胶接头或其他减振装置。自灌式吸水的水泵吸水管上应安装真空压力表，吸入式水泵的吸水管上应安装真空表。出水管可能滞留空气的管段上方应设排气阀。水泵直接从室外给水管网吸水时，应在吸水管上装设阀门和压力表，并应绕水泵设旁通管，旁通管上应装设阀门和止回阀。

3. 水泵基础

水泵机组基础应牢固地浇筑在坚实的地基上。水泵块状基础的尺寸，按下列方法确定。

（1）带底座的水泵机组基础尺寸

基础长度 = 底座长度 +（0.15~0.20）m；

基础宽度 = 底座宽度方向最大螺栓孔间距 +（0.15~0.20）m。

（2）无底座水泵机组基础尺寸

根据水泵和电机地脚螺栓孔沿长度和宽度方向的最大间距，另外加 0.4~0.5m 来确定其基础长度和宽度。

（3）基础高度

基础高度 = 地脚螺栓长度 +（0.15~0.20）m；

地脚螺栓长度一般可按螺栓直径的 20~30 倍取用或按计算确定；基础高度还可按基础质量等于 2.5~4.0 倍的机组质量进行校核，但高度不得小于 0.5m；基础高出地板面不得少于 0.1m，埋深不得小于邻近地沟的深度。

4. 机组设置

生活加压给水系统的水泵机组应设备用泵，备用泵的供水能力不应小于最大一台运行水泵的供水能力。生产给水系统的水泵备用机组，应按工艺要求确定。每组消防水泵应有 1 台不小于主要消防泵的备用机组。不允许断水的给水系统的水泵，应有不间断的动力供应。水泵宜自动切换交替运行。水泵机组的布置应保证机组工作可靠，运行安全、卫生条件好、装卸及维修和管理方便，且管道总长度最短，接头配件最少，并考虑泵房有扩建的余地。当水泵中心线高出吸水井或储水池水面时，均需设引水装置启动水泵。自吸式水泵以水池最低水位计的允许安装高度，应根据当地的大气压力、最高水温时的饱和蒸气压、水泵的汽蚀余量和吸水管路的水头损失，经计算确定，并应有不小于 0.3m 的安全余量。民用建筑物内设置的水泵机组，宜设在吸水池的侧面或下方。

5. 泵房

泵房不得设在有防震和安静要求的建筑物或房间附近；设在建筑物内的给水泵房，应采用下列减振防噪措施：

（1）应选用低噪声水泵机组；

（2）吸水管和出水管上应设置减振装置；

（3）水泵机组的基础应设置减振装置；

（4）管道支架、吊架和管道穿墙、楼板处，应采取防止固体传声；

（5）必要时，泵房的墙壁和天花应采取隔音吸音处理。

消防专用水泵因平时很少使用、可不受上述要求限制。

泵房内宜有检修水泵的场地，检修场地尺寸宜按水泵或电机外形尺寸四周由不小于0.7m的通道确定。泵房内宜设置手动起重设备。设置水泵的房间，应设排水设施，通风良好，不得结冻。泵房的大门应保证能使搬运的机件进出，应比最大件宽0.5m。

二、气压给水设备

气压给水设备利用密闭压力罐内的压缩空气，将罐中的水送到管网中各配水点，其作用相当于水塔或高位水箱，可以调节和储存一定水量并保持所需的压力，是应用较为广泛的升压设备。由于气压给水设备的供水压力由罐内压缩空气维持，故罐体的安装高度可不受限制，因而在不宜设置水塔和高位水箱的场所，如在隐蔽的国防工程、地震区的建筑物、建筑艺术要求较高以及消防要求较高的建筑物中都可采用。这种设备的优点是投资少，建设速度快，容易拆迁，设置地点灵活，维护管理简便，水质不易受到二次污染，具有一定的消除水锤作用。其缺点是调节能力小（一般调节水量仅占总容积的20%~30%），运行费用高，耗用钢材较多。

（一）分类

气压给水设备可按输水压力稳定性和罐内气水接触方式进行分类。按气压给水设备输水压力稳定性不同，可分为变压式和定压式。按罐内气水接触方式不同，可分为补气式和隔膜式。

1. 变压式气压给水设备

其工作过程为：罐内空气的起始压力高于管网所需的设计压力，水在压缩空气的作用下被送至配水管网。随着水量的减少，水位下降，罐内的空气体积增大，压力逐渐减小，当压力小到设定压力的下限值时，在压力继电器作用下，水泵自动启动，将水压入罐内，同时供向配水管网。随着罐内水位上升，空气被压缩，压力回升，当压力达到设定压力的上限值时，压力继电器切断电路，水泵停止工作，如此往复循环。变压式气压给水设备的供水压力变化幅度较大，对给水附件的寿命有一定的影响，不适用于用水量大和要求水压稳定的用水对象，使用受到一定限制，常用在中小型给水系统中。

2. 定压式气压给水设备

对于需要保持管网压力稳定的给水系统，可采用定压式气压给水设备。目前常见的做法是在气水共罐的单罐变压式气压给水设备的供水管上，安装压力调节阀，将出水压力控制在要求范围内，使供水压力相对稳定。也可在气与水不共罐的双罐变压式气压给水设备的压缩空气连通管上安装压力调节阀，将调节阀出口的气压控制在要求范围内，以使供水压力稳定。

3. 补气式气压给水设备

补气式气压给水设备中气与水在气压水罐中直接接触，设备运行过程中，部分气体溶于水中，随着空气流量的减少，罐内压力下降，不能满足供水需要，为保证给水系统的设计工况，需设补气调压装置。补气的方法很多，在允许停水的给水系统中，可采用开启罐顶进气阀，泄空罐内存水的简单补气法；对不允许停水的给水系统，可采用空气压缩机补气，也可通过在水泵吸水管上安装补气阀，水泵出水管上安装水射器或补气罐等方法补气。以上方法属余量补气，多余的补气量需通过排气装置排出。有条件时，宜采用限量补气法，使补气量等于需气量，如当气压水罐内气量达到需气量时，补气装置停止从外界吸气，自行平衡，达到限量补气的目的，可省去排气装置。

4. 隔膜式气压给水设备

隔膜式气压给水设备在气压水罐中设置弹性隔膜，将空气与水分离，不但水质不易污染，气体也不会溶入水中，故不需设补气调压装置。隔膜主要有帽形、囊形两类，囊形隔膜又有球囊、梨囊、斗囊、筒囊、折囊、胆囊之分。两类隔膜均固定在罐体法兰盘上，囊形隔膜可缩小气压水罐固定隔膜的法兰，气密性好，调节容积大，且隔膜受力合理，不易损坏，优于帽形隔膜。

（二）设置要求

气压水罐内的最低工作压力，应满足管网最不利处的配水点所需水压；气压水罐内的最高工作压力，不得使管网最大水压处配水点的水压大于 0.55MPa；水泵（或泵组）的流量（以气压水罐内的平均压力计，其对应的水泵扬程的流量），不应小于给水系统最大小时用水量的 1.2 倍；水泵在 1 小时内的启动次数，宜采用 6~8 次；安全系数宜取 1.0~1.3；气压水罐内的最小工作压力与最大工作压力比（以绝对压力计），宜采用 0.65~0.85；气压水罐的水容积应等于或大于调节容量；气压水罐的容积附加系数，补气式卧式水罐宜采用1.25，补气式立式水罐宜采用 1.10；隔膜式气压水罐取 1.05。

补气式气压罐应设置在空气清洁的场所。利用空气压缩机补气时，小型的气压给水设备，可采用手摇式空气压缩机；大中型气压给水设备一般采用电动空气压缩机。空气压缩机的工作压力应略大于气压水罐的最大工作压力，一般可选用小型空气压缩机。压缩空气管道一般采用焊接钢管。气压给水设备的工作间应采光和通风良好，不致冻结，环境温度为 5℃~40℃，相对湿度不大于 85%。罐顶至建筑结构最低点的距离不得小于 1.0m；罐与罐之间及罐壁与墙面的净距不宜小于 0.7m。

第七章 建筑给水系统设计

第一节 给水管道的布置与敷设

一、管道布置

（一）给水管道的布置方式

1.给水管道的布置按供水可靠度不同可分为枝状和环状两种形式枝状管网单向供水，可靠性差，但节省管材，造价低；环状管网双向甚至多向供水，可靠性高，但管线长，造价高。

2.按水平干管位置不同可分为上行下给、下行上给和中分式三种形式。上行下给供水方式的干管设在顶层天花板下、吊顶内或技术夹层中，由上向下供水，适用于设置高位水箱的建筑；下行上给供水方式的干管埋地、设在底层或地下室中，由下向上供水，适用于利用市政管网直接供水或增压设备位于底层但不设高位水箱的建筑；中分式的干管设在中间技术夹层或某中间层的吊顶内，由中间向上、下两个方向供水，适用于屋顶用作露天插座、舞厅并设有中间技术夹层的建筑。

（二）给水管道的布置原则

给水管道布置是否合理，直接关系到给水系统的工程投资、运行费用、供水可靠性、安装维护、操作使用，甚至会影响到生产和建筑物的使用。因此，在布置管道时，不仅需要与供暖、通风、燃气、电力、通信等其他管线的布置相互协调，还要重点考虑以下几个因素：

1.经济合理

室内生活给水管道宜布置成枝状管网，单向供水。为减少工程量，降低造价，缩短管网向最不利点输水的管道长度，减少管路水头损失，节省运行费用，给水管道布置时应力求长度最短，当建筑物内卫生器具布置不均匀时，引入管应从建筑物用水量最大处引入；当建筑物内卫生器具布置比较均匀时，引入管应从建筑物中部引入。给水干管、立管应尽量靠近用水量最大设备处，以减少管道转输流量，使大口径管道长度最短。

2.供水可靠、运行安全

当建筑物不允许间断供水时，引入管要设置两条或两条以上，并应由市政管网的不同侧引入，在室内将管道连成环状或贯通状双向供水。如不可能时，可由同侧引入，但两根引入管间距不得小于15m，并应在接管点间设置阀门。如条件不可能满足，可采取设储水池（箱）或增设第二水源等安全供水措施。给水干管应尽可能靠近不允许间断供水的用水点，以提高供水可靠性。当管道埋地时，应当避免被重物压坏或被设备震坏；管道不得穿越生产设备基础，在特殊情况下必须穿越时，应采取有效的保护措施；为避免管道腐蚀，管道不允许布置在连烟道、风道和排水沟内。生活给水管道不宜与输送易燃、可燃或有害的液体或气体的管道同管廊（沟）敷设。

室内给水管道不宜穿过伸缩缝、沉降缝，必须穿过时，应采取保护措施。常用的措施有：软性接头法，即用橡胶软管或金属波纹管连接沉降缝或伸缩缝两边的管道；丝扣弯头法，在建筑沉降过程中，两边的沉降差由丝扣弯头的旋转来补偿，仅适用于小管径的管道；活动支架法，在沉降缝两侧设支架，使管道只能垂直位移，以适应沉降、伸缩的应力。

3. 便于安装维修及操作使用

布置给水管道时，其周围要留有一定的空间，以满足安装、维修的要求。

敷设在室外综合管廊（沟）内的给水管道，宜在热水和热力管道下方，冷冻管和排水管的上方。给水管道与各种管道之间的净距，应满足安装操作的需要，且不宜小于0.3m。室内给水管道上的各种阀门，宜装设在便于检修和操作的位置。室外给水管道上的阀门，宜设置在阀门井或阀门套筒内。管道井应每层设外开检修门，管道井的尺寸，应根据管道数量、管径大小、排列方式和维修条件，结合建筑平面和结构形式等合理确定。须进入维修管道的管井，其维修人员的工作通道净宽度不宜小于0.6m。

4. 不影响生产和建筑物的使用

给水管道不允许穿过橱窗、壁柜、吊柜等艺术装修处：不能布置在妨碍生产操作和交通运输处不应穿越变配电房、电梯机房、通信机房、大中型计算机房、计算机网络中心、音像库房等遇水会损坏设备和引发事故的房间，并应避免在生产设备上方通过；工厂车间内的给水管道不得布置在遇水会引起燃烧、爆炸的原料、产品和设备的上面给水管道应避免穿越人防地下室，必须穿越时应按人防工程要求设置防爆阀门。

二、管道敷设

给水管道的敷设，根据建筑对卫生、美观方面的要求，一般分为明设和暗设两类。

1. 明设

管道沿墙、梁、柱、天花板下暴露敷设。其优点是造价低，施工安装和维护修理均较方便。缺点是由于管道表面积灰、产生凝结水等影响环境卫生，而且管道外露影响房屋内部的美观。一般装修标准不高的民用建筑和大部分生产车间均采用明设方式。

2. 暗设

将管道直接埋地或埋设在墙槽、楼板找平层中，或隐蔽敷设在地下室、技术夹层、管道井、管沟或吊顶内。管道暗设卫生条件好，美观，对于标准较高的高层建筑、宾馆、实验室等均采用暗设；在工业企业中，针对某些生产工艺要求，如精密仪器或电子元件车间要求室内洁净无尘时，也采用暗设。暗设的缺点是造价高，施工复杂，维修困难。

（一）敷设要求

室外给水管道的覆土深度，应根据土壤冰冻深度、车辆荷载、管道材质及管道交叉等因素确定。管顶最小覆土深度不得小于土壤冰冻线以下 0.15m，行车道下的管线覆土深度不宜小于 0.7m。明设的给水管道应设在不显眼处，并尽可能呈直线走向与墙、梁、柱平行敷设；给水管道暗设时，不得直接敷设在建筑物结构层内；干管和立管应敷设在吊顶、管井内，支管宜敷设在楼（地）面的找平层内或沿墙敷设在管槽内；敷设在找平层或管槽内的给水支管宜采用塑料、金属与塑料复合管材或耐腐蚀的金属管材，外径不宜大于25mm；敷设在找平层或管槽内采用卡套式或卡环式接口连接的管材，宜采用分水器向各卫生器具配水，中途不得有连接配件，两端接口应明露。室内冷、热水管上、下平行敷设时，冷水管应在热水管下方，垂直平行敷设时，冷水管应在热水管右侧。在给水管道穿越屋面、地下室或地下构筑物的外墙、钢筋混凝土水池（箱）的壁板或底板处，应设置防水套管。明设的给水立管穿越楼板时，应采取防水措施。管道在空间敷设时，必须采取固定措施，以保证施工方便和供水安全。固定管道可用管卡、吊环、托架等。管道在穿过建筑物内墙、基础及楼板时均应预留孔洞口，暗设管道在墙中敷设时，也应预留墙槽。

以免临时打洞、刨槽影响建筑结构的强度。横管穿过预留洞时，管顶上部净空不得小于建筑物的沉降量，以保护管道不致因建筑沉降而损坏，一般不小于 0.1m。引入管进入建筑内有两种情况，一种由浅基础下面通过，另一种穿过建筑物基础或地下室墙壁。需要泄空的给水管道，其横管宜设有 0.002~0.005 的坡度坡向泄水装置。

（二）防护措施

为保证给水管道在较长年限内正常工作，除应加强维护管理外，在布置和敷设过程中还需要采取以下防护措施。

1. 防腐

明设和暗设的金属管道都要采取防腐措施，通常的防腐做法是首先对管道除锈，使之露出金属光泽，然后在管道外壁刷涂防腐涂料。明设的焊接钢管和铸铁管外刷防锈漆 1 道，银粉面漆 2 道；镀锌钢管外刷银粉面漆 2 道；暗设和埋地管道均刷沥青漆 2 道。防腐层应采用具有足够的耐压强度，良好的防水性、绝缘性和化学稳定性，能与被保护管道牢固黏结、无毒的材料。

2. 防冻、防露

对设在最低温度低于零摄氏度以下场所的给水管道和设备，如寒冷地区的屋顶水箱、冬季不采暖的房间、地下室、管井、管沟中的管道以及敷设在受室外冷空气影响的门厅、过道等处的管道，应当在涂刷底漆后，做保温层进行保温防冻。保温层的外壳，应密封防渗。就在环境温度较高、空气湿度较大的房间（如厨房、洗衣房、某些生产车间），当管道内水温低于环境温度时，管道及设备的外壁可能产生凝结水，会引起管道或设备腐蚀水影响使用及环境卫生，导致建筑装饰和室内物品受到损害，必须采取防结露措施，防结露保冷层的计算和构造，按现行的《设备及管道保冷技术通则》执行。

3. 防高温

在室外明设的给水管道，应避免受阳光直接照射，塑料给水管还应有有效保护措施；室内塑料给水管道不得与水加热器或热水炉直接连接，应有不小于 0.4m 的金属管段过渡；塑料给水管道不得布置在灶台边缘，塑料给水立管距灶台边缘不得小于 0.4m，距燃气热水器边缘不宜小于 0.2m。

给水管道因水温变化而引起伸缩，必须予以补偿。塑料管的线膨胀系数是钢管的 7~10 倍，必须予以重视。伸缩补偿装置应按管段的直线长度、管材的线性膨胀系数、环境温度和水温的变化幅度、管道节点允许位移量等因素计算确定，但应尽量利用管道自身的折角补偿温度变形。

4. 防振

当管道中水流速度过大时，启闭水龙头、阀门，易出现水锤现象，引起管道、附件的振动，不但会损坏管道附件造成漏水，还会产生噪声。所以在设计时应控制管道的水流速度，在系统中尽量减少使用电磁阀或速闭型水栓。住宅建筑进户管的阀门后，装设可曲挠橡胶接头进行隔振；并可在管道支架、管卡内衬垫减振材料，减少噪声的扩散。

第二节　给水所需水量及水压

一、用水定额与卫生器具额定流量

（一）用水定额

用水定额是对不同的用水对象，在一定时期内制定相对合理的单位用水量的数值，是国家根据各个地区的人民生活水平、消防和生产用水情况，经调查统计而制定的，主要有生活用水定额、生产用水定额、消防用水定额。用水定额是确定设计用水量的主要参数之一，合理选定用水定额直接关系到给水系统的规模及工程造价。

1. 生活用水定额及小时变化系数

生活用水定额是指每个用水单位（如每人每日、每床位每日、每顾客每次、每平方米营业面积等）用于生活目的所消耗的水量，一般以升为单位。根据建筑物的类型具体分为住宅最高日生活用水定额、集体宿舍、旅馆和公共建筑生活用水定额及工业企业建筑生活、淋浴用水定额等。

生活用水量每日都发生着变化，在一日之内用水量也是不均匀的。最高日用水时间内最大一小时的用水量称为最大时用水量，最高日最大时用水量与平均时用水量的比值称为小时变化系数。

工业企业建筑管理人员的生活用水定额可取 30~50L/ 人·班；车间工人的生活用水定额应根据车间性质确定，一般宜采用 30~50L/ 人·班；用水时间为 8h，小时变化系数为1.5~2.5。工业企业建筑淋浴用水定额，应根据《工业企业设计卫生标准》中的车间的卫生特征，并与兴建单位充分协商后确定，对于一般轻污染的工业企业，可采用 40~60L/ 人·次，延续供水时间为 1h。

2. 生产用水定额

工业生产种类繁多，即使同类生产，也会由于工艺不同致使用水量有很大差异，设计时可参阅有关设计规范和规定或由工艺方面提供用水资料。

3. 消防用水量

消防用水量是指用以扑灭火灾的消防设施所需水量，一般划分为室外、室内消防用水量。室内消防用水量包括消防栓用水量和自动喷水灭火系统的消防用水量，应根据现行的《建筑设计防火规范》与《高层民用建筑设计防火规范》来确定。

二、给水系统所需水压

给水系统中相对于水源点（如直接给水方式的引入管、增压给水方式的水泵出水管、高位水箱）而言，扬程（配水点位置标高减去水源点位置标高）、总水头损失、卫生器具最低工作压力三者之和最大的配水点称为最不利点。建筑内部给水系统的水压必须保证最不利点的用水要求。

对于居住建筑的生活给水系统，在进行方案的初步设计时，可根据建筑层数估算室外地面算起系统所需的水压。一般 1 层建筑物为 100kPa；2 层建筑物为 120kPa；3 层及 3 层以上建筑物，每增加 1 层，水压增加 40kPa。对采用竖向分区供水方案的高层建筑，也可根据已知的室外给水管网能够保证的最低水压，按上述标准初步确定由市政管网直接供水的范围。

竖向分区的高层建筑生活给水系统，各分区最不利配水点的水压，都应满足用水水压要求；并且各分区最低卫生器具配水点处的静水压不宜大于 0.45MPa，特殊情况下不宜大于 0.55MPa；对于水压大于 0.35MPa 的入户管（或配水横管），宜设减压或调压设施。

第三节 给水设计流量与管道水力计算

一、设计流量

给水设计流量是给水系统中的设备和管道在使用过程中可能出现的最大流量，它不仅是确定设备规格和管道直径的主要依据，也是计算管道水头损失，进而确定给水系统所需压力的主要依据。因此，设计流量的确定应符合建筑内部的用水规律。根据给水系统中是否存在调节构筑物以及调节构筑物所处位置不同，设计流量可能是最大用水小时的平均秒流量或是卫生器具按配水最不利情况组合出流的最大短时流量，又称设计秒流量。

一般情况下，室内配水管网、气压给水设备、变频调速给水设备、不设高位水箱的增压水泵采用设计秒流量；设有高位水箱的增压水泵采用最大小时平均秒流量；当建筑物内的生活用水全部由室外管网直接供水时，引入管的设计流量采用设计秒流量；当建筑物内的生活用水全部经储水池后自行加压供给时，引入管的设计流量采用最大用水小时平均秒流量；当建筑物内的生活用水既有室外管网直接供水，又有自行加压供水时，引入管的设计流量等于直接供水部分的设计秒流量加上加压部分的最大用水小时平均秒流量。

（一）最大用水小时平均秒流量

最大用水小时平均秒流量可根据国家制定的生活用水定额、用水单位数、小时变化系数和用水时数来确定。生活用水定额随建筑物类型、卫生器具的设置标准、用水对象不同而不同。由于我国幅员辽阔，气候条件、水资源状况，以及人们的生活习惯、经济收入水平存在较大差异，即使是相同的建筑物类型、卫生器具设置标准和用水对象，用水定额仍可在一定范围内有不同取值，设计时应根据具体情况合理确定用水量。一般在天气炎热、水资源丰富、经济发达地区可取上限值，反之宜取下限值。

（二）设计秒流量

对于建筑内给水管道设计秒流量的确定方法，世界各国都进行了大量的研究，归纳起来有三类：一是经验法，按卫生器具数量确定管径，或以卫生器具全部给水流量与假定设计流量间的经验数据确定管径，简捷方便，但精确度较低，不能区别建筑物的不同类型、不同标准、不同用途和卫生器具的种类、使用情况、所在层数和位置。二是平方根法，以单阀水嘴在额定工作压力时的流量 0.20L/s 作为一个理想器具的给水当量，其他类型的卫生器具配水龙头的流量按比例换算成相应的器具给水当量，设计秒流量与卫生器具给水当量总数的平方根成正比，建筑物用途不同比例系数不同，当量数增大到一定程度后，流量增加极少，导致计算结果偏小。三是概率法，假定管道系统中主要卫生器具的使用可视为纯粹的随机事件；以建筑物用水高峰期间所记录的一次放水时间和间隔时间作为频率的依据，以给水系统中全部卫生器具中使用 m 个作为满足使用条件下的要求负荷，该方法理论正确，符合实际，是发展趋向；但并非所有卫生器具都服从二项分布法则，统计数据不可能很全面，人口变化和设备完善程度的影响得不到反映；需要在合理地确定卫生器具额定流量，并进行大量卫生器具使用频率实测工作的基础上建立正确的计算公式。

目前一些发达国家主要采用概率法建立设计秒流量公式，然后结合一些经验数据，制成图表供设计使用。我国生活给水管网设计秒流量的计算方法。根据用水特点和计算方法分为以下三种。

1. 住宅建筑部分

2003 年 9 月实施的《建筑给水排水设计规范》，根据住宅建筑用水时间长短，用水设备使用情况不集中的特点，对其设计秒流量的计算方法进行了修改，开始采用以概率法为基础的计算方法，具体按下列步骤进行计算。

（1）根据住宅配置的卫生器具给水当量、使用人数、用水定额、使用时数及小时变化系数，计算最大用水时卫生器具给水当量平均出流概率。

（2）根据计算管段上的卫生器具给水当量总数，计算得出该管段的卫生器具给水当量的同时出流概率。

（3）根据计算管段上的卫生器具给水当量同时出流概率，计算管段的设计秒流量。

（4）有两条或两条以上具有不同最大用水时卫生器具给水当量平均出流概率的给水支管的给水干管，该管段的最大时卫生器具给水当量平均出流概率计算。用新生的题由于缺乏基础资料，公共建筑不具备用概率法建立设计秒流量公式的条件，对于用水分散型的公共建筑，如集体宿舍、旅馆、宾馆、医院、疗养院、幼儿园、养老院、办公楼、商场、客运站、会展中心、中小学教学楼、公共厕所等建筑的生活给水设计秒流量，仍采用平方根法计算设计秒流量。

2. 用水集中型公共建筑

对于用水集中型公共建筑，如工业企业的生活间、公共浴室、职工食堂或营业餐馆的厨房、体育场馆运动员休息室、剧院的化妆间、普通理化实验室等建筑的生活给水管道的设计秒流量，应根据卫生器具给水额定流量、同类型卫生器具数和卫生器具的同时给水百分数来计算。

二、设计流速

当管段的流量确定后，流速的大小将直接影响到管道系统技术、经济的合理性。流速过大易产生水锤，引起噪声，损坏管道或附件，并将增加管道的水头损失，提高建筑内给水系统所需的压力和增压设备的运行费用到流速过小，会使管道直径变大，增加工程投资。设计时应综合考虑以上因素，将给水管道流速控制在适当的范围内。消防栓给水系统的管道流速不宜大于 2.5m/s；自动喷水灭火系统的管道流速，不宜大于 5.0m/s，特殊情况下可控制在 10m/s 以下。

第四节　水量调节与水质防护

一、水量调节设备

（一）储水池

对于采用水箱水泵联合给水方式、气压给水方式或变频调速给水方式的建筑给水系统，从节能的角度考虑，在水量能够得到保证的前提下，水泵宜直接从市政管网吸水，以充分利用市政管网的水压。但是，供水管理部门通常不允许建筑内部给水系统的水泵直接从市政管网吸水，以免管网压力剧烈波动或大幅度下降，影响其他用户使用。从另一方面来看，为提高供水可靠性，避免在用水高峰期市政管网供水能力不足时出现无法满足设计秒流量的现象，减少因市政管网或引入管检修造成的停水影响，建筑给水系统一般都设有储水池。

1.储水池有效容积

储水池的有效容积与水源的供水能力和用水量变化情况以及用水可靠性要求有关，包括调节水量、消防储备水量和生产事故备用水量三部分。

水源供水能力大于水泵出水量时，不需要考虑调节水量；消防储备水量根据现行的《建筑设计防火规范》和《高层民用建筑设计防火规范》的要求确定，火灾期间能够确保连续供水的储水池，应扣除补充水量；生产事故用水量，主要是在进水管路系统发生故障需要检修期间，满足室内生产、生活用水的需要，可根据建筑物的重要性，取 2~3 倍最大小时用水量。对于用于生活饮用水的储水池，应与其他用水的水池分开设置，并应考虑其他用水的储备水量和消防储备水量，当计算资料不足时，有效容积宜按最高日用水量的 20%~25% 确定。

2.储水池设置要求

储水池应设在通风良好、不结冻的房间内；为防止渗漏造成损害和避免噪声影响，储水池不宜毗邻电气用房和居住用房或在其下方；储水池外壁与建筑本体结构墙面或其他池壁之间的净距，应满足施工或装配的需要，无管道的侧面，净距不宜小于 0.7m；安装有管道的侧面，净距不宜小于 1.0m，且管道外壁与建筑本体墙面之间的通道宽度不宜小于 0.6m；设有入孔的池顶，顶板面与上面建筑本体板底的净距不应小于 0.8m。

储水池的设置高度应利于水泵自吸抽水，池内宜设有水泵吸水坑，吸水坑的大小和深度，应满足水泵吸水管的安装要求。

储水池应设进出水管、溢流管、泄水管和水位信号装置。当利用城市给水管网压力直接进水时，应设置自动水位控制阀，控制阀直径与进水管管径相同，当采用浮球阀时不宜少于两个，且进水管标高应一致，浮球阀前应设检修用的控制阀。溢流管宜采用水平喇叭口集水，喇叭口下的垂直管段不宜小于 4 倍溢流管管径。溢流管的管径，应按能排泄储水池的最大人流量确定，并宜比进水管大一级。泄水管的管径，应按水池（箱）泄空时间和泄水受体排泄能力确定，当储水池中的水不能以重力自流泄空时，应设置移动或固定的提升装置。容积大于 500m³ 的储水池，应分成容积基本相等的两格，以便清洗、检修时不中断供水。

（二）水箱

1. 水箱有效容积

高位水箱在建筑给水系统中起到稳定水压、贮存和调节水量的作用。水箱的有效容积应根据调节容积、生产事故备用水量及消防储备水量之和计算。切水箱的调节容积应根据进水（室外给水管网或水泵向水箱供水）与出水（水箱向建筑内部给水管网供水）情况，经分析后确定。生产事故备用水量可按工艺要求确定。消防储备水量用以扑救初期火灾，一般应储存 10min 的室内消防用水量。当室内消防用水量不超过 25L/s，经计算水箱消防储水量超过 12m³ 时，仍可采用 12m³，当室内消防用水量超过 25L/s，经计算水箱消防储水量超过 18m³，仍可采用 18m³。

2. 水箱设置要求

小的水箱应设置在通风良好、不结冻的房间内；为防止结冻或阳光照射水温上升导致余氯加速挥发，露天设置的水箱都应采取保温措施；高位水箱箱壁与水箱间墙壁及其他水箱之间的净距与储水池的布置要求相同，水箱底与水箱间地面板的净距，当有管道敷设时不宜小于 0.8m；水箱的设置高度（以底板面计）应满足最高层用户的用水水压要求，如达不到要求时，宜在其入户管上设置管道泵增压。水箱进水管宜设在检修孔的下方，利用市政管网直接进水的水箱，进水管布置要求与储水池相同，当水箱采用水泵加压进水时，进水管不得设置自动水位控制阀，应设置利用水箱水位自动控制水泵开、停的装置。当水泵供给多个水箱进水时，应在水箱进水管上装设电动阀，由水位监控设备实现自动控制，电动阀应与进水管管径相同。为避免出现较大死水区，水箱出水管宜与进水管分别设置；出水管可由水箱的侧壁或底部接出，管口应高出箱底 50mm，以免将箱底沉淀物带入配水管网，并应装设阀门以利检修。为防止短流，进、出水管宜分设在水箱两侧。溢流管口应在水箱报警水位以上 50mm 处，管径应按能够排泄水箱最大流量确定，并宜比进水管大 1~2 级，管顶设 1：1.5~1：2 喇叭口。溢流管上不允许设阀门，其出口应设网罩。

泄水管用以检修或清洗时放空水箱，管上应设阀门，管径一般比进水管小一级，至少不应小于 50mm，从箱底接出，可与溢流管相连后用同一根管排水，但不能与下水管道直接连接。为减少工程中由于自动水位控制阀失灵，水箱溢水造成水资源浪费，水箱宜设置水位监视和溢流报警装置，信息应传至监控中心。报警水位应高出最高水位 50mm 左右，小水箱可小一些，大水箱可取大一些。

生活用水水箱的储水量较大时，应在箱盖上设通气管，以使水箱内空气流通，一般通气管管径≥50mm，通气管高出水箱顶0.5m。

二、水质污染与防护

（一）水质污染原因

生活给水系统的水质，应符合现行的国家标准《生活饮用水卫生标准》的要求。如果建筑内部给水系统设计、施工、维护、管理不当，有可能出现水质污染现象，导致建筑给水系统水质污染的常见原因有如下。

1. 材料方面

镀锌钢管在使用过程中容易产生铁锈，出现"赤水"；UPVC管在生产过程中由于加入了重金属添加剂，以及PVC本身残存的单体氯乙烯和一些小分子，在使用的时候转移到水中；塑料管如果采用溶剂连接，所用的黏结剂很难保证无毒；混凝土储水池或水箱墙体中石灰物渗出，导致水中的pH值、Ca、碱度增加，混凝土还能渗出钡、铬、镍、镉等金属污染物；金属储水设备防锈漆的脱落等都属于材料选择不当引起的水质污染现象。

2. 施工方面

地下水位较高时储水池底板防渗处理不好；储水池与水箱的溢流管、泄水管间接排水不符合要求；配水间出水口高出承接用水容器溢流边缘的空气间隙太小；布置在环境卫生条件恶劣地段的管道接口密闭不严都可能导致水质污染。

3. 系统布置方面

埋地式生活饮用水储水池与化粪池、污水处理构筑物、渗水井、垃圾堆放点等污染源没有足够的卫生防护距离；水箱与厕所、浴室、盥洗室、厨房、污水处理间等相邻；饮用水系统与其他给水系统直接连接；给水管道穿过大便槽和小便槽；给水管道与排水管道间距或相对位置不当等也都是水质污染的隐患。

4. 设计方面

储水池、水箱进出水管位置不合适，在水池、水箱内形成死水区；储水池、水箱总容积过大，水流停留时间长但无二次消毒设备；直接向锅炉、热水机组、水加热器、气压水罐等有压容器或密闭容器注水的注水管上没有可靠的防止倒流污染的措施等设计缺陷也会造成水质污染。

5. 管理方面

储水池、水箱等储水设备未定期进行水质检验，未按规范要求进行冲洗、消毒；通气管、溢流管出口网罩破损后没有及时修补；入孔盖板密封不严密；配水龙头上任意连接软管，形成淹没出流等管理不善问题，也是水质污染的主要因素。

（二）防护措施

1. 生活饮用水不得因管道产生虹吸回流而受污染，生活饮用水管道的配水间出水口应符合下列规定：

（1）出水口不得被任何液体或杂质所淹没；

（2）出水口高出承接用水容器溢流边缘的最小空气间隙不得小于出水口直径的 2.5 倍；

（3）特殊器具不能设置最小空气间隙时，应设置管道倒流防止器或采取其他有效的隔断措施。

2. 从给水管道上直接接出下列用水管道时，应在这些用水管道上设置管道倒流防止器或其他有效的防止倒流污染的装置：

（1）单独接出消防用水管道（不含室外给水管道上接出的室外消防栓）时，在消防用水管道的起端；

（2）从城市给水管道上直接吸水的水泵，其吸水管起端；

（3）当游泳池、水上游乐池、按摩池、水景观赏池、循环冷却水集水池等的充水或补水管道出口与溢流水位之间的空气间小于出口管径 2.5 倍时，在充（补）水管上；

（4）由城市给水管直接向锅炉、热水机组、水加热器、气压水罐等有压容器或密闭容器注水的注水管上；

（5）垃圾处理站、动物养殖场（含动物园的饲养展览区）的冲洗管道及动物饮水管道的起端；

（6）绿地等自动喷灌系统，当喷头为地下式或自动升降式时，其管道起端；

（7）从城市给水环网的不同管段接出引入管向居住小区供水，且小区供水管与城. 市给水管形成环状管网时，其引入管上（一般在总水表后）。城市给水管道严禁与自备水源的供水管道直接连接。生活饮用水管道应避开毒物污染区，当条件限制不能避开时，应采取防护措施。严禁生活饮用水管道与大便器（槽）直接连接。给水管道不得穿过大便槽和小便槽，且立管离大、小便槽端部不得小于 0.5m。当立管位于小便槽端部 ≤0.5m 时，在小便槽端部应有建筑隔断措施。建筑物内埋地敷设的生活给水管与排水管之间的最小净距，平行埋设时不应小于 0.5m；交叉埋设时不应小于 0.15m，且给水管应在排水管的上面。

生活饮用水池（箱）应与其他用水的水池（箱）分开设置。埋地式生活饮用水储水池周围 10m 以内，不得有化粪池、污水处理构筑物、渗水井、垃圾堆放点等污染源；周围 2m 以内不得有污水管和污染物。当达不到此要求时，应采取防污染的措施。建筑物内的生活饮用水水池（箱）体，应采用独立结构形式，不得利用建筑物的本体结构作为水池（箱）的壁板、底板及顶盖。生活饮用水水池（箱）与其他用水水池（箱）并列设置时，应有各自独立的分隔墙，不得共用一道分隔墙，两个隔墙之间应有排水措施。建筑物内的生活饮用水水池（箱）宜设在专用房间内，其上方的房间不应有厕所、浴室、盥洗室、厨房、污水处理间等。当生活饮用水水池（箱）内的储水，48h 内不能得到更新时，应设置水消毒处理装置。

3. 生活饮用水水池（箱）的构造和配管，应符合下列规定：

（1）人孔、通气管、溢流管应有防止昆虫爬入水池（箱）的措施；

（2）进水管应在水池（箱）的溢流水位以上接入，当溢流水位确定有困难时，进水管口的最低点高出溢流边缘的高度等于进水管管径，但最小不应小于25mm，最大可不大于150mm；当进水管口为淹没出流时，管顶应钻孔，孔径不宜小于管径的1/5。孔上宜装设同径的吸气阀或其他能破坏管内产生真空的装置；

（3）进出水管布置不得产生水流短路，必要对应设导流装置；

（4）不得接纳消防管道试压水、泄压水等回流水或溢流水；

（5）泄空管和溢流管的出口，不得直接与排水构筑物或排水管道相连接，应采取间接连接的方式。

（6）水池（箱）材质、衬砌材料和内壁涂料，不得影响水质；

在非饮用水管道上接出水嘴或取水短管时，应采取防止误饮误用的措施。

第八章　建筑消防给水系统

第一节　建筑消防给水系统 概述

按照灭火系统所使用的灭火介质，常用的灭火系统可分为水消防系统、气体灭火系统、泡沫灭火系统、干粉灭火系统等。在所有的灭火系统中，水消防系统是目前应用最普遍和系统投资最为低廉的，可以适用于绝大多数的场所。而气体灭火系统、泡沫灭火系统、化学干粉灭火系统等，属于特殊的灭火系统，都局限在特定的场所使用。

一、水消防系统分类

（一）按照使用范围和水流形态分类

水消防系统按照使用范围和水流形态的不同，可以分为：

1. 消防栓给水系统

消防栓给水系统包括室外消防栓给水系统、室内消防栓给水系统。

2. 自动喷水灭火系统

自动喷水灭火系统包括湿式系统、干式系统、预作用系统、重复启闭预作用系统、雨淋系统、水幕系统、水喷雾系统。

水消防系统主要是依靠水对燃烧物的冷却降温作用来扑灭火灾，但自动喷水灭火系统中的水喷雾灭火系统除了对燃烧物有冷却降温作用外，细小的水雾粒子还能稀释燃烧物周围的氧气浓度，从而达到灭火的效果。

（二）按国家规范分类

《建筑设计防火规范》和《高层民用建筑设计防火规范》将消防给水系统按压力分为：

1. 高压（常高压）给水系统

高压给水系统在准工作状态和在消防时，给水系统的水压和水量始终能满足要求。

2. 临时高压给水系统

临时高压给水系统平时水压和水量都不能满足要求，消防时启动消防主泵保证水压和水量。工程上普遍采用在临时高压给水系统中增设稳压装置（稳压泵、气压水罐等）的系统，通常称之为稳高压给水系统，准工作状态时水压由稳压装置保证，流量一般小于 1 支水枪或 1 只喷头的出流量，消防时连锁启动消防水泵满足水量及水压要求。现行规范将稳高压给水系统按临时高压给水系统对待。

《建筑设计防火规范》的适用范围包括：9 层及 9 层以下的住宅（包括底层设置商业服务网点的住宅）、建筑高度不超过 24m 的其他民用建筑、建筑高度超过 24m 的单层公共建筑、地下民用建筑以及所有的工业建筑；《高层民用建筑设计防火规范》的适用范围包括：10 层及 10 层以上的居住建筑（包括底层设置商业服务网点的住宅）、建筑高度超过 24m 的公共建筑。高层建筑消防用水量与建筑物的类别、高度、使用性质、火灾危险性和扑救难度有关。

二、火灾种类

火灾根据可燃物的类型和燃烧特性，分为 A、B、C、D、E、F 六大类。

A 类火灾：指固体物质火灾。这种物质通常具有有机物质性质，一般在燃烧时能产生灼热的余烬。如木材、干草、煤炭、棉、毛、麻、纸张等火灾。

B 类火灾：指液体或可熔化的固体物质火灾。如煤油、柴油、原油、甲醇、乙醇、沥青、石蜡、塑料等火灾。

C 类火灾：指气体火灾。如煤气、天然气、甲烷、乙烷、氢气等火灾。

D 类火灾：指金属火灾。如钾、钠、镁、铝镁合金等火灾。

E 类火灾：指带电火灾。物体带电燃烧的火灾。

F 类火灾：指烹饪器具内的烹饪物（如动植物油脂）火灾。

第二节 消防栓给水系统

一、消防栓给水系统的组成

建筑消防栓给水系统可分为室外消防栓给水系统和室内消防栓给水系统，二者有着不同的消防范围，同时也存在着密不可分的联系。

室外消防栓给水系统的组成比较简单，包括室外消防栓、管道及控制阀。室内消防栓给水系统由室内消防栓、消防水枪、消防水带、消防卷盘、消防栓箱、消防水泵、消防水箱、消防水池、水泵接合器、管道系统、控制阀等组成。

（一）消防栓

消防栓是安装在给水管网上，向火场供水的带有阀门的标准接口，是室内外消防供水的主要水源之一。

1.室外消防栓

（1）地上消防栓

地上消防栓部分露出地面，目标明显、易于寻找、出水操作方便，适用于气温较高地区，但容易冻结、易损坏，有些场合妨碍交通，容易被车辆意外撞坏，影响市容。

（2）地下消防栓

地下消防栓隐蔽性强，不影响城市美观，受破坏情况少，寒冷地带可防冻，适用于较寒冷地区。但目标不明显，寻找、操作和维修都不方便，容易被建筑和停放的车辆等埋、占、压，要求设置明显标志，一般需要与消防栓连接器配套使用。

2.室内消防栓

室内消防栓的常用类型有直角单阀单出口、45°单阀单出口、直角单阀双出口和直角双阀双出口等四种，出水口直径为 50mm 或 65mm。高层建筑的室内消防栓由于高程差别很大，为满足最不利消防栓的压力和流量要求，下部的消防栓必然会超压，需要采取减压措施。传统的解决方案是在消防栓前安装减压孔板，目前许多厂家已研制生产出新型的减压稳压消防栓，能够根据栓前压力变化自动调节泄水孔有效断面，保持栓后出口压力稳定。其技术参数为：进水压力 0.4~0.8MPa，出水压力 0.3MPa，稳压精度 ±0.05MPa，流量 ≥ 5L/s。

（二）消防水枪

消防水枪是消防栓给水系统的终端出水设备，它的功能是把水带内的均匀水流转化成所需流态，喷射到火场的物体上，达到灭火、冷却或防护的目的。消防水枪按出水水流状态可分为直流水枪、喷雾水枪、开花水枪三类：按水流是否能够调节可分为普通水枪（流量和流态均不可调）、开关水枪（流量可调）、多功能水枪（流量和流态均可调）三类。

直流水枪用来喷射柱状密集充实水流，具有射程远、水量大等优点，适用于远距离扑救一般固体物质（A类）火灾。开花水枪可以根据灭火的需要喷射开花水流，使压力水流形成一个伞形水屏障，用来冷却容器外壁、阻隔辐射热，阻止火势蔓延、扩散、减少灾情损失，掩护灭火人员靠近着火地点。喷雾水枪利用离心力的作用，使压力水流变成水雾，利用水雾粒子与烟尘中的炭粒子结合可沉降的原理，达到消烟的效果，能减少火场水渍损失、高温辐射和烟熏危害。喷雾水枪喷出的雾状水流，适用于扑救阴燃物质的火灾、低燃点石油产品的火灾、浓硫酸、浓硝酸或稀释浓度高的强酸场所的火灾，还适用于扑救油类火灾及油浸式变压器、多油式断路器等电气设备火灾。在室内消防栓箱内一般只配置直流水枪，喷嘴直径规格有 13mm、16mm 和 19mm 三种，13mm 和 16mm 水枪可与 50mm 消防栓及消防水带配套使用，16mm 和 19mm 水枪可与 65mm 消防栓及消防水带配套使用。

（三）消防水带

消防水带指两端均带有消防接口，可与消防栓、消防泵（车）配套，用于输送水或其他液体灭火剂。消防水带按材料分为有衬里消防水带、无衬里消防水带两类：按承受的工作压力可分为 0.8MPa、1.0MPa、1.3MPa、1.6MPa 四类。无衬里水带一般采用平纹组织，由经线和纬线交叉编织而成，这类水带的主要特点是重量轻，体积小，使用方便；缺点是不耐高压，内壁粗糙，水流阻力大，容易漏水，易腐烂，使用寿命短，现已逐渐被淘汰。有衬里的消防水带由编织层和胶层组成，外层为高强度合成纤维编织成管状外套，内层为天然橡胶衬里、EPDM 合成橡胶衬里、聚氨酯衬里、TPE 合成树脂衬里等。这类水带的主要特点是：耐高压、耐磨损、耐霉腐、经久耐用，涂层紧密、光滑、不渗漏、水流阻力小、流量大，管体柔软，可任意弯曲折叠。与室内消防栓配套使用的消防水带长度有 15m、20m、25m 和 30m 等规格，直径为 50mm 或 65mm。供消防车或室外消防栓使用的水带直径大于等于 65mm，单管最大长度宜超过 60m。

（四）消防卷盘

消防卷盘俗称消防水喉，一般安装在室内消防栓箱内，以水作灭火剂，在启用室内消防栓之前，供建筑物内一般人员自救扑灭 A 类初起火灾。与室内消防栓比较，具有设计体积小，操作轻便、机动、灵活、能在三维空间内作 360 度转动等优点，可减少水渍损失。消防卷盘由阀门、输入管路、卷盘、软管、喷枪、固定支架，活动转臂等组成，栓口直径为 25mm，配备的胶带内径不小于 19mm，软管长度有 20m、25m、30m 三种，喷嘴口径不小于 6mm，可配直流、喷雾两用喷枪。高层旅馆、重要的办公楼、一类建筑的商业楼、展览楼、综合楼和建筑高度超过 100m 的其他高层建筑，应设消防卷盘。设有空气调节系统的旅馆、办公楼，以及超过 1500 个座位的剧院、会堂、其闷顶内安装有面灯部位的马道处，宜增设消防卷盘。消防卷盘的间距应保证有一股水流能到达室内地面任何部位。

（五）消防栓箱

消防栓箱安装在建筑物内的消防给水管路上，及室内消防栓、消防水枪、消防水带、消防卷盘及电气设备于一体，具有给水、灭火、控制、报警等功能。适用于设有室内消防给水系统的厂房、库房、宾馆、学校、医院、办公楼及其他公共建筑和高层住宅。消防栓箱根据安装方式可分为明装、暗装、半明装三类，制造材料有铝合金、冷轧钢板、不锈钢三种。

（六）消防水泵

消防水泵包括消防主泵和稳压泵。消防主泵在火灾发生后由消防栓箱内的按钮或消防控制中心远程启动，也可在泵房现场启动，为消防栓给水系统提供灭火所需的水量和水压。多出口消防泵是针对具有竖向分区的消防栓给水系统而开发的新产品，属多级分段离心泵，可以是立式泵，也可以是卧式泵，通过增减级数产生不同的出口压力，以适应不同分区的压力要求。任一出口单独工作时水力特性与相应级数的单出口泵相同，两个出口同时工作时，其流量之和等于水泵的额定流量，各出口的压力随流量的分配不同而变化，可以满足同时供水的要求。选择消防水泵的条件是消防用水量达到规范规定值时，扬程满足最不利消防栓对充实水柱的要求。流量 - 扬程曲线较陡的水泵，在灭火初期或检测等小流量情况下容易产生超压现象。切线泵的叶片设计为直叶片，流量 - 扬程曲线接近一条平滑直线，流量从零到最大值，扬程变化≤ 5%，较好地解决了小流量或零流量运转产生的超压问题。

稳压泵用于对水箱设置高度不能满足最不利消防栓水压要求的系统增压，稳压泵的出水量，对消防栓给水系统不应大于 5L/s；对自动喷水灭火系统不应大于 1L/s。稳压泵应与消防主泵联锁，当消防主泵启动后稳压泵自动停运。消防给水系统应设置备用消防水泵，其工作能力不应小于其中最大一台消防工作泵。

（七）消防水箱

消防水箱设在建筑物的最高部位，消防水箱的设置高度应保证最不利点消防栓静水压力。当建筑高度不超过 100m 时，高层建筑最不利点消防栓静水压力不应低于 0.07MPa；当建筑高度超过 100m 时，高层建筑最不利点消防栓静水压力不应低于 0.15MPa。当高位消防水箱不能满足上述静压要求时，应设增压设施。消防用水与其他用水合并的水箱，应有确保消防用水不作他用的技术设施。除串联消防给水系统外，发生火灾后由消防水泵供给的消防用水，不应进入消防水箱。

（八）消防水池

消防水池用以储存火灾延续时间内室内外消防用水总量，在火灾情况下能保证连续补水时，消防水池的容量可减去火灾延续时间内补充的水量。消防水池容量超过 1000m² 时，应分设成两个。消防水池的补水时间不宜超过 48h，缺水地区或独立的石油库区可延长到 96h。供消防车取水的消防水池，保护半径不应大于 150m。供消防车取水的消防水池应设取水口，其取水口与建筑物（水泵房除外）的距离不宜 <15m；与甲、乙、丙类液体储罐的距离不宜 <40m；与液化石油气储罐的距离不宜 <60m，若有防止辐射热的保护设施时，可减为 40m；供消防车取水的消防水池应保证消防车的吸水高度≤ 6m。消防用水与生产、生活用水合并的水池，应有确保消防用水不作他用的设施，寒冷地区消防水池应有防冻设施。

（九）水泵接合器

消防水泵接合器用以将建筑内部的消防系统与消防车或机动泵进行连接，消防车.或机动泵通过水泵接合器的接口，向建筑物内输送消防用水或其他液体灭火剂，用以扑灭建筑物内部的火灾，解决了高层建筑或其他各种建筑在发生火灾时，建筑物内部的室内消防水泵因检修、停电、发生故障或室内给水管道水压低，供水不足或无法供水等问题。

消防水泵接合器主要由弯管、本体、法兰接管、消防接口、闸阀、止回阀、安全阀、放水阀等零（部）件组成。弯管、本体、法兰接管、法兰弯管等主要零件的材料为灰铸铁。闸阀在管路上作为开关使用，平时常开。止回阀的作用是防止水倒流。安全阀用来保证管路水压不低于 1.6MPa，以防超压造成管路爆裂。放水阀是供排泄管内雨水之用，防止冰冻破坏，避免水锈腐蚀。底座支承整个接合器并和管路相连。4 件水泵接合器根据安装形式可以分为地下式、地上式、墙壁式、多用式等四种类型。地上水泵接合器高出地面，使用方便；地下水泵接合器安装在路面下，不占地方，特别适用于寒冷的地区；墙壁水泵接合器安装在建筑物的墙脚处，墙面上只露 2 个接口和装饰标志；多用式消防水泵接合器是综合国内外样机进行改型的产品，具有体积小、外形美观、结构合理、维护方便等优点。

二、消防栓给水系统的设置范围

（一）室外消防栓给水系统

除了耐火等级为一、二级且体积不超过 3000 立方米的厂房或居住区人数不超过 500 人且建筑物不超过 2 层的居住小区可不设室外消防栓之外，下列建筑应设室外消防栓给水系统：工厂、仓库和民用建筑；易燃、可燃材料的露天、半露天堆场，惰性气体储罐区：高层民用建筑；汽车库（区）；甲、乙、丙类液体储罐、堆场等。

（二）室内消防栓给水系统

下列建筑应设室内消防栓给水系统：

1.厂房、库房高度不超过 24m 的科研楼（有与水接触能引起燃烧爆炸的物品除外）；

2.超过 800 个座位的剧院、电影院、俱乐部和超过 1200 个座位的礼堂、体育馆；

3.体积超过 5000m² 的车站、码头、机场建筑物以及展览馆、商店、病房楼、门诊楼、图书馆、书库等；

4.超过 7 层的单元式住宅，超过 6 层的塔式住宅、通廊式住宅及底层设有商业网点的单元式住宅；

5.超过 5 层或体积超过 10000m² 的教学楼等其他民用建筑物；

6.国家级文物保护单位的重点砖木或木结构的古建筑；

7.所有高层民用建筑；

8.使用面积大于 300m² 的商场、医院、旅馆、展览厅、旱冰场、舞厅、电子游艺场等；使用面积大于 450m² 的餐厅、丙类和丁类生产车间、丙类和丁类物品库房；电影院、礼堂；消防电梯前室；

（三）消防水池与消防水箱

当生产、生活用水量达到最大时，市政给水管道、进水管或天然水源不能满足室内外消防用水量，或当市政给水管道为枝状或只有一条进水管，且消防用水量之和超过 25L/s 时，应设置消防水池，临时高压给水系统应设消防水箱。

三、消防栓给水系统的设置要求

（一）室外消防栓系统

室外消防给水可采用高压或临时高压给水系统或低压给水系统，如采用高压或临时高压给水系统，管道的压力应保证用水总量达到最大且水枪在任何建筑物的最高处时，水枪的充实水柱仍不小于 10m；如采用低压给水系统，管道的压力应保证灭火时最不利点消防栓的水压不小于 10m 水柱（从室外地面算起）。

1.室外消防给水管道的布置应符合下列要求

（1）室外消防给水管网应布置成环状，但在建设初期或室外消防用水量不超过 15L/s 时，可布置成枝状；

（2）环状管网的输水干管及向环状管网输水的输水管均不应少于 2 条，并宜从 2 条市政给水管道引入，当其中 1 条发生故障时，其余的干管应仍能通过消防用水总量；

（3）环状管道应用阀门分成若干独立段，每段内消防栓的数量不宜超过 5 个；

（4）室外消防给水管道的最小直径不应小于 100mm。

2.室外消防栓的布置应符合下列要求

（1）室外消防栓应沿道路设置，道路宽度超过 60m 时，宜在道路两边设置消防栓，并宜靠近十字路口；

（2）甲、乙、丙类液体储罐区和液化石油气罐罐区的消防栓，应设在防火堤外。但距罐壁 15m 内的消防栓，不应计算在该罐可使用的数量内；

（3）消防栓距路边不应超过 2m，距房屋外墙不宜小于 5m，并不宜大于 40m；

（4）室外消防栓的间距不应超过 120m；

（5）室外消防栓的保护半径不应超过 150m；在市政消防栓保护半径在 150m 以内，如消防用水量不超过 15L/s 时，可不设室外消防栓；

（6）室外消防栓的数量应由室外消防用水量计算决定，每个室外消防栓的用水量应按 10~15L/s 计算；

（7）室外地上式消防栓应有 1 个直径为 150mm 或 100mm 和 2 个直径为 65mm 的栓口；

（8）室外地下式消防栓应有直径为 100mm 和 65mm 的栓口各 1 个，并有明显的标志。

（二）室内消防栓系统

1.室内消防给水管道的布置应符合下列要求

（1）室内消防栓超过 10 个且室内消防用水量大于 15L/s 时，室内消防给水管道至少应有 2 条进水管（七至九层的单元住宅和不超过 8 户的通廊式住宅，其室内消防给水管道可为枝状，进水管可采用 1 条与室外环状管网连接，并应将室内管道连成环状或将进水管与室外管道连成环状。当环状管网的 1 条进水管发生事故时，其余的进水管应仍能供应全部用水量。

（2）超过 6 层的塔式（采用双出口消防栓者除外）和通廊式住宅、超过 5 层或体积超过 1000m² 的其他民用建筑、超过 4 层的厂房和库房，如室内消防竖管为 2 条或 2 条以上时，应至少每 2 根竖管相连组成环状管道。

（3）高层建筑室内给水管道应布置成环状，每根消防竖管的直径应按通过的流量经计算确定，并且不应小于 100mm。

（4）超过4层的厂房和库房、高层工业建筑、设有消防管网的住宅及超过5层的其他民用建筑，其室内消防管网应设消防水泵接合器。水泵接合器应设在室外便于消防车使用的地点，距室外消防栓或消防水池的距离宜为15~40m。接合器的数量应按室内消防用水量确定，每个接合器的流量按10~15L/s计算；消防给水为竖向分区供水时，在消防车供水压力范围内的分区，应分别设置水泵接合器。水泵接合器宜采用地上式；当采用地下式水泵接合器时，应有明显标志。

（5）室内消防给水管道应用阀门分成若干独立段，当某段损坏时，停止使用的消防栓在一层中不应超过5个。高层工业建筑室内消防给水管道上阀门的布置，应保证检修管道时关闭的竖管不超过1根，超过3根竖管时，可关闭2根。高层民用建筑室内消防给水管道上阀门的布置，应保证检修管道时关闭停用的竖管不超过1根。当竖管超过4根时，可关闭不相邻的2根。阀门应经常开启，并应有明显的启闭标志。

（6）高层民用建筑室内消防给水系统应与生活、生产给水系统分开独立设置。消防用水与其他用水合并的室内管道，当其他用水达到最大秒流量时，应仍能供应全部消防用水量。淋浴用水量可按计算用水量的15%计算，浇洒和洗刷用水量可不计算在内。

（7）当生产、生活用水量达到最大、且市政给水管道仍能满足室内外消防用水量时，室内消防泵进水管宜直接从市政管道取水。

（8）室内消防栓给水管网与自动喷水灭火设备的管网，宜分开设置，如有困难，可合用消防泵，但应在报警阀前分开设置。

（9）严寒地区非采暖的厂房、库房的室内消防栓，可采用干式系统，但在进水管上应设快速启闭装置，管道最高处应设排气阀。

（10）18层及18层以下，每层不超过8户、建筑面积不超过650m²的塔式高层住宅，当设2根消防竖管有困难时，可设1根竖管，但必须采用双阀双出口型消防栓。

（11）1组消防水泵的吸水管不应少于2条，当其中1条损坏时，其余的吸水管应仍能通过全部用水量；消防水泵房应有不少于2条的出水管直接与环状管网连接，当1条出水管检修时，其余的出水管应仍能通过全部用水量。

2. 室内消防栓的布置应符合下列要求：

（1）设有消防给水的建筑物，其各层（无可燃物的设备层除外）均应设置消防栓。

（2）室内消防栓的布置，应保证有2支水枪的充实水柱同时到达室内任何部位。建筑高度小于或等于24m时，且体积小于或等于5000m³的库房，可采用1支水枪充实水柱到达室内任何部位。水枪的充实水柱长度应由计算确定，一般不应小于7m，但甲、乙类厂房、超过6层的民用建筑、超过4层的厂房和库房内，不应小于10m；建筑高度超过100m的高层建筑、高层工业建筑、高架库房内，水枪的充实水柱不应小于13m水柱。

室内消防栓栓口处的静水压力应不超过0.80MPa，如超过0.80MPa时，应采用分区给水系统。消防栓栓口处的出水压力超过0.50MPa时，应有减压设施。

（4）消防电梯前室应设室内消防栓。

（5）室内消防栓应设在走道、楼梯附近等明显易于取用的地点。栓口离地面高度为1.1m，其出水方向宜向下或与设置消防栓的墙面成90°角。

（6）冷库的室内消防栓应设在常温穿堂或楼梯间内。

（7）室内消防栓的间距应由计算确定。高层工业建筑，高架库房，甲、乙类厂房，室内消防栓的间距不应超过30m；其他单层和多层建筑室内消防栓的间距不应超过50m；同一建筑物内应采用统一规格的消防栓、水枪和水带，每根水带的长度不应超过25m；高层建筑室内消防栓的栓口直径应为65mm，水枪喷嘴口径不应小于19mm。

（8）高层工业建筑和水箱不能满足最不利点消防栓水压要求的其他建筑，应在每个室内消防栓处设置直接启动消防水泵的按钮，并应有保护设施。

（9）临时高压给水系统的每个消防栓处应设直接启动消防水泵的按钮，并应设有保护按钮的设施。

（10）设有室内消防栓的建筑，如为平屋顶时，宜在平屋顶上设置试验和检查用的消防栓；高层建筑的屋顶应设1个装有压力显示装置的检查用的消防栓，采暖地区可设在顶层出口处或水箱间内。

第三节　闭式自动喷水灭火系统

一、闭式自动喷水灭火系统分类

自动喷水灭火系统是能在发生火灾时自动喷水灭火，并同时发出火警信号的灭火系统，具有工作性能稳定、适应范围广、安全可靠、控火灭火成功率高（扑灭初期火灾成功率在95%以上）、维护简便等优点，是当今世界上公认的最有效的自救灭火设施，也是应用最广泛的自动灭火系统。自动喷水灭火系统可用于各种建筑物中允许用水灭火的保护对象和场所，根据被保护建筑物的使用性质、环境条件和火灾发生、发展特征的不同，可以有多种不同类型，工程中通常根据系统中喷头开闭形式的不同，分为闭式和开式自动喷水灭火系统两大类。闭式自动喷水灭火系统包括湿式系统、干式系统、干湿两用系统、预作用系统、重复启闭预作用系统等。

（一）湿式自动喷水灭火系统

湿式自动喷水灭火系统由闭式喷头、管道系统、湿式报警阀、水流指示器、报警装置和供水设施等组成。由于该系统在报警阀的前后管道内始终充满着压力水，故称湿式喷水灭火系统或湿管系统。火灾发生时，在火场温度作用下，闭式喷头的感温元件温度达到预定的动作温度后，喷头开启喷水灭火，阀后压力下降，湿式阀瓣打开，水经延时器后通向水力警铃，发出声响报警信号，与此同时，压力开关及水流指示器也将信号传送至消防控制中心，经判断确认火警后启动消防水泵向管网加压供水，实现持续自动喷水灭火。

湿式自动喷水灭火系统具有结构简单、施工和管理维护方便、使用可靠、灭火速度快、控火效率高、建设投资少等优点。但由于其管路在喷头中始终充满水，渗漏会损坏建筑装饰，应受环境温度的限制，适合安装在温度不低于4℃，不高于70℃且能用水灭火的建（构）筑物内。

（二）干式自动喷水灭火系统

干式自动喷水灭火系统是为了满足寒冷和高温场所安装自动灭火系统的需要，在湿式自动系统的基础上发展起来的。该系统由闭式喷头、管道系统、干式报警阀、水流指示器、报警装置、充气设备、排气设备和供水设备等组成。其管路和喷头内平时没有水，只处于充气状态，故称之为干式系统。干式喷水灭火系统由于报警阀后的管路中无水，不怕冻结，不怕环境温度高，因而适用于环境温度低于4℃或高于70℃的建筑物和场所。与湿式自动喷水灭火系统相比，干式自动喷水灭火系统增加了一套充气设备，管网内的气压要经常保持在一定范围内，因而投资较多，管理比较复杂。喷水前需排放管内气体，灭火速度不如湿式自动喷水灭火系统快。

（三）干湿两用自动喷水灭火系统

干湿两用自动喷水灭火系统是干式自动喷水灭火系统与湿式自动喷水灭火系统交替使用的系统。其组成包括闭式喷头、管网系统、干湿两用报警阀、水流指示器、信号阀、末端试水装置、充气设备和供水设施等。干湿两用系统在使用场所环境温度高于70℃或低于4℃时，系统呈干式；环境温度在4℃至70℃之间时，可将干湿两用系统转换成湿式系统。

（四）预作用自动喷水灭火系统

预作用自动喷水灭火系统由闭式喷头、管道系统、雨淋阀、火灾探测器、报警控制装置、充气设备、控制组件和供水设施等部件组成。系统将火灾自动探测报警技术和自动喷水灭火系统有机地结合在一起，雨淋阀之后的管道平时呈干式，充满低压气体，在火灾发生时，安装在保护区的感温、感烟火灾探测器首先发出火警信号，同时开启雨淋阀，使水进入管路，在很短时间内将系统转变为湿式，以后的动作与湿式系统相同。

预作用系统在雨淋阀以后的管网中平时不充水，而充低压空气或氮气，可避免因系统破损而造成的水渍损失。另外这种系统有早期报警装置，能在喷头动作之前及时报警并转换成湿式系统，克服了干式喷水灭火系统必须待喷头动作，完成排气后才能喷水灭火，从而延迟喷水时间的缺点。但预作用系统比湿式系统或干式系统多一套自动探测报警和自动控制系统，构造比较复杂，建设投资大。对于要求系统处于准工作状态时严禁管道漏水、严禁系统误喷、替代干式系统等场所，应采用预作用系统。

重复启闭预作用系统是在预作用系统的基础上发展起来的一种自动喷水灭火系统，该系统不仅能够自动喷水灭火，而且当火灾扑灭后又能自动关闭系统。重复启闭预作用系统的组成和工作原理与预作用系统相似，不同之处是重复启闭预作用系统采用了一种既可输出火警信号，又可在环境恢复常温时输出灭火信号的感温探测器，当感温探测器感应到环境的温度超出预定值时，报警并开启供水泵和打开具有复位功能的雨淋阀，为配水管道充水，并在喷头动作后喷水灭火。喷水过程中，当火场温度恢复至常温时，探测器发出关停系统的信号，在按设定条件延迟喷水一段时间后关闭雨淋阀，停止喷水，若火灾复燃、温度再次升高时，系统则再次启动，直至彻底灭火。重复启闭预作用系统功能优于其他喷水灭火系统，但造价高，一般只适用于灭火后必须及时停止喷水，要求减少不必要水渍的建筑。例如电缆间、集控室计算机房，配电间、电缆隧道等。

二、闭式自动喷水灭火系统设置范围

（一）应设置闭式自动喷水灭火系统的场所

自动喷水灭火系统应在人员密集、不易疏散、外部增援灭火与救生较困难的性质重要或火灾危险性较大的场所中设置。根据我国《建筑设计防火规范》和《高层民用建筑设计防火规范》规定，下列场所应设闭式自动喷水灭火系统。

1.等于或大于 50000 纱锭的棉纺厂的开包、清花车间，等于或大于 5000 锭的麻纺厂的分组、梳麻车间，服装、针织高层厂房，面积超过 1500m 的木器厂房，火柴厂的烤炉、筛选部位，泡沫塑料厂的预发、成型、切片、压花部位；

2.每座占地面积超过 1000m² 的棉、麻、毛、丝、化纤、毛皮及其制品库房，每座占地面积超过 600m² 的火柴库房，建筑面积超过 500m² 的可燃物品地下库房，可燃、难燃物品的高架库房和高层库房（冷库、高层卷烟成品库房除外），省级以上或藏书超过 100 万册图书馆的书库；

3.超过 1500 个座位的剧院观众厅、舞台上部（屋顶采用金属构件时）、化妆室、道具室、贵宾室，超过 2000 个座位的会堂或礼堂的观众厅、舞台上部、储藏室、贵宾室，超过 3000 个座位的体育馆、观众厅的吊顶上部、贵宾室、器材间、运动员休息室；

4.省级邮政楼的邮袋库；

5.每层面积超过 3000m² 或建筑面积超过 9000m² 的百货楼、展览大厅；

6.设有空气调节系统的旅馆和综合办公楼内的走道、办公室、餐厅、商店、库房和无楼层服务台的客房；

7.飞机发动机试验台的准备部分；

8.国家级文物保护单位的重点砖木或木结构建筑；

9.建筑面积超过 500m² 的地下商店；

10.设置在地下、半地下、建筑的 4 层及 4 层以上的歌舞娱乐放映游艺场所，设置在建筑的首层、2 层和 3 层且建筑面积超过 300m² 的歌舞娱乐放映游艺场所；

11.建筑高度超过 100m 的高层建筑，除面积小于 5m² 的卫生间、厕所和不宜用水扑救的部位外的其他场所；

12. 建筑高度不超过 100m 的一类高层建筑及裙房的下列部位：公共活动用房，走道、办公室和旅馆的客房，可燃物品库房，高级住宅的居住用房，自动扶梯底部和垃圾道顶部；

13. 二类高层民用建筑中的商场营业厅、展览厅等公共活动用房和超过 200m² 的可燃物品库房；

14. 高层建筑中经常有人停留或可燃物较多的地下室房间、歌舞娱乐放映游艺场所等；

15. 1、2、3 类地上汽车库、停车数超过 10 辆的地下汽车库、机械式立体汽车库或复式汽车库及采用升降梯作汽车疏散出口的汽车库，1 类修车库；

16. 人防工程的下列部位：使用面积超过 1000m² 的商场、医院、旅馆、餐厅、展览厅、舞厅、旱冰场、体育场、电子游艺场、丙类生产车间、丙类和丁类物品库房等；超过 800 个座位的电影院、礼堂的观众厅，且吊顶下表面至观众席地面高度小于等于 8m 时，舞台面积超过 200m² 时。

（二）不宜设置闭式自动喷水灭火系统的场所

自动喷水灭火系统不适用于存在较多下列物品的场所。

1. 遇水发生爆炸或加速燃烧的物品；

2. 遇水发生剧烈化学反应或产生有毒有害物质的物品；

3. 洒水将导致喷溅或沸溢的液体。

采用闭式自动喷水灭火系统场所的最大净空高度，民用建筑和工业厂房不超过 8m，仓库不超过 9m，采用快速响应早期抑制喷头的仓库不超过 12m。露天场所不宜采用闭式系统。

三、闭式自动喷水灭火系统的主要组件

（一）闭式喷头

闭式喷头的喷口由感温元件组成的释放机构封闭，当温度达到喷头的公称动作温度范围时感温元件动作，释放机构脱落，喷头开启。闭式喷头具有感温自动开启的功能，并按照规定的水量和形状洒水，主要在湿式系统、干式系统和预作用系统中使用，有时也可作为火灾探测器使用。闭式喷头在自动喷水灭火系统中担负着探测火灾、启动系统和喷水灭火的任务，它是系统中的关键组件。喷头的种类很多，按热敏元件可分为玻璃球洒水喷头、易熔元件洒水喷头两类；按出水口径可分为小口径（≤ 11.1mm）、标准口径（12.7mm）、大口径（13.5mm）、超大口径（≥ 15.9mm）四类；按热敏性能可分为标准响应型、快速响应型两类；按安装方式可分为下垂型（下喷水）、直立型（上喷水）、普通型（上、下喷通用）、边墙直立型、边墙水平型、吊顶型六类。

1. 下垂型喷头

下垂型喷头安装时溅水盘朝下方，向下安装在配水支管的下面，洒水形状为抛物体，全部水量洒向下方。这种喷头适用于安装在各种保护场所，是最普遍使用的一种。干式下

垂型喷头由下垂型闭式喷头和一段特殊短管组成，用于房间内安装了吊顶的干式自动喷水灭火系统或预作用系统。

2. 直立型喷头

直立型喷头安装时溅水盘朝上，直立安装在配水支管上，洒水形状为抛物体，水量的60%~80%直接洒向下方，同时还有一小部分洒向上方。这种喷头适合安装在管路下面经常存在移动物体的场所，可以避免发生碰撞、碰头的事故。不作为吊顶的场所，当配水支管布置在梁下时，应采用直立型喷头。另外，在灰尘或其他飞扬物较多的场所，为防止飞扬物覆盖喷头感温元件造成喷头动作迟缓，也应安装直立型洒水喷头。干式系统、预作用系统应采用直立型喷头。

3. 普通型喷头

普通型喷头又称传统型喷头或老式喷头，既可直立安装，向上喷水，又可下垂安装，向下喷水，并且布水曲线相同。此类喷头的历史久远，但近年来逐渐被下垂型喷头和直立型喷头所取代。

4. 边墙直立型喷头

边墙直立型喷头向上安装，垂直喷侧向布水。只适用于轻危险级和规范指定的中危险级、并无障碍物的场所。在下列条件下可以考虑采用：

（1）房间中央顶部不可走管道但周边可走；

（2）保护物在喷头的侧边；

（3）天棚顶太低无法布置下垂型喷头等。

5. 边墙水平型喷头

边墙水平型喷头垂直于墙面安装，水平喷侧向布水。与边墙直立型喷头相比，喷射的距离远，并且宽度宽，同样只适用于轻危险级和规范指定的中危险级、并无障碍物的场所。喷头的连接管水平穿越墙体，不宜在被保护的房间内，故适用于下列场所：

（1）房间内无法走管道；

（2）天棚顶太低无法布置下垂型喷头；

（3）房间中央顶部不能走管道或布置喷头等。

6. 吊顶型喷头

吊顶型喷头属于装饰型喷头，安装在吊顶内的管道上，提高了喷头的装饰水平，适用于高级宾馆等装饰要求高的场所。其常见形式有全隐蔽型、半隐蔽型和平齐型。全隐蔽型完全隐藏在顶棚里，所属的孔眼由喷头附带的盖板遮没，盖板色彩可向生产厂家预定。发生火灾时喷头的动作程序是：顶棚孔板先以低于喷头额定温度从顶棚处脱落，喷头在感受额定温度后即行动作。半隐蔽型喷头一般只有感温元件部分暴露于顶棚或吊顶之下，在火灾发生后，当抵达额定温度时，封闭球阀的易熔环即行熔解，释放了球阀和连在一起的溅水盘和感温元件，由两根滑杆支撑着从喷头下降到喷洒位置。这种喷头的优点是，它的感温元件不受任何构件的遮蔽影响，而且采用叶片快速感温，因此它的动作速度比一般喷头至少快 5 倍。

7. 快速响应喷头

快速响应喷头的响应时间指数 RTI 小于等于 50(m·s)0.5，热敏性能明显高于标准响应喷头，可在火场中提前动作，在初起小火阶段喷水灭火，可最大限度地减少人员伤亡、火灾烧损与水渍污染造成的经济损失。各种安装方式和热敏元件的闭式喷头都有快速响应喷头。下列场所宜采用快速响应喷头。

（1）公共娱乐场所、中庭环廊；

（2）医院、疗养院的病房及治疗区域，老年、少儿、残疾人的集体活动场所；

（3）超出水泵接合器供水高度的楼层；

（4）地下的商业及仓储用房。

快速响应早期抑制喷头是响应时间指数小于等于 28±8(m·s)0.5，用于保护高堆垛与高货架仓库的大流量特种洒水喷头。

（二）报警阀

自动喷水灭火系统中报警阀的作用是开启和关闭管道系统中的水流，同时传递控制信号到控制系统，驱动水力警铃直接报警，根据其构造和功能分为湿式报警阀、干式报警阀、干湿两用报警阀、雨淋报警阀和预作用报警阀等。

1. 湿式报警阀

我国生产的湿式报警阀有导阀型和座圈型两种。座圈型湿式报警阀内设有阀瓣、阀座等阀瓣组件，阀瓣铰接在阀体上。在平时，阀瓣上下充满水，水压强近似相等。由于阀瓣上面与水接触的面积大于下面与水接触面积，阀瓣受到的水压合力向下，处于关闭状态。当水源压力出现波动或冲击时，通过补偿器使上下腔压力保持一致，水力警铃不发生报警，压力开关不接通，阀瓣仍处于准工作状态。闭式喷头喷水灭火时，补偿器来不及补水，阀瓣上面的水压下降，下腔的水便向洒水管网及动作喷头供水，同时水沿着报警阀的环形槽进入报警口，流向延迟器、水力警铃，警铃发出声响报警，压力开关开启，给出电接点信号报警并启动水泵。导阀型湿式报警阀的阀芯（或阀瓣）装有导向杆，水通过导向杆中的水压平衡小孔保持阀瓣上、下的水压平衡。喷头喷水灭火时，由于水压平衡小孔来不及补水，阀瓣上面的水压下降，导致阀瓣开启，报警阀转入工作状态。

2. 干式报警阀

干式报警阀前后的管道内分别充满压力水和压缩空气。差动型干式阀，阀瓣将阀腔分成上、下两部分，与喷头相连的管路充满压缩空气，与水源相连的管路充满压力水。平时靠作用于阀瓣两侧的气压与水压的力矩差使阀瓣封闭，发生火灾时，气体一侧的压力下降，作用于水体一侧的力矩使阀瓣开启，向喷头供水灭火。

3. 干湿两用报警阀

干湿两用报警阀是用于干湿两用自动喷水灭火系统中的供水控制阀，报警阀上方管道既可充有压气体，又可充水。充有压气体时作用与干式报警阀相同，充水时作用与湿式报警阀相同。

干湿两用报警阀由干式报警阀、湿式报警阀上下叠加而成。干式阀在上，湿式阀在下。当系统为干式系统时，干式报警阀起作用。干式报警阀室注水口上方及喷水管网充满压缩空气，阀瓣下方及湿式报警阀全部充满压力水。当有喷头开启时，空气从打开的喷头泄出，管道系统的气压下降，直至干式报警阀的阀瓣被下方的压力水开启，水流进入喷水管网。部分水流同时通过环形隔离室进入报警信号管，启动压力开关和水力警铃。系统进入工作状态，喷头喷水灭火。当系统为湿式系统时，干式报警阀的阀瓣被置于开启状态，只有湿式报警阀起作用，系统工作过程与干式系统完全相同。

4. 雨淋报警阀

雨淋报警阀在自动喷水灭火系统中是除湿式报警阀外应用较多的报警阀，雨淋阀不仅用于雨淋灭火系统、水喷雾系统、水幕系统等开式系统，还用于干预作用系统。雨淋报警阀内设有阀瓣组件、阀瓣锁定杆、驱动杆、弹簧或膜片等。阀腔分成上腔、下腔和控制腔三部分，上腔为空气，下腔为压力水，控制腔与供水主管道和启动管路连通，供水管道中的压力水推动控制腔中的膜片、进而推动驱动杆顶紧阀瓣锁定杆，锁定杆产生力矩，把阀瓣锁定在阀座上，使下腔的压力水不能进入上腔。当失火时，启动管路自动泄压，控制腔压力迅速降低，使驱动杆作用在阀瓣锁定杆上的力矩低于供水压力作用在阀瓣上的力矩，于是阀瓣开启，压力水进入配水管网。雨淋阀带有防自动复位机构，阀瓣开启后，无须人工手动复位。

5. 预作用阀

预作用阀由湿式阀和雨淋阀上下串接而成，雨淋阀位于供水侧，湿式阀位于系统侧，其动作原理与雨淋阀相类似。平时靠供水压力为锁定机构提供动力，把阀瓣扣住，探测器或探测喷头动作后，锁定机构上作用的供水压力迅速降低，从而使阀瓣脱扣开启，供水进入消防管网。按照自动开启方式，预作用报警阀可分为无联锁、单联锁、双联锁三种。探测器：或灭火喷头其中之一动作阀组便开启称无联锁；只有探测器动作阀组便开启称单联锁；探测器和灭火喷头都动作阀组便开启称双联锁。

（三）水流报警装置

水流报警装置包括水力警铃、压力开关和水流指示器。水力警铃安装在报警阀的报警管路上，是一种水力驱动的机械装置。当自动喷水灭火系统启动灭火，消防用水的流量等于或大于一个喷头的流量时，压力水流沿报警支管进入水力警铃驱动叶轮，带动铃锤敲击铃盖，发出报警声响。水力警铃不得由电动报警器取代。

压力开关是自动喷水灭火系统的自动报警和自动控制部件，当系统启动，报警支管中的压力达到压力开关的动作压力时，触点就会自动闭合或断开，将水流信号转化为电信号，输送至消防控制中心或直接控制和启动消防水泵、电子报警系统或其他电气设备。压力开关应垂直安装在水力警铃前，如报警管路上安装了延迟器，则压力开关应安装在延迟器之后。

水流指示器是用于自动喷水灭火系统中将水流信号转换成电信号的一种报警装置，通常安装于各楼层的配水干管或支管上。当某个喷头开启喷水时，管道中的水产生流动并推动水流指示器的桨片，桨片探测到水流信号并接通延时电路 20~30s 之后，水流指示器将水流信号转换为电信号传至报警控制器或控制中心，告知火灾发生的区域。水流指示器类型有叶片式、阀板式等。目前世界上应用得最广泛的是叶片式水流指示器。

（四）延迟器

延迟器是一个罐式容器，属于湿式报警阀的辅件，用以防止水源压力波动、报警阀渗漏而引起的误报警。报警阀开启后，水流需经 30s 左右充满延迟器后方可敲击水力警铃。延迟器下端为进水口，与报警阀报警口连接相通；上端为出水口，接水力警铃。当湿式报警阀因水锤或水源压力波动阀瓣被冲开时，水流由报警支管进入延迟器，因为波动时间短，进入延迟器的水量少，压力水不会推动水力警铃的轮机或作用到压力开关上，故能有效起到防止误报警的作用。

（五）末端试水装置

末端试水装置由试水阀、压力表以及试水接头组成，作用是用来测试系统能否在开放一只喷头的最不利条件下可靠报警并正常启动。试水接头出水口的流量系数，应等于同楼层或防水分区内的最小喷头的流量系数。每个报警阀组控制的最不利点喷头处，应设末端试水装置，其他防火分区、楼层的最不利点喷头处，均应设直径为 25mm 的试水阀。打开试水装置喷水，可以作为系统调试时模拟试验用。末端试水装置的出水，应采取孔口出流的方式排出排水管道。

四、闭式自动喷水灭火系统的设置规定

自动喷水灭火系统应设有洒水喷头、水流指示器、报警阀组、压力开关、末端试水装置、管道和供水设施；控制管道静压的区段宜分区供水或设减压阀，控制管道动压的区段宜设减压孔板或节流管：系统应设有泄水阀（或泄水口）、排气阀（或排气口）和排污口；干式系统和预作用系统的配水管道应设快速排气阀，有压力充气管道的快速排气阀入口前应设电动阀。

配水管道应采用内外壁热镀锌钢管，当报警阀入口前管道采用内壁不防腐的钢管时，应在该段管道的末端设过滤器。过滤器后的管道，应采用内外镀锌钢管，且宜采用丝扣连接。水平安装的管道宜有坡度，并应坡向泄水阀。充水管道的坡度不宜小于 2%，准工作状态不充水管道的坡度不宜小于 4%。

净空高度大于 800mm 的闷顶和技术夹层内有可燃物时，应设置喷头。当局部场所设置自动喷水灭火系统时，与相邻不设自动喷水灭火系统场所连通的走道或连通开口的外侧，

应设喷头。装设通透性吊顶的场所，喷头应布置在顶板下。顶板或吊顶为斜面时，喷头应垂直于斜面，并应按斜面距离确定喷头间距。尖屋顶的屋脊处应设一排喷头，喷头溅水盘至屋脊的垂直距离，屋顶坡度 >1/3 时，不应大于 0.8m；屋顶坡度 <1/3 时，不应大于 0.6m。直立型、下垂型喷头的布置，包括同一根配水支管上喷头的间距及相邻配水支管的间距，应根据系统的喷水强度、喷头的流量系数和工作压力确定。除吊顶型喷头及吊顶下安装的喷头外，直立型、下垂型标准喷头的溅水盘与顶板的距离不应小于 75mm，且不应大于 150mm。

图书馆、档案馆、商场、仓库中的通道上方宜设有喷头。喷头与被保护对象的水平距离，不应小于 0.3m，标准喷头溅水盘与保护对象的最小垂直距离不应小于 0.45m，其他喷头溅水盘与保护对象的最小垂直距离不应小于 0.90m。

货架内喷头宜与顶板下喷头交错布置，其溅水盘与上方层板的距离不应小于 75mm，且不应大于 150mm，与其下方货品顶面的垂直距离不应小于 150mm。货架内喷头上方的货架层板，应为封闭层板，货架内喷头上方如有孔洞、缝隙，应在喷头的上方设置集热挡水板。集热挡水板应为正方形、圆形金属板，其平面面积不宜小于 0.12m²，周围弯边的下沿，宜与喷头的溅水盘平齐。

直立边墙型喷头溅水盘与顶板的距离不应小于 100mm，且不宜大于 150mm，与背墙的距离不应小于 50mm，且不宜大于 100mm；水平边墙型喷头溅水盘与顶板的距离不应小于 150mm，且不应大于 300mm。

喷头洒水时，应均匀分布，且不应受阻挡。当喷头附近有障碍物时，喷头与障碍物的间距应符合相关规定或增设补偿喷水强度的喷头。建筑物同一隔间内应采用相同热敏性能的喷头，喷头应布置在顶板或吊顶下易于接触到火灾热气流并有利于均匀布水的位置。闭式系统的喷头，其公称动作温度宜高于环境最高温度 30℃。自动喷水灭火系统应有备用喷头，其数量不应少于总数的 1%，且每种型号均不得少于 10 只。

湿式系统、预作用系统中一个报警阀组控制的喷头数不宜超过 800 只，干式系统不宜超过 500 只。当配水支管同时安装保护吊顶下方和上方空间的喷头时，应只将数量较多一侧的喷头计入报警阀组控制的喷头总数。串联接入湿式系统配水干管的其他自动喷水灭火系统，应分别设置独立的报警阀组，其控制的喷头数计入湿式阀组控制的喷头总数。每个报警阀组供水的最高与最低位置喷头，其高程差不宜大于 50m。保护室内钢屋架等建筑构件的闭式系统，应设独立的报警阀组。

报警阀组宜设在安全且易于操作的地点，报警阀距地面的高度宜为 1.2m。安装报警阀的部位应设有排水设施。连接报警阀进出口的控制阀，宜采用信号阀。当不采用信号阀时，控制阀应设锁定阀位的锁具。当自动喷水灭火系统中设有 2 个及以上报警阀组时，报警阀组前宜设环状供水管道。

水力警铃的工作压力不应小于 0.05MPa，并应设在有人值班的地点附近，与报警阀连接的管道的管径应为 20mm，总长不宜大于 20m。

除报警阀组控制的喷头只保护不超过防火分区面积的同层场所外，每个防火分区、每个楼层均应设水流指示器。仓库内顶板下喷头与货架内喷头应分别设置水流指示器。当水流指示器入口前设置控制阀时，应采用信号阀。减压孔板应设在直径不小于 50mm 的水平直管段上，前后管段的长度均不宜小于该管段直径的 5 倍；孔口应采用不锈钢板制作，直径不应小于设置管段直径的 30%，且不应小于 20mm。节流管直径宜按上游管段直径的 1/2 确定；长度不宜小于 1m，节流管内水的平均流速不应快于 20m/s。减压阀应设在报警阀组入口前，其前面应设过滤器；当连接 2 个及以上报警阀组时，应设置备用减压阀，垂直安装的减压阀，水流方向宜向下。

系统应设独立的供水泵，并应按一运一备或二运一备比例设置备用泵。每组供水泵的吸水管不应少于 2 根。报警阀入口前设置环状管道的系统，每组供水泵的出水管不应少于 2 根。系统的供水泵、稳压泵，应采用自灌式吸水方式。供水泵的吸水管应设控制阀；出水管应设控制阀、止回阀、压力表和直径不小于 65mm 的试水阀。必要时应采取控制供水泵出口压力的措施。稳压泵应采用压力开关控制，并应能调节启停压力。

采用临时高压给水系统的自动喷水灭火系统，应设高位消防水箱，其储水量应符合现行有关国家标准的规定。消防水箱的供水，应满足系统最不利点处喷头的最低工作压力和喷水强度。建筑高度不超过 24m，并按轻危险级或中危险级场所设置湿式系统、干式系统或预作用系统时，如设置高位消防水箱确有困难，应采用 5L/s 流量的气压给水设备供给 10min 初期用水量。消防水箱的出水管上应设止回阀，并应与报警阀入口前管道连接；轻危险级、中危险级场所的系统，管径不应小于 80mm，严重危险级和仓库危险级不应小于 100mm。系统应设水泵接合器，其数量应按系统的设计流量确定，每个水泵接合器的流量宜按 10~15L/s 计算。当水泵接合器的供水能力不能满足最不利点处作用面积的流量和压力要求时，应采取增压措施。

第四节　开式自动喷水灭火系统

一、开式自动喷水灭火系统分类

开式自动喷水灭火系统一般由开式喷头、管道系统、雨淋阀、火灾探测装置、报警控制组件和供水设施等组成，根据喷头形式及使用目的的不同，可分为雨淋系统、水幕系统、水喷雾系统。

（一）雨淋喷水灭火系统

雨淋系统采用开式洒水喷头，由雨淋阀控制喷水范围，利用配套的火灾自动报警系统或传动管系统监测火灾并自动启动系统灭火。发生火灾时，火灾探测器将信号送至火灾报警控制器，压力开关、水力警铃一起报警，控制器输出信号打开雨淋阀，同时启动水泵连续供水，使整个保护区内的开式喷头喷水灭火。因雨淋阀开启后所有开式洒水喷头同时喷水，好似倾盆大雨，故称为雨淋系统。雨淋系统具有出水量大、灭火及时的优点，适用于下列场所：

1. 火灾的水平蔓延速度快、闭式喷头的开放不能及时使喷水有效覆盖着火区域；

2. 室内净空高度超过闭式系统限定的最大净空高度，且必须迅速扑救初期火灾；

3. 严重危险级

雨淋喷水灭火系统、预作用喷水灭火系统虽然都采用了雨淋阀、探测报警系统，但预作用喷水灭火系统采用闭式喷头，雨淋阀后的管道内平时充有压缩气体：而雨淋系统采用开式喷头，雨淋阀后的管道平时为空管。雨淋系统可由电气控制启动、传动管控制启动或手动控制。传动管控制启动包括湿式和干式两种方法，发生火灾时，湿（干）式导管上的喷头受热爆破，喷头出水（排气），雨淋阀控制膜室压力下降，雨淋阀打开，压力开关动作，启动水泵向系统供水。电气控制系统保护区内的火灾自动报警系统探测到火灾后发出信号，打开控制雨淋阀的电磁阀，雨淋阀控制膜室压力下降，雨淋阀开启，压力开关动作，启动水泵向系统供水。

（二）水幕系统

水幕系统并不直接用于扑灭火灾，而是利用水幕喷头或洒水喷头密集喷射形成的水墙或水帘，防止火势扩大和蔓延。根据阻火作用的不同，水幕系统进一步分为防火分隔水幕和防火冷却水幕。防火分隔水幕主要用于需要而无法设置防火分隔物的部位，例如商场营业厅、展览厅、剧院舞台、吊车的行车道等部位，用以阻止火焰和高温烟气穿过，防止火灾向相邻区域蔓延。防护冷却水幕的作用是向防火卷帘、防火钢幕、门窗、檐口等保护对象喷水，冷却降温，增强保护对象的耐火能力。

（三）水喷雾灭火系统

水喷雾灭火系统利用喷雾喷头在一定压力下将水流分解成粒径在 100~700 微米之间的细小雾滴，通过表面冷却、窒息、乳化、稀释的共同作用实现灭火和防护，保护对象主要是火灾危险大、扑救困难的专用设施或设备。系统既能够扑救固体火灾，也可以扑救液体火灾和电气火灾，还可用于可燃气体和甲、乙、丙类液体的生产、储存装置或装卸设施的防护冷却。

水喷雾灭火系统的组成和工作原理与雨淋系统基本一致。其区别主要在于喷头的结构和性能不同：雨淋系统采用标准开式喷头，而水喷雾灭火系统则采用中速或高速喷雾喷头。当水以细小的雾状水滴喷射到正在燃烧的物质表面时会产生以下作用：

1. 表面冷却

相同体积的水以水雾滴形态喷出时，比射流形态喷出时的表面积大几百倍，当水雾滴喷射到燃烧表面时，因换热面积大而会吸收大量的热能并迅速汽化，使燃烧物质的表面温度迅速降到物质热分解所需要的温度以下，使热分解中断，燃烧即终止。

2. 窒息

水雾滴受热后汽化形成原体积 1680 倍的水蒸气，可使燃烧物质周围空气中的氧含量迅速降低，燃烧将会因缺氧而削弱或中断。

3. 乳化

当水雾滴喷射到正在燃烧的液体表面时，由于水雾滴的冲击，在液体表层起搅拌作用，从而造成液体表层的乳化。由于乳化层是不能燃烧的，故使燃烧中断。对于轻质油类，其乳化层只有在连续喷射水雾的条件下存在，对黏度大的重质油类，乳化层在喷射停止后保持相当长的时间，对防止复燃十分有利。

4. 稀释

对于水溶性液体火灾，可利用水雾稀释液体，使液体的燃烧速度降低而较易扑灭。喷雾系统的灭火效率比喷水系统的灭火效率高，耗水量小，一般标准喷头的喷水量为 1.33L/s，而细水雾喷头的流量为 0.17L/s。由于水喷雾灭火的原理与喷水灭火存在差别，有时在分类时单列为水喷雾灭火系统。

二、开式自动喷水灭火系统设置范围

（一）雨淋喷水灭火系统

1. 火柴厂的氯酸钾压碾厂房，建筑面积超过 100m² 的生产厂房、使用硝化棉、喷漆棉、火胶棉、赛璐珞胶片、硝化纤维的厂房；

2. 建筑面积超过 60m² 或储存量超过 2t 的硝化棉、喷漆棉、赛璐珞胶片、硝化纤维的库房；

3. 日装瓶数量超过 3000 瓶的液化石油储配站的灌瓶间、实瓶库；

4. 超过 1500 个座位的剧院和超过 2000 个座位的会堂舞台的"葡萄架"下部；

5. 建筑面积超过 400m² 的演播室，建筑面积超过 500m² 的电影摄影棚；

6. 乒乓球厂的轧坯、切片、磨球、分球检验部位。

（二）水幕系统

1. 超过 1500 个座位的剧院和超过 2000 个座位的会堂，礼堂的舞台口，以及与舞台相连的侧台、后台的门窗洞口；

2. 应设防火墙等防火分隔物而无法设置的开口部位；

3. 防火卷帘或防火幕的上部；

4. 高层民用建筑物内超过 800 个座位的剧院、礼堂的舞台口。

（三）水喷雾灭火系统

1. 单台容量在 40MW 及以上的厂矿企业可燃油油浸电力变压器、单台容量在 90MW

及以上可燃油油浸电力变压器或单台容量在 125MW 及以上的独立变电所可燃油油浸电力变压器；

2. 飞机发动机试验台的试车部分；

3. 高层建筑内的燃油、燃气锅炉房，可燃油油浸电力变压器室，充可燃油的高压电容器和多油开关。

三、开式喷头

开式洒水喷头有双臂下垂、双臂直立、双臂边墙和单臂下垂式四种，其公称口径有 10mm、15mm、20mm 三种，规格、型号、接管螺纹和外形与玻璃球闭式喷头完全相同，都是在玻璃球闭式喷头上卸掉感温元件和密封座而成，通常用于雨淋系统，也叫"雨淋开式喷头"。

雨淋开式喷头既可以用于雨淋系统，也可以用于设置防火阻火型水幕带，起到控制火势，防止火灾蔓延的作用，当用于水幕系统时，称为雨淋式水幕喷头。单人光集水幕喷头将压力水分布成一定的幕帘状、起到阻隔火焰穿透、吸热及隔热的防火分隔作用。适用于大型厂房、车间、厅堂、戏剧院、舞台及建筑物门、窗洞口部位或相邻建筑之间的防火隔断及降温。

檐口式水幕喷头是专用于建筑檐口的水幕喷头。它可向建筑檐口喷射水幕，增强檐口的耐火能力，防止相邻建筑火灾向本建筑的檐口蔓延。窗口式水幕喷头是安装在窗户的上方，其作用是增强窗扇的耐火能力，防止高温烟气穿过窗口蔓延至邻近房间，也可以用它冷却防火卷帘等防火分隔设施。水平缝隙式水幕喷头有单缝隙式及双缝隙式两种，由于其缝原沿圆周方向布置，有较长的边长布水，可获得较宽的水幕；下垂式缝隙水幕喷头，喷出的水帘幕与喷头的中心轴线平行，其缝隙宽度受喷头直径限制，为获得较宽的水幕，需要较大直径喷头，接管螺纹规格相应增大。

水幕喷头的公称口径有 6mm、8mm、10mm、12.7mm、16mm、19mm 几种规格，但在实际的产品中也有 11mm、12mm、15mm 以及更大口径的水幕喷头。一般称口径大于 10mm 的喷头为大型水幕喷头，口径小于 10mm 的叫小型水幕喷头。水雾喷头利用离心力或机械撞击力将流经喷头的水分解为细小的水雾，并以一定的喷射角将水雾喷出。按照水流特点，水雾喷头可分为离心式水雾喷头和撞击式水雾喷头。按照喷出的雾滴流速，水雾喷头可分为高速水雾喷头和中速水雾喷头，离心式水雾喷头一般都是高速喷头，而撞击式水雾喷头一.般都是中速喷头。离心式高速水雾喷头由使水流产生旋转流动的雾化芯和决定雾化角的喷口构成，水进入喷头后，一部分沿内壁的流道高速旋转形成旋转水流，另一部分仍沿喷头轴向直流，两部分水流从喷口喷出后成为细水雾。离心式水雾喷头体积小，喷射速度高，雾化均匀，雾滴直径细，贯穿力强，适用于扑救电气设备的火灾和闪点高于 60℃以上的可燃液体的火灾。

　　撞击式中速水雾喷头由射水口和溅水盘组成,从渐缩口喷出的细水柱喷射到溅水盘上,溅散成小粒径的雾滴,由于惯性作用沿锥形面射出,形成水雾锥。溅水盘的锥角不同,雾化角也不同。撞击式喷头的水流通过撞击才能雾化,因而射流速度减小,雾化后的水雾流速也降低,雾化性能次于离心式喷头,贯穿能力也稍差,但可有效地作用在液面上,不会产生大的挠动,所以可用于甲乙丙类可燃液体及液化石油气装置的防护冷却及开口容器中可燃液体的火势控制。

第九章　建筑排水系统

第一节　建筑排水体制和排水系统的组成

一、建筑排水系统分类

主要有粪便污水、生活废水、生活污水、生产污水（含酸、碱性污水）、生产废水（冷却废水）、工业废水（生产污水与生产废水合流排除）、屋面雨水（雨水、雪水）等排水系统。

（一）生活污水排水系统

用来排除人们日常生活中的盥洗、洗涤的生活废水和粪便污水。生活废水一般直接排入市政排水管道，而粪便污水通常由化粪池处理后排入市政排水管道。

（二）工业废水排水系统

用来排除工业生活过程中的污水（废水）。由于工业生产门类繁多，污废水性质极其复杂，因此又可按其遭受污染程度分为生产废水和生产污水两种，前者仅受轻度污染，一般直接排入市政排水管道；后者污染较严重，通常需要厂内处理后排入市政排水管道。

（三）建筑雨水排水系统

用以排除多层、高层建筑和大型厂房的屋面雨雪水。

二、建筑排水体制

（一）建筑排水体制种类

1.分流制

分流制即针对各种污水分别设置单独的管道系统输送和排放的排水体制。

2.合流制

合流制即在同一排水管道系统中可以输送和排放两种或两种以上污水的排水体制。对于居住建筑和公共建筑一指粪便污水与生活废水的合流与分流；对于工业建筑一指生产污水和生产废水的合流与分流。

（二）需设单独的排水系统的建筑物

在下列情况下，建筑物需设单独的排水系统：

1. 公共食堂、肉食品加工车间、餐饮业洗涤废水中含有大量油脂。

2. 锅炉、水加热器等设备排水温度超过 40℃。

3. 医院污水中含有大量致病菌或含有放射性元素超过排放标准规定的浓度。

4. 汽车修理间或洗车废水中含有大量机油。

5. 工业废水中含有有毒、有害物质需要单独处理。

6. 生产污水中含有酸碱，以及行业污水必须处理回收利用。

7. 建筑中水系统中需要回用的生产废水。

8. 可重复利用的生产废水。

9. 室外仅设雨水管道而无生活污水管道时，生活污水可单独排入化粪池处理，而生活废水可直接排入雨水管道。

10. 建筑物雨水管道应单独排出。

（三）采用合流制排水系统的建筑物

在下列情况下，建筑物内部可采用合流制排水系统：

1. 当生活废水不考虑回收，城市有污水处理厂时，粪便污水与生活废水可以合流排出。

2. 生活污水与生产污水性质相近时。

三、排水系统的组成

（一）污（废）水收集器

污（废）水收集器包括卫生器具、生产污废水的排水设备（生产设备受水器）及雨水斗。

1. 便溺器具

便溺器具设置在卫生间和公共厕所，用来收集粪便污水。便溺器具包括便器和冲洗设备。便器有大便器和小便器，前者分为坐式大便器、蹲式大便器和大便槽，后者分为立式小便器、挂式小便器和小便槽。便溺器具的冲洗设备有冲洗阀和冲洗水箱两类，其中冲洗水箱又分为高冲洗水箱和低冲洗水箱。

2. 盥洗、淋浴器具

盥洗、淋浴器具设置在盥洗室、浴室、卫生间和理发室内，包括盥洗槽、洗脸盆、淋浴器、浴盆和净身器等。

3. 洗涤器具

洗涤器具包括设在厨房或食堂的洗涤槽、设在化验室或实验室的化验盆、设在公共的污水池和用于排出地表水的地漏。为了不让排水管道内的臭气和有害气体进入室内，在卫生器具与排水管之间需要设隔臭装置，最常见的装置是存水弯。存水弯内的存水称为水封，其作用是隔断臭气和有害气体。规定水封深度不得小于 50mm。坐式大便器与排水管之间不需设置存水弯。

（二）排水管道

排水管道包括排水横支管、排水立管、排出管。器具排水管是连接卫生器具和排水横支管之间的短管，除坐式大便器等自带水封装置的卫生器具外，均应设水封装置。

（三）通气管

通气管是指没有污（废）水通过的管段。通气管的作用：

1. 向排水管道补给空气，使水流畅通，更重要的是减小排水管道内气压变化幅度，防止卫生器具水封损坏；

2. 使建筑物内部排水管道中散发的臭气和有害气体能排到大气中去；

3. 管道内经常有新鲜空气流通，可减轻管道内废气锈蚀管道的危害。

（四）清通设备

一般有检查口（1m）、清扫口、带有清通口的 90° 弯头、三通和存水弯以及检查井（3m）等作疏通排水管道之用。

（五）抽升设备

对于污废水难以自流排至室外时，须设水泵、空气扬水器和水射器等抽升设备。民用建筑的地下室、人防建筑、高层建筑的地下技术层等地下建筑物内的污（废）水不能自流排至室外时，必须设置污水抽升设备，常采用潜水排污泵。

（六）污水局部处理构筑物

当建筑内部污水不允许直接排入城市排水系统或水体时而设置的局部污水处理设施。

（七）室外排水管道

自排出管接出的第一检查井后至市政排水管道或工业企业排水主干管间的排水管段即为室外排水管道，其任务是将建筑物内的污（废）水排送到市政或工厂的排水管道中去。

第二节　排水管材及附件

一、常用排水管材

建筑排水管材主要有排水铸铁管、焊接钢管、无缝钢管、陶土管、耐酸陶土管、石棉水泥管、硬聚氯乙烯塑料管、特种管道。

生活污水管道一般采用排水铸铁管或硬聚氯乙烯塑料管；当管径小于 50mm 时，可采用钢管；生活污水埋地管道可采用带釉的陶土管。

（一）排水铸铁管

管材耐腐蚀性能强，直管长度一般为 1.0~1.5m。其连接方式为承插连接，常用的接口材料有普通水泥接口、石棉水泥接口、膨胀水泥接口等。在高层建筑中，有抗震要求地区的建筑物排水管道应采用柔性接口。淘汰砂模铸造铸铁排水管用于室内排水管道，推广UPVC 和符合《排水用柔性接口铸铁管及管件》（GB/T12772—1999）的柔性接口机制铸铁排水管。

（二）塑料管

1. 主要种类

主要有硬聚氯乙烯管（UPVC）、聚丙烯管（PP）、聚丁烯管（PB）和工程塑料管（ABS）。

2. 排水塑料管道连接方法

主要有黏结、橡胶圈连接、螺纹连接。

3. 应用排水塑料管注意的问题

（1）污水连续排放时，水温不大于 40℃，瞬时排放温度不大于 60℃。

（2）受环境温度和污水温度变化而引起长度伸缩，为了消除管道受温度影响而产生的胀缩，通常采用设伸缩节的方法。

二、排水管道附件

1. 存水弯（水封管）

存水弯是设置在卫生器具排水支管上及生产污（废）水受水器泄水口下方的排水附件。其构造有 S 型和 P 型两种。在弯曲段内存有 50~100mm 高度的水柱，称作水封，其作用是阻隔排水管道内的气体通过卫生器具进入建筑内而污染环境。存水弯的最小水封高度不得小于 50mm。当卫生器具的构造已有存水弯时，在排水口以下可不设存水弯。

2. 检查口与清扫口

检查口是一个带盖板的开口短管，安装高度从地面至检查口中心为 1.0m。

清扫口一般设在排水横管上，清扫口顶部与地面相平。横管始端的清扫口与管道垂直的墙面距离不得小于 0.15m。

埋地管道上的检查口应设在检查井内，检查井直径不得小于 0.7m。

3. 通气帽

在通气管顶端应设通气帽，以防止杂物进入管内。

甲型通气帽采用 20 号铁丝编绕成螺旋形网罩，可用于气候较暖和的地区；乙型通气帽采用镀锌铁皮制成，适用于冬季室外温度低于 -12℃的地区，它可避免因潮气结冰霜封闭网罩而堵塞通气口的现象发生。

4. 隔油具

隔油具通常用于厨房等场所。对排入下水道前的含油脂污水进行初步处理。隔油具装在水池的底板下面，亦可设在几个小水池的排水横管上。

5. 滤毛器

理发室、游泳池、浴池的排水中往往携带毛发等，易造成堵塞。

6. 地漏

地漏主要用于排除地面积水，通常设置在地面易积水或需经常清洗的场所。

第三节 卫生器具

一、卫生器具的类型

（一）便溺用卫生器具及冲洗设备

1. 大便器

（1）蹲式大便器

用于防止接触传染病的医院厕所内，采用高位水箱或带有破坏真空的延时自闭式冲洗阀进行冲洗。接管时需配存水弯。如盘形冲洗式蹲式大便器。

（2）坐式大便器：采用低位水箱冲洗，其构造本身带有存水弯。按冲洗原理分冲洗式和虹吸式两种。虹吸式有喷射虹吸式坐便器和旋涡虹吸式坐便器。无线电遥控温水洗净坐便器。

2. 大便槽

采用集中冲洗水箱或红外数控冲洗装置冲洗。槽底坡度不小于 0.015，大便槽末端应设高出槽底 15mm 的挡水坝，在排水口处应设水封装置，水封高度不应小于 50mm。

3. 小便器及小便槽

（1）小便器

冲洗采用手动启闭截止阀或自闭式冲洗阀冲洗，成组布置的小便器采用红外感应自动冲洗装置、光电控制或自动控制的冲洗装置进行冲洗。

（2）小便槽

采用手动启闭截止阀控制的多孔冲洗管进行冲洗，但应尽量采用自动冲洗水箱。

4. 冲洗设备

便溺用卫生器具必须设置具有足够的冲洗水压的冲洗设备，并且在构造上具有防止回流污染给水管道的功能。

（1）冲洗水箱

自动虹吸冲洗水箱（利用虹吸原理进行定时冲洗）、套筒式手动虹吸冲洗水箱（拉杆大便器用）、提拉盘式手动虹吸冲洗低水箱（座式）、手动水力冲洗低水箱（座式）、光电数控冲洗水箱。

（2）冲洗阀

手动启闭截止阀（水便器、水便槽）、延时自闭式冲洗阀（大便器直接安装在冲洗管上，具有节约用水和防止回流污染功能）。

（二）盥洗及沐浴用卫生器具

1.洗脸盆

有墙架式、柱脚式、台式等。

2.盥洗槽

由瓷砖、水磨石构成，槽内靠墙一侧设有泄水沟，污水沿泄水沟流至排水栓。若超过3m设两个排水栓。

3.浴盆

设有水力按摩装置的旋涡浴盆。材质：钢板搪瓷、玻璃钢、人造大理石。样式：裙板式、扶手式、防滑式、坐浴式、普通式。配有混合龙头和固定式或活动式淋浴喷头。

4.淋浴器

按配水阀门和装置的不同，分为普通式、脚踏式、光电淋浴器。

（三）洗涤用卫生器具

1.洗涤盆（池）

材质为陶瓷、不锈钢、钢板搪瓷；安装方式：墙挂式、柱脚式、台式。

2.污水盆（池）

供打扫卫生、洗涤拖布或倾倒污水用。

（四）专用卫生器具

饮水器、妇女卫生盆、化验盆（根据需要可装置单联、双联、三联的鹅颈龙头）。

（五）被限制和淘汰产品的水暖管件

1.被强制淘汰产品

进水口低于水面（低进水）的洁具水箱配件；水封小于5cm的地漏，在所有新建工程和维修工程中禁止使用。

2.被限制使用产品

普通承插口铸铁排水管（手工翻砂刚性接口铸铁排水管）；镀锌铁皮室外雨水管；螺旋升降式铸铁水嘴；铸铁截止阀，在住宅工程的室内部分中不准使用。

二、卫生器具设置定额

地漏的设置：厕所、盥洗室、卫生间，以及需要在地面排水的房间都应设置。地漏应设置在易溢水的器具附近及地面最低处，其顶面标高应低于地面 5~10mm，水封深度不得小于 50mm。

每个卫生间应设置一个 10cm×10cm 规格的地漏。不同场所应采用不同类型的地漏。

三、卫生器具的布置

1. 厨房卫生器具布置

居住建筑内的厨房一般设有单格或双格洗涤盆或污水池（盆）。公共食堂厨房内的洗涤池配有冷热水龙头，冷水龙头中附有皮带水龙头。

2. 厕所卫生器具布置

公共建筑及工厂男女厕所一般应设前室，并应在前室内设有洗脸盆、污水池。高级宾馆还设有自动干手器、固定皂液装置。医院内的厕所应重点考虑防止交叉污染，而尽量不采用坐式大便器；水龙头采用膝式、肘式、脚踏式水龙头。公共厕所内设置水冲式大便槽时，宜采用自动冲洗水箱定时冲洗。

3. 卫生间布置

一般住宅卫生间设有浴盆、坐便器、洗脸盆等三件，对于要求较高的设有妇女卫生盆、挂式小便器。

4. 盥洗间卫生器具布置

标准较高的采用成排洗脸盆，并配有镜子、毛巾架；标准较低的采用瓷砖或水磨石盥洗台或盥洗槽。

5. 公共浴室布置

一般设有淋浴间、盆浴间、男女更衣室、管理间等。女淋浴间不宜设浴池。淋浴间可设无隔断的通间淋浴室或有隔断的单间淋浴室。前者应设有洗脸盆或盥洗台后者设有浴盆、莲蓬头、洗脸盆和躺床。

第四节　排水管道布置与敷设

一、排水管道布置与敷设要求

排水管道布置与敷设要求要满足三个水力要素：管道充满度、流速和坡度。具体要求如下：

1. 管线最短、水力条件好

（1）排水立管应设在最脏、杂质最多及排水量大的排水点，以便尽快地接纳横支管的污水而减少管道堵塞机会。

（2）排水管应以最短距离通向室外。

（3）排水管应尽量直线布置，当受条件限制时，宜采用两个 45° 弯头或乙字弯。

（4）卫生器具排水管与排水横支管宜采用 90° 斜三通连接。

（5）横管与横管及横管与立管的连接宜采用 45° 三（四）通或 90° 斜三（四）通。也可采用直角顺水三通或直角顺水四通等配件。

（6）排水立管与排水管端部的连接，宜采用两个 45" 弯头或弯曲半径不小于 4 倍管径的 90° 弯头。

（7）排出管宜以最短距离通至室外，以免埋设在内部的排水管道太长，产生堵塞、清通维护不便等问题；排水管道过长则坡降大，必须加深室外管道的埋深。排出管与室外排水管道连接时，排出管管顶标高不得低于室外排水管管顶标高，其连接处的水流转角不得小于 90°。当有跌落差并大于 0.3m 时，可不受角度限制。

（8）最低排水横支管连接在排出管或排水横干管上时，连接点距立管底部水平距离不宜小于 3.0m。

（9）当排水立管仅设伸顶通气管（无专用通气管）时，最低排水横支管与立管连接处，距排水立管管底垂直距离不得小于规定。

（10）当建筑物超过 10 层时，底层生活污水应设单独管道排至室外。

2. 便于安装、维修和清通

（1）尽量避免排水管与其他管道或设备交叉。当排出管与给水引入管布置在同一处进出建筑物时，为便于维修和避免或减轻因排水管渗漏造成土壤潮湿腐蚀和污染给水管道的现象，给水引入管与排出管管外壁的水平距离不得小于 1.0m。

（2）管道一般应在地下埋设或敷设在地面上、楼板下明装，如建筑或工艺有特殊要求时，可在管槽、管道井、管沟或吊顶内暗设，但应便于安装和维修。

（3）管道应避免布置在可能受设备振动影响或重物压坏处，因此管道不得穿越生产设备基础。

（4）管道应尽量避免穿过伸缩缝、沉降缝，若必须穿越时应采取相应的技术措施，以防止管道因建筑内部物体的沉降或伸缩受到破坏。

3. 生产及使用安全

（1）排水管道的位置不得妨碍生产操作、交通运输或建筑物的使用。

（2）排水管道不得布置在遇水引起燃烧、爆炸或损坏的原料、产品与设备上面。

（3）架空管道不得布置在居室、食堂、厨房主副食操作间的上方，也不能布置在食品储藏间、大厅、图书馆和对卫生有特殊要求的厂房。

（4）架空管道不得吊设在食品仓库、贵重商品仓库、通风室及配电间内。

（5）生活污水立管应尽量避免穿越卧室、病房等对卫生及安装要求较高的房间，并应避免靠近与卧室相邻的内墙。

（6）管道不得穿过烟道、风道。

（7）当建筑物有防结露要求时，应在管道外壁有可能结露的地方，采取防露措施。

（8）管道穿越地下室外墙或地下构筑物的墙壁处，应采取防水措施。

4.保护管道不受损坏

（1）排水埋地管道，不得布置在可能承受重物施压处或穿越生产设备基础。在特殊情况下，应与有关专业协商处理。

（2）排水管道不得穿过沉降缝、烟道和风道，并不得穿过伸缩缝。当受条件限制必须穿过时，应采取相应的技术措施。

（3）排水管道穿过承重墙或基础时，应预留孔洞。并且管顶上部净空尺寸不得小于建筑物沉降量，一般不宜小于 0.15m。

（4）排水立管穿越楼板时，应设套管，对于现浇楼板应预留孔洞或引入套管，其孔洞尺寸要求比管径大 50~100mm。

（5）在厂房内排水管道最小埋深应符合规定，在铁轨下应采用钢管或给水铸铁管，并且最小埋深不得小于 1.0m。

（6）铸铁排水管在下列情况下，应设置柔性接口。

1）高耸建筑物和建筑高度超过 100m 的建筑物内。

2）排水立管高度在 50m 以上或在抗震设防的 9 度地区。

3）其他建筑在条件许可时，也可采用柔性接口。

（7）排水埋地管道应进行防腐处理。

（8）排水立管应采用管卡固定，管卡间距不得超过 3.0m，管卡宜设在立管接头处；悬空管道采用支架、吊架固定，间距不大于 1.0m。

5.防止水质污染

（1）下列设备和容器不得与污（废）水管道系统直接连接，应采取间接排水的方式：

1）生活饮用水储水箱（池）的泄水管和溢流管。

2）厨房内食品设备及洗涤设备的排水。

3）医疗灭菌消毒设备的排水。

4）蒸发式冷却器、空气冷却塔等空调设备的排水。

5）储存食品或饮料的冷藏间、冷藏库房的地面排水和冷风机溶霜水盘的排水。间接排水是指卫生器具或用水设备排出管（口）与排水管道直接相连，中间应有空气间隔断，使排水管出口直接与大气相通，以防水质受到污染。

（2）设备间的排水宜排入邻近的洗涤盆，如不可能时，可设置排水明沟、排水漏斗或容器。

（3）间接排水的漏斗或容器不得产生溅水、溢流，并应布置在容易检查、清洁的位置。

（4）排水管与其他管道共同埋设时，最小水平净距为 1.0~3.0m，垂直净距为 0.15~0.2m 左右。如果排水管平行设在给水管之上，并高出净距 1.5m 以上时，其水平净距不得小于 5.0m。交叉埋设时，垂直净距不得小于 0.4m，并且给水管应设有保护套管。

二、检查口、清扫口和检查井的设置要求

1. 排水立管上应设检查口，其间距不宜大于 10m，当采用机械清通时不宜大于 15m，但在建筑物的底层和顶层必须设置。

2. 立管上检查口的中心距地面的高度一般为 1.0m，与墙面成 15° 夹角。检查口中心应高出该层卫生器具上边缘 0.15m。

3. 立管上如果装有乙字管，则应在乙字管上装设检查口。

4. 在排水横管的直线管段上的一定距离处，应设清扫口，其最大间距符合规定。

5. 当排水横管连接卫生器具数量较多时，在横管起端应设置清扫口。

（1）连接 2 个及以上大便器的排水横管。

（2）连接 3 个及以上卫生器具的排水横管。

6. 在水流转角小于 135° 的污水横管上，应设清扫口。

7. 管径小于 100mm 的排水管道上，设置清扫口的尺寸应与管道同径，管径等于或大于 100mm 的排水管道上设置的清扫口，其尺寸应采用 100mm。

8. 污水立管上的检查口或排出管上的清扫口至室外排水检查井中心的最大长度，按规定确定。

9. 清扫口不能高出地面，必须与地面相平。污水横管起端的清扫口与墙面的距离不得小于 0.15m。

10. 不散发有害气体和大量蒸汽的工业废水排水管道在下列情况下，可在室内设检查井。

（1）在管道转弯或连接支管处。

（2）在管道管径及坡度改变处。

（3）在直线管段上每隔一定距离处（生产废水不宜大于 30m；生产污水不宜大于 20m）。

三、排水沟排水的适用条件及敷设要求

1. 对于不散发有害气体或不产生大量蒸汽的工业废水和生活污水，在下列条件下：

（1）污水中含有大量的悬浮物或沉淀物，需要经常冲洗。

（2）生产设备排水支管较多，用管道连接有困难。

（3）生产设备排水点的位置不固定。

（4）地面需要经常冲洗。

2.食堂、餐厅的厨房、公共浴池、洗衣房、车间等场所多采用排水沟排水。

3.采用排水沟排水时，如果污水中携带纤维或大块物体，应在排水沟与排水管道连接处设格网或格栅。

4.在室内排水沟与室外排水管道连接处应设置水封装置。

5.生活污水不宜在建筑物内设检查井，当必须设置时，应采取密封措施。

四、硬聚氯乙烯管道布置与敷设要求

除符合前面所述的基本要求外，还应符合《建筑排水 UPVC 管道工程技术规程》的规定。

1.管道不宜布置在热源附近，当不能避免并导致管道表面温度大于 60℃时，应采取隔热措施。立管与家用灶具边缘净距不得小于 0.4m。

2.横干管不宜穿越防火分区分隔墙和防火墙；当不可避免时，应在管道穿越墙体处的两侧，采取防火灾贯穿的措施。

3.管道穿越地下室外墙时应采取防渗漏措施。

4.高层建筑中室内排水管道布置应符合下列规定：

（1）立管宜暗设在管道井或管廊内。

（2）立管明设且管径大于或等于 110mm 时，在立管穿越楼板层处采取防止火灾贯穿的措施。如设阻火圈、防火套管。

（3）管径大于或等于 110mm 的明敷排水横支管，当接入管道井、管廊内的立管时，在穿越管道井、管廊壁处应采取防止火灾贯穿的措施。

5.排水立管仅设伸顶通气管时，最低横支管与立管连接处至排出管管底的垂直距离应符合规定。

6.当排水立管在中间层竖向拐弯时，排水支管与横管连接点至立管底部水平距离不得小于 1.5m，排水竖支管与立管拐弯处的垂直距离不得小于 0.6m。

7.伸顶通气管应高出屋面（含隔热层）0.3m，且应大于最大积雪厚度。在经常有人活动的屋面，通气管伸出屋面不得小于 2.0m。伸顶通气管管径不宜小于立管管径，并且最小管径不宜小于 110m。

8.排水立管应设伸顶通气管，顶端应设通气帽。当无条件设置伸顶通气管时，宜设置补气阀。

9.管道设置伸缩节，应符合下列规定：

（1）当层高小于或等于 4m 时，污水立管和通气立管应每层设一个伸缩节；当层高大于 4m 时，其数量应根据管道设计伸缩量和伸缩节允许伸缩量计算确定。

（2）污水横支管、横干管、器具通气管、环形通气管和汇合通气管上无汇合管件的直线管段大于 2.0m 时，应设伸缩节，伸缩节之间最大间距不得大于 4.0m。

10. 伸缩节设置位置应靠近水流汇合管件，并应符合下列规定：

（1）立管穿越楼层处为固定支承且排水支管在楼板之下接入时，伸缩节应设置于水流汇合管件之下。

（2）立管穿越楼板处为固定支承且排水支管在楼板之上接入时，伸缩节应设于水流汇合管件之上。

（3）立管穿越楼层处如不固定支承时，伸缩节可设置于水流汇合管件之上或之下均可。

（4）立管上无排水支管接入时，可按伸缩节设计间距，置于楼层任何部位均可。

（5）横管上设置伸缩节应设于水流汇合管件上游端。

（6）立管穿越楼层处为固定支承时，伸缩节不得固定；伸缩节固定支承时，立管穿越楼层处不得固定。

（7）伸缩节插口应顺水流方向。

（8）埋地或埋设于墙体、砼柱体内的管道不应设伸缩节。

11. 清扫口或检查口设置应符合下列规定：

（1）立管在底层或楼层转弯处应设置检查口，在最冷月平均气温低于 -13℃ 的地区，立管应在最高层距层内顶棚 0.5m 处设置检查口。

（2）立管宜每六层设一个检查口。

（3）在水流转角小于 135° 的横干管上应设检查口或清扫口。

（4）公共建筑内，在连接 4 个及 4 个以上大便器的污水横管上宜设置清扫口。

12. 当排水管道在地下室、半地下室或室外架空布置时，立管底部设支墩或采取固定措施。

第五节　通气管系统

一、伸顶通气管设置条件与要求

1. 生活污水管道或散发有害气体的生产污水管道均应设置伸顶通气管。当无条件设置伸顶通气管时，可设置不通气立管。

2. 通气管应高出屋面 0.3m 以上，并大于最大积雪厚度。通气管顶端应装设风帽或网罩，当冬季采暖温度高于 -15℃ 的地区，可采用铅丝球。

3. 在通气管周围 4m 内有门窗时，通气管口应高出窗顶 0.6m 或引向无门窗一侧。在上人屋面上，通气管口应高出屋面 2.0m 以上，并应根据防雷要求，考虑设置防雷装置。

4. 通气管口不宜设在建筑物挑出部分（如檐口、阳台和雨篷等）的下面。

5. 通气管不得与建筑物的通风道或烟道连接。

二、专用通气系统设置条件与要求

1. 当生活污水立管所承担的卫生器具排水设计流量超过无专用通气立管最大排水能力时，应设置专用通气立管。

2. 专用通气管应每两层设结合通气管与排水立管连接，其上端可在最高层卫生器具上边缘或检查口以上与污水立管的通气部分以斜三通相连接，下端应在最低污水横支管以下与污水立管以斜三通相连接。

三、辅助通气系统设置条件及要求

辅助通气系统由主通气立管或副通气立管、伸顶通气管、环形通气管、器具通气管和结合通气管组成，其通气标准高于专用通气系统。

1. 下列污水管段应设环形通气管：

（1）连接4个及4个以上卫生器具并与立管的距离大于12m的污水横支管。

（2）连接6个及6个以上大便器的污水横支管。

2. 对卫生、安静要求较高的建筑物，其生活污水管道宜设置器具通气管。

3. 通气管与污水管连接，应遵守下列规定：

（1）器具通气管应设在存水弯出口端；环形通气管应在横支管上最始端的两个卫生器具间接出，并应在排水支管中心线以上与排水支管呈垂直或45°连接。

（2）器具通气管、环形通气管应在卫生器具上边缘之上不小于0.15m处，以不小于0.01的上升坡度与通气立管相连。

（3）专用通气立管和主通气立管的上端可在最高层卫生器具上边缘或检查口以上与污水立管的通气部分以斜三通连接，下端应在最低污水横支管以下与污水立管以斜三通相连。

（4）主通气立管每8~10层设结合通气管与污水立管连接。

（5）结合通气管可用H管件替代，H管与通气管的连接点应设在卫生器具上边缘以上不小于0.15m处。

（6）当污水立管与废水立管合用一根通气立管时，H管配件可隔层分别与污水立管和废水立管连接，但最低横支管连接点以下应装设结合通气管。

四、通气管管径的确定

1. 通气管管径应根据污水管排水能力及管道长度确定，一般不宜小于排水管管径的1/2。

2. 通气管长度在50m以上时，其管径应与污水立管管径相同。

3. 两个及两个以上污水立管同时与一根通气立管相连时，应按最大一根污水立管确定通气立管管径，并且不得小于最大一根立管管径。

4.结合通气管不宜小于通气立管管径。

5.当两根或两根以上污水立管的通气管汇合连接时，汇合通气管的断面积应为最大一根通气管的断面面积加上其余通气管断面积之和的 0.25 倍。

6.污水立管上部的伸顶通气管管径可与污水立管管径相同，但在最冷月平均气温低于 -13℃的地区，应在室内平顶或吊顶以下 0.3m 处将管径放大一级。

7.排水系统采用硬聚氯乙烯管时按通气管管径确定。

（1）通气管最小管径应符合要求。

（2）两根及两根以上污水立管同时与一根通气立管相连时，应以最大一根污水立管确定通气立管管径，并且管径不宜小于其余任何一根污水立管管径。

（3）结合通气管当采用 H 管时，可隔层设置。H 管与通气立管的连接点应高出卫生器具上边缘 0.15m。

（4）当生活污水立管与生活废水立管合用一根通气立管，并且采用 H 管为连接管件时，H 管可错层分别与生活污水立管和废水立管间隔连接。但是最低生活污水横支管连接点以下应装设结合通气管。

通气管材可采用塑料管、排水铸铁管、镀锌钢管等。

第六节 高层建筑排水系统

一、普通排水系统

普通排水系统的组成与低层建筑排水系统的组成基本相同，所以又称为一般排水系统。按污水立管与通气立管的根数，分为双管式和三管式两种排水系统。

二、新型排水系统

高层建筑新型排水系统是由一根排水立管和两种特殊的连接配件组成的，所以又称为单立管排水系统。系统中一种配件安装在立管与横支管的连接处，称为上部特制配件。另一种配件是立管转弯处的特制弯头配件，称为下部特制配件。

新型排水系统分混流式排水系统（苏维脱单立管排水系统）、旋流式排水系统（塞克斯蒂阿单立管排水系统）和环流式排水系统（小岛德原配件排水系统）三种。

三、新型排水系统设计与安装

1.排水立管管径应根据立管所承担的卫生器具排水总量确定。

2. 每层排水横支管与立管接入处，应设混流器。

3. 当排水立管需在中间层拐弯或立管底部与总排水横管连接处，应设置跑气器。

第七节　污（废）水抽升与局部污水处理

一、污（废）水抽升

（一）污（废）水抽升设备

离心式水泵是建筑内部污水抽升最常用的设备，主要有潜水泵、液下泵和卧式离心泵。其他还有气压扬液器（卫生要求较高）、射流泵（扬升高度不大于 10 米）等。

水泵的选择主要依据设计流量和扬程。当水泵为自动控制启闭时，水泵设计流量按排水的设计秒流量计算；当水泵为人工控制启闭时，其设计流量按排水的最大小时流量计算。在确定水泵的扬程时，应根据水泵提升管段相应流量下所需的压力与提升高度相加得之。考虑水泵在使用过程中因堵塞而使阻力加大的因素，可增大 1~2kPa，作为安全扬程。

水泵选择注意点：

1. 尽量选用污水泵和杂质泵。当排除酸性或腐蚀性废水时，应选择耐腐蚀水泵。

2. 选泵时应使工作点处于水泵工作高效区，以节省电耗。

3. 污（废）水泵站应设备用机组（一般可备用一台）。

（二）集水池

在集水池前，一般要设置格栅，目的是用来拦截污水中大块悬浮物，以保证水泵安全运行及防止吸水管堵塞。

生活污水集水池不得有渗漏，池壁应采取防腐措施，集水池池底设有不小于 0.01 的坡度，坡向吸水坑，池底应设冲洗管，以防污泥在池中沉淀。集水池应装设水位指示装置和通气管，以便操作管理和排除臭气。

集水池的有效水深（最高水位至最低水位间距）一般为 1.5~2.0m，清理格栅工作平台应比最高水位高出 0.5m。格栅清理分人工清理和机械清理两种。采用人工清理时，其平台宽度不小于 1.2m。为了保证良好的吸水条件，在集水池底部设吸水坑。吸水管喇叭口下缘距集水池最低水位不小于 0.5m，距坑底不小于喇叭进口直径的 0.8 倍，集水池工作平台四周应设保护栏，从平台到池底应设有爬梯。

二、生活污水的局部处理

当建筑内部排出的污（废）水的水质达不到排入市政排水管道或排放水体的标准时，

应在建筑内部或附近设置局部处理构筑物处理。

（一）化粪池

化粪池是较简单的污水沉淀和污泥消化处理的构筑物，它是一种利用沉淀和厌氧发酵原理去除生活污水中悬浮性有机物的最初级处理构筑物。当建筑物所在的城镇或小区内没有集中的污水处理厂时，建筑物排放的污水在进入水体或市政排水管道前，目前一般采用化粪池进行简单处理。

生活污水中含有大量粪便、纸屑、病原虫等杂质，污水进入化粪池经过沉淀，沉淀下来的污泥经过厌氧消化，使污泥中的有机物分解成稳定的无机物，污泥需要定期清掏。污泥经化粪池发酵后可以做肥料。

污水在化粪池中的停留时间是影响化粪池的出水的重要因素，污水的停留时间为12～24h。污泥清掏周期是指污泥在化粪池内平均停留时间，一般不少于90d。

为了减少污水腐化污泥的接触时间及便于污泥清掏，一般分为双格或三格。又有单池和双池之分，有覆土和不覆土的。

化粪池宽度不得小于0.75m，长度不得小于1.0m，深度不得小于1.3m（深度系指从溢流水面到化粪池底的距离）。化粪池的直径不得小于1.0m，在其进口处应设置导流装置，格与格之间和化粪池出口处应设置拦截污泥浮渣的设施。化粪池格与格之间和化粪池与进口连接井之间应设通气孔洞。

化粪池的设置位置应便于清掏，宜设于建筑物背大街侧，靠近卫生间，不宜设在人经常停留的场所。化粪池距离地下取水构筑物不得小于30m，离建筑物净距不宜小于5m，距生活饮用水储水池应有不小于10m的卫生防护净距。

（二）降温池

温度高于40℃的污（废）水，排入城镇排水管道前应采取降温措施。一般宜设降温池，其降温方法主要为二次蒸发，通过水面散热添加冷却水的方法，以利用废水冷却降温为好。

对温度较高的污（废）水，应考虑将其所含热量回收利用，然后再采用冷却水降温的方法，当污（废）水中余热不能回收利用时，可采用常压下先二次蒸发，然后再冷却降温。

降温池一般设于室外，如设于室内，水池应密闭，并应设置入孔和通向室外的通气管。

（三）隔油池（井）

肉类加工厂、食品加工厂、饮食业、公共食堂等含有较多的食用油脂污水和汽车修理间及汽车洗车含有少量轻质油的污水需要进行隔油处理。为了使积留下来的油脂有重复利用的条件，粪便污水和其他污水不得排入隔油池内。

隔油池（井）内存油部分的容积不得小于该池（井）有效容积的25%，清掏周期不宜大于6d，以免污水中有机物因发酵产生臭味而影响环境卫生。

对携带杂质的含油污水，应在隔油池（井）内设有沉淀部分容积，以保证隔油效果。

含有轻质油的污水隔油池（井）的排出管至井底深度不宜小于0.6m，并设活动盖板以便维修。对处理水质要求较高时，可采用两级隔油池（井）。

采用小型隔油具应安装在污水排出设备下部。

（四）小型沉淀池与沉砂池

对水泥厂、砼预制构件厂、洗煤厂、铸造厂等工业企业排出含有大量的悬浮物质的污水，在排入城市地下水道之前应设置沉砂池或沉淀池，用以去除较大颗粒杂质。

1. 沉淀池

水中悬浮颗粒依靠重力作用从水中分离出来的过程称为沉淀。

小型沉淀池常用的有平流式和竖流式两种形式。

2. 沉砂池

主要作用是去除污水中密度较大的无机性悬浮物，如砂粒、煤渣等。排砂可采用斗底带闸门的排砂管的重力排砂法，也可采用射流泵、螺旋砂排砂的机械排砂法。污水在沉砂池中停留时间不少于30s(一般采用30~60s)。

第十章 空调系统

第一节 空调系统的分类

一、空调系统

1. 按建筑环境控制功能分类

（1）以建筑热湿环境为主要控制对象的系统。主要控制对象为建筑物室内的温湿度，属于这类系统的有空调系统和供暖系统。

（2）以建筑内污染物为主要控制对象的系统。主要控制建筑室内空气品质，如通风系统建筑防烟排烟系统等。

上述两大类的控制对象和功能互有交叉。如以控制建筑室内空气品质为主要任务的通风系统，有时也可以有供暖功能，或除去余热和余湿的功能；而以控制室内热湿环境为主要任务的空调系统也具有控制室内空气品质的功能。

2. 按承担室内热负荷、冷负荷和湿负荷的介质分类

以建筑热湿环境为主要控制对象的系统，根据承担建筑环境中的热负荷、冷负荷和湿负荷的介质不同可以分为以下五类。

（1）全水系统——全部用水承担室内的热负荷和冷负荷。当为热水时，向室内提供热量，承担室内的热负荷，目前常用的热水供暖即为此类系统；当为冷水（常称冷冻水）时，向室内提供冷量，承担室内冷负荷和湿负荷。

（2）蒸汽系统——以蒸汽为介质，向建筑供应热量。可直接用于承担建筑物的热负荷，例如蒸汽供暖系统、以蒸汽为介质的暖风机系统等；也可以用于空气处理机中加热、加湿空气；还可以用于全水系统或其他系统中的热水制备或热水供应的热水制备。

（3）全空气系统——全部用空气承担室内的冷负荷、热负荷。例如，向室内提供经处理的冷空气以除去室内显热冷负荷和潜热冷负荷，在室内不再需要附加冷却。

（4）空气-水系统——以空气和水为介质，共同承担室内的冷负荷、热负荷。例如，以水为介质的风机盘管向室内提供冷量或热量，承担室内部分冷负荷或热负荷，同时，有一新风系统向室内提供部分冷量或热量，从而又满足室内对室外新鲜空气的需要。

（5）冷剂系统——以制冷剂为介质，直接用于对室内空气进行冷却、去湿或加热。实质上，这种系统是用带制冷机的空调器（空调机）来处理室内的负荷，所以，这种系统又称机组式系统。

3. 按空气处理设备的集中程度分类

以建筑热湿环境为主要控制对象的系统，又可以按对室内空气处理设备的集中程度来分类，可分为以下三类。

（1）集中式空调系统

集中式空调系统的所有空气处理机组及风机都设在集中的空调机房内，通过集中的送、回风管道实现空调房间的降温和加热。集中式空调系统的优点是作用面积大，便于集中管理与控制。其缺点是占用建筑面积与空间，且当被调房间负荷变化较大时，不易进行精确调节。集中式空调系统适用于建筑空间较大、各房间负荷变化规律类似的大型工艺性和舒适性空调。

集中式空调系统是典型的全空气系统，广泛应用于舒适性或工艺性空调工程中，例如商场、体育场馆、餐厅及对空气环境有特殊要求的工业厂房中。它主要由五部分组成：进风部分、空气处理设备、空气输送设备、空气分配装置、冷热源。

（2）半集中式空调系统

半集中式空调系统除设有集中空调机房外，还设有分散在各房间内的二次设备（又称末端装置），其中多半设有冷热交换装置（也称二次盘管），其功能主要是处理那些未经集中空调设备处理的室内空气，例如风机盘管空调系统和诱导器空调系统就属于半集中式空调系统。半集中式空调系统的主要优点是易于分散控制和管理，设备占用建筑面积或空间少、安装方便。其缺点是无法常年维持室内温湿度恒定，维修量较大。这种系统多用于大型旅馆和办公楼等多房间建筑物的舒适性空调。

（3）分散式空调系统

分散式空调系统是将冷热源和空气处理设备、风机及自控设备等组装在一起的机组，分别对各被空调房间进行空调。这种机组一般设在被调房间或其邻室内，因此，不需要集中空调机房。分散式系统使用灵活、布置方便，但维修工作量较大，室内卫生条件有时较差。

集中式空气调节系统的组成：

（1）进风部分

空气调节系统必须引入室外空气，常称"新风"。新风量的多少主要由系统的服务用途和卫生要求决定。新风的入口应设置在其周围不受污染影响的建筑物部位。新风口联通新风道、过滤网及新风调节阀等设备，即为空调系统的进风部分。

（2）空气处理设备

空气处理设备包括空气过滤器、预热器、喷水室（或表冷器）、再热器等，是对空气进行过滤和热湿处理的主要设备。它的作用是使室内空气达到预定的温度、湿度和洁净度。

（3）空气输送设备：

它包括送风机、回风机、风道系统，以及装在风道上的调节阀、防火阀、消声器等设备。它的作用是将经过处理的空气按照预定要求输送到各个房间，并从房间内抽回或排出一定量的室内空气。

（4）空气分配装置

它包括设在空调房间内的各种送风口和回风口。它的作用是合理组织室内空气流动，以保证工作区内有均匀的温度、湿度、气流速度和洁净度。

（5）冷热源

除了上述四个主要部分以外，集中空调系统还有冷源、热源及自动控制和检测系统。空调装置的冷源分为自然冷源和人工冷源。自然冷源的使用受到多方面的限制。人工冷源是指通过制冷机获得冷量，目前主要采用人工冷源。

空调装置的热源也可分为自然热源和人工热源两种，自然热源是指太阳能和地热能，它的使用受到自然条件的多方面限制，因而应用并不普遍。人工热源是指通过燃煤、燃气、燃油锅炉或热泵机组等所产生的热量。

4. 按用途分类

以建筑热湿环境为主要控制对象的空调系统，按其用途或服务对象不同，可以分为以下两类。

（1）舒适性空调系统

舒适性空调系统简称舒适空调，为室内人员创造舒适健康环境的空调系统。舒适健康的环境令人精神愉快、精力充沛，工作学习效率提高，有益于身心健康。办公楼、旅馆、商店、影剧院、图书馆、餐厅、体育馆、娱乐场所、候机或候车大厅等建筑中所用的空调都属于舒适空调。由于人的舒适感在一定的空气参数范围内，所以这类空调对温度和湿度波动的要求并不严格。

（2）工艺性空调系统

工艺性空调系统又称工业空调，为生产工艺过程或设备运行创造必要环境条件的空调系统，工作人员的舒适要求有条件时可兼顾。由于工业生产类型不同、各种高精度设备的运行条件也不同，因此，工艺性空调的功能、系统形式等差别很大。例如，半导体元器件生产对空气中含尘浓度极为敏感，要求有很高的空气净化程度；棉纺织布车间对相对湿度要求很严格，一般控制在 70%~75%；计量室要求全年基准的温度为 20℃，波动为 ±1℃；高等级的长度计量室要求（20±0.2）℃；Ⅰ级坐标镗床要求环境温度为（20±1）℃；抗生素生产要求无菌条件等等。

5. 以建筑内污染物为主要控制对象分类

（1）按用途分类

1）工业与民用建筑通风——以治理工业生产过程和建筑中人员及其活动所产生的污染物为目标的通风系统。

2）建筑防烟和排烟——以控制建筑火灾烟气流动，创造无烟的人员疏散通道或安全区的通风系统。

3）事故通风以排除突发事件产生的大量有燃烧、爆炸危害或有毒气体、蒸气的通风系统。

（2）按通风的服务范围分类

1）全面通风——向某一房间送入清洁新鲜空气，稀释室内空气中污染物的浓度，同时，把含污染物的空气排到室外，从而使室内空气中污染物的浓度达到卫生标准的要求。这种通风也称为稀释通风。

2）局部通风——控制室内局部地区污染物的传播或控制局部地区污染物浓度达到卫生标准要求的通风。

二、暖通空调基本概念

1. 暖通空调的发展历史

人类为了抵御严寒和酷暑，很早以前就采取了各种各样的办法，如生火取暖、凿窖储冰降温。随着工业的发展和科学技术的进步，孕育形成了一门重要的环境调控与保障技术——暖通空调技术，人类真正能够随心所欲地控制自己居住的气候（热湿）环境了。

在改善建筑环境条件方面，人类经历了一个漫长的探索、实践与经验积累过程。西安半坡遗址，发现有长方形灶炕，屋顶有小孔用以排烟，还有双连灶形的火炕，这就是说，在新石器时代仰韶时期就有了火炕供暖。在夏、商、周时代就有了火炉供暖。北京故宫中还完整地保留着火地供暖系统，也可以说是以烟气为介质的辐射供暖。目前北方农村中还普遍应用着古老的供暖设备与系统火炕、火炉、火墙。采用炉灶烧水产生蒸汽，用以加湿室内空气可以缓解空气的干燥状况：通过放置石灰之类的吸湿物质以防止室内物品受潮霉变。我国早在明朝时代就已在皇宫中开创了应用火地形式的烟气供暖系统及手拉风扇装置等，如今在北京故宫、颐和园中尚可觅其踪影。凡此种种，对于改善居住环境均不失为一种简便、有效的方法，这意味着一种初级的建筑环境控制技术已在逐步形成。

随着社会的进步，社会生产力和科学技术不断发展，一方面人类对建筑环境控制的能力已大大增强，另一方面人类的生活日趋丰富多彩，要求从更高层次上能动地控制建筑环境，以满足人们生活、工作、生产和科学实验等活动过程对室内环境不断提出的新需求。

在此背景下，针对多变的室内外环境因素干扰，侧重于改善建筑内部热湿环境和空气品质的建筑环境控制与保障技术——暖通空调技术势必逐步形成和发展起来。

19 世纪后半叶，欧、美发达国家的纺织工业迅速发展，生产工艺对室内空气温度、湿度及洁净度等提出了较为严格的要求，暖通空调技术也首先在这类工业领域得以应用。此后，直至 20 世纪初，在大量实践、总结和理论研究的基础上，它作为相对独立的一个工程技术学科分支已初步形成。20 世纪 20 年代，伴随压缩式制冷机的加速发展，暖通空调技术开始大量应用于以保证室内环境舒适为目的的公共建筑、商用建筑的环境控制中。

直到第二次世界大战以后，随着各国的经济复苏，暖通空调技术才逐步走上蓬勃发展之路。

新中国成立后，供暖通风与空调技术才得到迅速的发展。20世纪50年代，迎来了工业建设的第一次高潮，苏联对我国援建了156项工程，同时带来了他们的供暖通风与空调技术和设备。这时建设在东北、西北、华北的厂房、工厂辅助建筑、职工住宅宿舍、职工医院、俱乐部等都采用了集中的供暖系统（大多是蒸汽供暖）。一些大型企业（如第一汽车厂）还采用了热电联供。但是，由于经济的原因，当时新建的住宅中还大量采用了经过改进的火炉、火墙、火炕等烟气供暖系统。污染严重的车间都装有除尘系统、机械排风和进风系统；高温车间的厂房设计考虑了自然通风。工艺性空调也得到了发展，例如在大工厂中都建有恒温恒湿的计量室，纺织工厂设有以湿度控制为主的空调系统。在这段时期建立了供暖、通风和制冷设备的制造厂，主要是仿制苏联产品，生产所需的供暖、通风和制冷产品，如暖风机、空气加热器、除尘器、过滤器、通风机、散热器、锅炉、制冷压缩机及辅助设备等。当时基本上没有空调产品和专门供空调用的制冷设备。为了培养供暖、通风、空调技术方面的人才，相继在哈尔滨工业大学、清华大学、同济大学、天津大学、太原工学院、重庆建筑工程学院和湖南大学八所院校设置了"供热、供燃气与通风"专业，完全按苏联的模式进行培养。

20世纪六七十年代，我国经济建设走"独立自主，自力更生"的发展道路，从而形成了供暖通风空调技术发展的时代特点，从仿制苏联产品转向自主研发。这段时期热水供暖得到快速的发展，过去采用的蒸汽供暖系统逐步被热水供暖系统所代替。城镇供暖的集中供暖的发展也很快。20世纪70年代末，东北、西北、华北地区集中供暖面积已达1124.8万平方米。该时期电子工业发展迅速，从而促进了洁净空调系统的发展，先后建成了十万级、万级、100级的洁净室。

舒适性空调也有一些应用，主要应用在高级宾馆、会堂、体育馆、剧场等公共建筑中。采暖通风与空调设备的制造业也有相应的发展，独立开发了我国自己设计的系列产品，如4-72-11通风机、SRL型空气加热器、钢板或模压散热器、钢管串片散热器、各种类型除尘器等。由于热水供暖的发展也促进了热水锅炉产品的发展，1969年我国生产了第一台2.9MW热水锅炉，以后陆续有新的热水锅炉问世。而且还开发了汽水两用炉，满足工厂同时需要热水（供暖）和蒸汽（工艺用）的要求。在这段时期，也开发了一些空调产品，如JW型组合式空调机、恒温恒湿空调机、热泵型恒温恒湿式空调机、除湿机、专为空调用的活塞式冷水机组等。1975年颁布了《工业企业采暖通风和空气调节设计规范》（TJ19—75），从而结束了供暖通风与空调工程设计无章可循的历史。这规范也体现了我国专业工作者的一部分研究成果。

20世纪八九十年代是供暖通风与空调技术发展最快的时期。这个时期是我国经济转轨时期，为供暖通风与空调技术提供了广阔的市场。以空调来说，从原来主要服务工业转向民用。从南到北的星级宾馆都装有空调，最简易的也装有分体式或窗式空调器。商场、娱乐场所、餐饮店、体育馆、高档办公楼中普遍设有空调，而且空调器也陆续进入家庭。

从国家统计局获悉，2000 年我国房间空调器生产了 1826 万台，2003 年生产了 4821 万台，而到 2008 年已生产了 8307 万台，发展速度可见一斑，而从房间空调器销售量看 1995 年仅为 480 万台，2000 年增加到 1050 万台，2005 年为 2656 万台，而到 2007 年国内空调市场的总销售量猛增到 6878 万台，也足以说明空调发展速度之快。近半个世纪以来，暖通空调技术进入持续发展期，其进程可概括为三个重要阶段，各阶段的主要特征是：伴随战后建筑业，特别是高层建筑的蓬勃发展，在空调方式上引起一系列重大变革；以 20 世纪 70 年代"能源危机"为契机，全面推进以节能为中心的技术研究与开发；近年来以跨世纪"可持续发展观"为指导，谋求节能、环保与社会经济的健康、协调发展。在各个发展阶段，欧美发达国家、日本、苏联和中国都先后取得了许多举世瞩目的成就。

2. 暖通空调的含义

暖通空调是指建筑内部环境在"热""湿"及"污染物"干扰条件下的调控技术，这里的"建筑内部环境"一词限指特定建筑空间内部围绕人的生存与发展所必需的全部物质世界。暖通空调技术领域侧重研究室内热（湿）环境与空气品质等物理环境，并未涵盖建筑环境质量的全面控制问题。

3. 建筑环境控制的基本方法

建筑物内部环境质量的好坏及污染物量的相对平衡总是受到室内外两种干扰因素的影响，即自然环境和人员、照明、设备及工艺过程等热、湿及其他污染源的综合影响。建筑环境控制的基本方法就是根据污染物类别、数量的不同和室内环境质量的不同要求，分别应用供暖（冷）、通风或空气调节这类技术来调控各种干扰，进而在建筑物内建立并维持一种具有特定使用功能且能按需调控的"人工环境"。这里所说的"污染物类别"，可以是"热""湿"及"其他有害物，如粉尘、有害气体等"。

在暖通空调技术的应用中，通常需借助相应的系统来实现对建筑环境的控制。所谓"系统"，即由若干设备、构件按一定功能、序列集合而成的总体，其广义概念中尚应包括受控的环境空间。建筑环境空间任何时刻的进出风量、水量、热量、湿量以及各种污染物量，总会自动地达到平衡状态。暖通空调系统正是借助对相关参数与负荷的调控，消除各种干扰因素，在确保预期室内状态的条件下维持上述储量的动态平衡。以下分别简述建筑环境领域的供暖、供冷、通风与空气调节技术的概念、原理及主要分类。

（1）供暖

供暖，又叫作"采暖"，就是用人工方法向室内供给热量，保持一定的室内温度，以创造适宜的生活或工作环境的技术。当建筑物室外温度低于室内温度时，房间通过围护结构及通风通道会造成热量损失，供暖系统的功能则是将热源产生的热媒经输热管道送至用户，通过补偿这些热损失使其达到维持室内温度数在要求的范围内。

供暖主要采用辐射或对流等形式，使空间内的温度达到设计要求。

供暖系统有多种分类方法，常用的按热媒种类分为热水采暖、蒸汽采暖和热风采暖三种。热源可以选用各种锅炉、热泵、热交换器或各种取暖器具。散热设备包括各种结构、材质的散热器（暖气片）、空调末端装置以及各种取暖器具。用能形式则包括耗电、燃煤、燃油、燃气或建筑废热与太阳能、地热能等自然能利用。

（2）通风

通风的实质就是给室内送入新鲜空气，排出污浊空气，保持室内有害物浓度在一定的卫生要求范围内的技术手段。通风的主要任务是控制室内空气污染物，保证其良好的空气品质。

通风通常是以空气作为工作介质，采用换气方式，主要针对室内热（湿）环境（由温度、湿度及气流速度所表征）和室内外空气污染物浓度进行适当调控，以满足人类各种活动需求的一种建筑环境控制技术。通风从古代的手摇扇手动通风发展到了机械通风，这也给空气调节系统的发展创造了基本的条件，而后通风从机械通风到多元通风，进而又开始自然通风在建筑物中的利用，近年来置换通风的研究及发展同样伴随着空气调节的进步。

通风系统同样可分为多种类型。例如，一般可按其作用范围分为局部通风和全面通风；按工作动力分为自然通风和机械通风：按介质传输方向分为送（或进）风和排风：还可按其功能、性质分为一般（换气）通风、工业通风、事故通风、消防通风和人防通风等等。某些严重污染的工业厂房和特种（如人防）工程的通风系统可能需要配备专用设备与构件，对空气的处理也有较严格或特殊的要求。

（3）空气调节

空调之父凯利对空气调节的定义是："一套科学的空调系统必须具备四项功能，即控制温度、控制湿度、控制空气循环与通风和净化空气。"所以空气调节是指通过一定的技术手段来对某一特定空间内的温度、湿度、洁净度和空气流动速度进行调节和控制，以满足人体舒适和工艺过程要求的一种建筑环境控制技术。随着现代技术的发展，空气调节已涉及环境压力、病菌、气味、噪声和气体成分等方面的调节。

空调系统一般由被调查对象、空气处理设备、输配管网、冷热源和自动控制系统组成。空调设备种类繁多，按照结构形式可分为组合式、整体式及其他小型末端空调器等。冷热源又分为天然冷源和人工冷源。

空气调节按照服务对象不同可分为舒适性空调和工艺性空调两大类：

1）舒适性空调

即主要为满足人体舒适性要求的空气调节技术，要求温度适宜，环境舒适，对温度、湿度的调节精度无严格要求，如住房、办公室、影剧院、商场、体育馆、候机（车）室、汽车、船舶、飞机等。

2）工艺性空调

即主要为满足生产或其他工艺过程要求而进行的空气调节技术，根据工艺不同，有的侧重于温度，有的侧重于湿度，有的侧重于空气洁净度，提出一定的调节精度要求，如精密仪器生产车间、纺织厂、净化厂房、电子器件生产车间、计算机房、生物实验室等。

4. 暖通空调技术的发展趋势

展望 21 世纪暖通空调技术的发展，是以"节约能源、保护环境和获取趋于自然条件的舒适健康环境"为发展的总目标。节约能源仍将是保护环境、促进暖通空调发展的核心，而空调系统与设备的变革以及运行管理的节能与品质的提高，则是深入发展的方向。从某种意义上来说，现代暖通空调技术的发展，既是节能技术、空调技术的发展过程，又是一个环境控制不断加强、精准、深入深化的过程。现代暖通空调有两个发展方向：一是走可持续发展之路，二是充分利用信息技术和自动控制技术。这两方面并不是孤立的，而是相互促进、相互制约的。暖通空调技术走可持续发展之路要求充分利用信息技术和自动控制技术，充分利用信息技术和自动控制技术为暖通空调技术走可持续发展之路提供了保障。因此，下面四个方面应是今后研究和发展的重点。

（1）节能与能源的合理利用

建筑环境质量的保障总是要以资源、能源的巨额消费为代价。在一些发达国家，建筑能耗已占到全国总能耗的 30%~40%，而其中大约 2/3 则消耗在暖通空调系统中。能源是社会发展的重要物质基础，节能早已成为全世界共同关注的带战略性的根本问题。目前，我国供暖空调所消耗的能源总量已超过一次能源总量的 20%，我国一次能耗总量约占世界总耗量的 11%。尽管目前人均耗量仅为世界人均耗量的 1/2，但若达到世界人均耗量水平，也将对世界能源带来严重的影响。因此，一方面要不断提高空调产品的性能，降低能源消耗，更重要的是要促进利用余热、自然能源和可再生能源的产品等开发与应用。应优先采用蒸发冷却和溶液除湿空调等自然冷却方式。另一方面，要认真研究制冷空调所采用的能源结构，特别是民用及商用空调大量使用以来，负荷的不均衡性，对电力供应带来的严重影响。这样不但要大力提倡蓄能空调产品的研制与应用，更重要的是要研究天然气在空调工程中的合理利用问题。

热泵具有合理利用高品位能量，综合能源效率高；环保效益好：夏季可以供冷，冬季可以供暖，一机两用，设备利用率高，使用灵活，调节方便等特点。因此，我国热泵空调发展迅速，100kW 以下的中小型空调装置中，热泵占 50% 以上。同时，人们不断深入研究低温热源热泵效率的提高、各种低品位能源的利用（包括热回收）等问题，并取得良好效果，各种地源热泵空调的研究与应用就是一个实证。我国在使用热泵对节能与环保方面带来了明显效果，今后应大力发展热泵技术。

（2）关注室内空气品质

20 世纪 70 年代，一些西方国家出于节能的需要，一度采取尽可能增强建筑密闭性、降低空调设计标准和减少新风供应量等措施，试图抑制暖通空调能耗的增长。建筑及其环境系统设计、管理方面的诸多失误及其他一些不明因素导致室内环境污染日趋严重，从而危及居住者的身体健康，甚至酿成 1976 年美国费城"军团病事件"之类的悲剧。有鉴于此，建筑环境的热舒适与室内空气品质（IAQ）问题很快成为国际关注的焦点，吸引着众多学者投身于这一研究行列。近年来对 IAQ 问题的研究表明，现代建筑中室内装饰及设备、用具广泛应用有机合成材料，其所散发的大量挥发性有机化合物（VOC）和其他途径散发的 CO_2、CO、甲醛、氡、细菌等，构成对人体健康最具威胁的室内低浓度污染物。人们长期生活在这种换气不良的低浓度污染环境里，会不同程度地出现头痛、恶心、烦躁、神经衰弱及眼、鼻、喉发炎等症候群，人们称之为"病态建筑综合症"（SBS）。迄今，针对 VOC 污染和 SBS 等环境问题，我们已陆续提出了一些有效的治理措施。

（3）加强自动控制技术在暖通空调行业的应用

建筑环境控制系统绿色化建设的关键性技术支撑在于建筑自动化（BA），尤其是暖通空调等建筑设备与系统的能源管理自动化。自 20 世纪 70 年代以来，微电子工业、计算机工业以及计算机图像显示（CRT）、通信、网络等高新科技相继取得快速发展，这有力地推动着暖通空调自动化的进程：计算机辅助设计（CAD）和人工智能技术（包括控制和管理）是研究和应用的重点，今后，一方面应十分关注和促进实现包括分析计算、设计、制图为一体化的 CAD 技术体系，服务于工程设计，它将计算机高速、准确地计算、大容量信息存储及数据处理能力与设计者的综合分析、逻辑判断以及创造性思维能力有机地结合起来，不仅显著提高工作效率，使工程技术人员从传统烦琐的手工劳动中解放出来，而且推动暖通空调系统的动态特性模拟、能耗分析及多方案综合比较，进而为实现其系统的最优化设计与运行管理提供有力的技术保证。微型计算机应用的一个十分重要的方面是利用其强大的功能，代替常规的模拟调节器对暖通空调等众多建筑设备与系统，实施复杂的、可靠的监督、控制与调节，从而成为提高建筑能源及综合自动化管理水平的有力工具。微型计算机控制的典型应用方式包括数据采集和处理、直接数字控制（DDC）系统、监督控制（SCC）系统和分级分布式控制系统（简称集散系统），其中分级分布式控制系统对于规模庞大、结构复杂、功能综合、因素众多的建筑自动化管理系统是最为理想的大系统综合控制方案，代表了当今建筑自动化发展的世界先进水平。

（4）加强标准化建设

我国已加入世界贸易组织（WTO），对暖通空调制冷行业来说，在外贸出口的扩大和外商直接投资进一步增加等方面均将带来积极的影响。我们应充分认识到，技术法规和标准是提高生产效率、保证产品质量和推进国际贸易必不可少的手段和依据。对于空调行业来说，虽然已经制定了相当数量的产品标准、测试标准和设计及施工验收规范，在标准化工作上取得了很大成绩，但因种种原因，标准水平参差不齐，标准体系有待进一步完善。因此，加强标准化建设也是空调行业的重要任务。我们应积极采用国际标准和国外先进标准。制定符合我国国情的标准，同时要有利于提高产品质量和促进国际贸易，以及保护国家利益。

5. 暖通空调的任务、地位、作用及与其他课程的联系

（1）任务

暖通空调的任务就是要向室内提供冷量或热量，并稀释室内的污染物，以保证室内具有舒适的气候环境和良好的空气品质，满足人们的生活、工作、生产与科学实验等活动对

环境品质的特定要求。

本课程的任务是使学生了解和掌握控制建筑环境的温度、湿度、污染物浓度、空气流动速度等的各种系统以及与系统相关的设备、构件的工作原理、特性和选用方法。掌握室内环境控制理论与技术，培养学生具有一般民用和工业建筑暖通空调系统的设计基本能力。

在工程上，将只实现空气温度调节和控制的技术手段称为供暖或供冷，将只实现空气的清洁度处理和控制并保持有害物浓度在一定的卫生要求范围内的技术手段称为通风。就其实质而言，供暖、供冷及通风都是对内部空间环境进行调节和控制，只是在调节和控制的要求上及在空气环境参数调节的全面性方面有别而已。此外，用来控制、调节空气温度、湿度的冷（热）源可能是人工的，也可能是天然的。

（2）地位与作用

《暖通空调》课程是建筑环境与设备工程专业的一门主干专业课，是建筑环境与设备工程专业学生的必修课程。本课程专业知识广泛，实践应用性强，在国内外同类课程中占有重要地位。

暖通空调对国民经济各部门的发展和对人民物质文化生活水平的提高具有重要作用。在工艺性空调中，为了保证产品的质量和必要的工作条件，形成了各具特点的部门。有以高精度、恒温、恒湿为特征的精密机械及仪器制造业，在这些工业生产过程中，为避免元器件由于温度变化产生胀缩及湿度过大引起表面锈蚀，对空气的温度和相对湿度有严格规定，如：$20℃ \pm 0.1℃$，$50\% \pm 5\%$；有对空气的洁净度有高度要求的电子工业，它除了对空气的温度、湿度有一定要求外，还对室内空气的洁净度有严格要求，如对超大规模集成电路的某些工艺过程，空气中悬浮粒子的控制粒径已降低到 $0.1\mu m$，并规定每升空气中等于和大于 $0.1\mu m$ 的粒子总数不得超过一定的数量；在纺织工业中，如在合成纤维工业、锦纶生产厂的多数工艺过程要求相对湿度的控制精度在 $\pm 2\%$；此外，如胶片、光学仪器、造纸、橡胶、烟草等工业也都有一定的温湿度控制要求：作为工业中常用的计量室、控制室及计算机房等，均要求有比较严格的空气调节工艺；药品、食品工业以及生物实验室、医院病房及手术室等，不仅要求一定的空气流通度、湿度，而且要求控制空气的含尘浓度及细菌数量；在通信、航天飞行中的座舱、飞机、轮船等地点均需采用空气调节技术；同时，在公共及民用建筑中，装有空调的大会堂、图书馆、商店、宾馆与酒店、展览馆、音乐厅、影剧院、办公楼、民用住宅更是到处可见。随着国民经济的发展和人民生活水平的不断提高，暖通空调的应用将更加广泛，暖通空调的发展前景更为广阔，一些新的领域还有待人们去开拓。

第二节　全空气系统

全空气系统是完全由空气来承担房间的冷热负荷的系统。一个全空气空调系统通过输送冷空气向房间提供显热冷量和潜热冷量，或输送热空气向房间提供热量，对空气的冷却、去湿或加热、加湿处理完全由集中于空调机房内的空气处理机组来完成，在房间内不再进行补充冷却；对输送到房间内空气的加热可在空调机房内完成，也可在各房间内完成。全空气空调系统的空气处理基本上集中于空调机房内完成，因此，常称为集中空调系统。集中空调系统的机房一般设在空调房间外，如地下室、屋顶间或其他辅助房间。一个全空气集中空调系统可以为一个或多个房间服务，也可为房间内某些区域服务。其实全空气空调系统根据不同的特征还可以进行如下分类：按送风参数的数量来分类；按送风量是否恒定来分类；按所使用空气的来源分类。

1. 焓湿图及其应用

全空气系统或空气 - 水系统为实现房间内的空气达到设定的温湿度条件，必须对空气进行各种处理，所有这些处理过程和不同状态的空气送入房间后的变化过程的分析、计算都离不开湿空气的焓湿图。在"工程热力学"课程中已对焓湿图的绘制及应用作了详细的阐述。本节只就焓湿图的构成及空调中常见的空气状态变化过程在焓湿图上的表示很简单的回顾，以便读者容易明白本书中应用焓湿图进行的有关分析。

（1）湿空气的焓湿图

图 10-1 为湿空气焓湿图（部分）的示意图。该图是以 1kg 干空气的湿空气为基准绘制的。不同大气压的焓湿图是不同的。当地大气压与之相差较大时，应选用相近大气压的焓湿图。焓湿图上有几种等值参数线：等焓（h）线——与纵坐标轴成角的斜直线；等含湿量（d）线——平行纵坐标轴的直线；等干球温度（t）线——近似水平的直线；等相对湿度（φ）线——图中的曲线；等湿球温度（t_{wb}）线——近似与等焓线平行，图中未予表示；水蒸气分压力（P_w）——与 d 成单值函数关系，其值表示于 d 值的上方，等 p_w 线平行于等 d 线；图的右下方给出了热湿比 $\varepsilon\left(1000\dfrac{\Delta h}{\Delta d}, KJ/kg\right)$ 线，热湿比又称为角系数。

已知湿空气的两个独立状态参数，即可在焓湿图上确定该状态点，并可读出该状态下湿空气的其他参数。例如，已知在大气压 101.3kPa 下，湿空气的干球温度为 25℃，相对湿度为 55%，则可在大气压 101.3kPa 的湿空气焓湿图上确定一点，并可得到该状态点的其他参数：h=53kJ/kg，d=10.8g/kg，t_{eb}=18.7℃，p_w=1.73kPa，露点温度 =15.4℃。

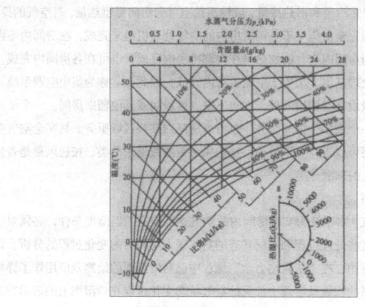

图 10-1　湿空气焓湿图（示意图）

（2）焓湿图上过程线的物理意义

图 10-2 表示了空调工程中常遇到的空气状态变化过程。

0-1 为空气冷却去湿过程（空气在表冷器或喷水室中的冷却去湿过程）。

0-2 为空气干冷却过程（当用表冷器处理空气，且其表面温度高于空气露点温度时，空气在表冷器中的冷却过程，d 为常数），利用冷水或其他冷媒通过金属等表面对湿空气冷却，在其冷表面温度等于或大于湿空气的露点温度时，空气中的水蒸气不会凝结，因此，其含湿量也不会变化，只是温度将降低。

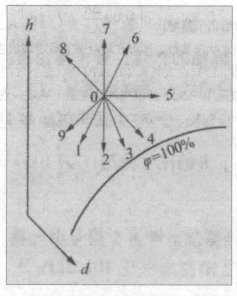

图 10-2　焓湿图上几种典型的过程线

0-3 为空气冷却加湿过程（热空气送入空调房间的空气状态变化过程，$\varepsilon<0$）。

0-4 为空气等焓加湿过程（喷水室中喷淋循环水的空气冷却加湿过程接近此过程，$\varepsilon=0$），利用固体吸湿剂干燥空气时，湿空气中的部分水蒸气在吸湿剂的微孔表面上凝结，湿空气含湿量降低，温度升高。

0-5 为空气等温加湿过程（喷蒸汽加湿过程接近此过程），向空气中喷蒸汽，其热湿比等于水蒸气的焓值，如蒸汽温度为100℃，则 $\varepsilon=2864$，该过程近似于沿等温线变化，故常称喷蒸汽可使湿空气实现等温加湿过程。

0-6 为空气升温加湿过程（冷空气送入空调房间的空气状态变化过程）。

0-7 为空气加热过程（d 为常数），利用热水、蒸汽及电能等能源，通过热表面对湿空气加热，则其温度会增高而焓湿量不变。

0-8 为空气去湿增焓过程（如转轮式除湿机对空气的除湿过程）。

0-9 为空气去湿减焓过程（喷淋盐溶液的空气除湿过程，其方向与溶液温度有关）。

（3）焓湿图的应用

1）已知两种状态空气按照比例混合，求混合状态参数。

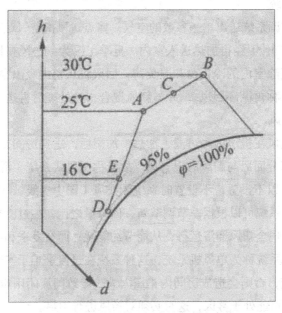

图 10-3　利用焓湿图求空气状态参数

设有 A，B 两种状态的空气，空气 A 的温、湿度为25℃、55%，空气量 $\dot{M}_A=3kg/s$；空气 B 的干、湿球温度为30℃，25℃，空气量 $\dot{M}_B=2kg/s$；当地大气压为101.3kPa，求混合状态点的参数。将已知状态 A，B 画在焓湿图上，如图 10-3 所示。B 点的其他状态参数：h=76kJ/kg，d=17.9g/kg，φ=67%。混合状态点 C 位于 AB 的连线上，且有

$$AC / AB = \dot{M}_B / \left(\dot{M}_A + \dot{M}_B \right) = 2 / (3 + 2) = 2 / 5$$

根据此比例即可求得混合点 C，它的状态参数为 hc=62kJ/kg，tc=27℃。也可以按照 A，B 的比焓和它们的流量求有关参数，如 hc=(53×3+76×2)/5=62.2kJ/kg，tc=(25×3+30×2)/5=27℃。两种方法求得的 hc 不相等，是用焓湿图计算的误差。

2）已知一状态点和热湿比求另一状态点。空气调节经常需要使空气按照设定的过程进行变化。例如，已知空气状态 A：25℃，55%（见图 10-3），求沿热湿比 ε=10000kJ/kg 的过程线到达已知状态点 A 的另一空气状态。可以通过 A 点引一直线（过程线），即平行于 h-d 图右下角的热湿比为 100000kJ/kg 的直线，在此过程线上任何一点均可变化到状态点 A，此问题无定解，需要补充条件。如果补充条件为该空气状态接近饱和状态（95%），则可以将过程线延长与 φ=95% 的等相对湿度线相交即得，所求的状态点为 D：14℃，95%（见图 10-3）；如果补充条件为该空气的温度比状态 A 的温度低 9℃，则过程线与 t=16℃ 的等温线相交即得，所求的状态点为 E：16℃，86%（见图 10-3）。

2. 定风量单风道系统

（1）露点送风系统

单风道系统指空调系统送出单一参数的空气。露点送风指空气经冷却处理到接近饱和状态点（称机器露点），不经再加热送入室内。夏季工况为：送风在机房内经冷却去湿处理后，送到室内，消除室内的冷负荷和湿负荷；回风机从室内吸出空气（称回风），一部分空气用于再循环（称再循环回风），并与新风混合，经处理后再送入房间，另一部分直接排到室外，称为排风。

冬季工况为：送风在机房内经过滤、加热、加湿后，送到房间，其循环方式同夏季。这个系统的送风是部分回风与新风的混合风，故又称回风式系统（混合式系统）。图中回风机可以设置，也可以不设置，不设置时系统无排风（图中虚线）。设有回风机的系统称为双风机系统，这种系统可以根据季节调节新、回风量之比，在过渡季可以充分利用室外空气的自然冷量，实现全新风经济运行，从而节约能耗；而在夏季和冬季可以采用最小型风量。不设回风机的系统称为单风机系统，这种系统在过渡季难于实现全新风运行，除非在房间内设排风系统，否则会造成房间内正压太大，导致门启闭困难。在一些寒冷地区，新风与回风的混合点可能处于雾区，这时必须对新风进行预热。

（2）全新风系统和再循环系统

送风全部采用新风的系统称为全新风系统，或称直流式系统。例如室外新风为 0，直接处理到送风状态点为 S 处（机器露点），再送入空调房间消除室内的冷负荷和湿负荷。

全新风系统要求的送风量 $\dot{M}s$ 一般大于系统的最小新风量 $\dot{M}o$，大部分地区夏季室外空气比焓 h_O 于室内空气比焓 h_R，使系统的能耗高。因此，这种系统适用于不允许有回风的场合及防止污染物互相传播的场所。

送风全部采用回风（无新风）的系统称再循环系统，或称封闭式系统。室内空气（状态 R）处理到送风状态点 S，再送到室内消除室内冷、热负荷。不难看出，这个系统无新风负荷，节省能量。但是室内无新风供应，卫生条件差。因此，在有人员的空调房间不应采用这样的系统。然而对于间歇运行的系统，如体育馆、剧场等的空调系统，在对房间预调节时，这时人员极少，可以采用再循环系统运行，从而降低能耗。

第三节　空气水系统

空气 - 水系统是由空气和水共同来承担空调房间冷、热负荷的系统，除了向房间内送入经处理的空气外，还在房间内设有以水作为介质的末端设备对室内空气进行冷却或加热。在全空气系统中，为了对房间温度进行调节，有时在房间内或末端设备（如变风量末端机组）中设置加热盘管（用热水、蒸汽或电），这种系统不算作空气 - 水系统，仍属全空气系统。

一、空气-水系统的特点及应用

空气 - 水系统的特点：风道、机房占建筑空间小，不需设回风管道；如果采用四管制，可同时供热、供冷；而在过渡季节不能采用全新风系统；检修比较麻烦，湿工况要除霉菌；部分负荷时除湿能力下降。

根据在房间内末端设备的形式可分为以下三种系统。

1.空气 - 水风机盘管系统宜在房间内设置风机盘管的空气 - 水系统。其特点是：可用于建筑周边处理周边负荷，系统分区调节容易；风量、水量均可调节，可独立调节或开停而不影响其他房间，运行费用低；风机余压小，不能用高性能空气过滤器。通常适用于客房、办公楼、商用建筑。

2.空气 - 水诱导器系统为在房间内设置诱导器（带有盘管）的空气 - 水系统。其特点是：末端噪声大；旁通风门个别控制不灵，管道系统复杂；二次风过滤难，新风量取决于带动二次风的动力要求，空气输送动力消耗大。房间同时使用率低的场合不使用，因此逐渐被风机盘管所取代。

3.空气 - 水辐射板系统为房间内设置辐射板（供冷或供暖）的空气 - 水系统。

其特点是：可用于抵消窗际辐射和处理周边负荷；无吹风感，舒适性较好，室温可以提高；承担瞬时负荷能力强，但单位面积承担负荷能力有限。

上述分类只是全空气系统和空气 - 水系统主要的分类方式，实际上还有其他分类方式。目前国内最普遍使用的空调系统包括：

（1）集中式中央空调系统（定风量单风道空调系统、全空气系统）：商场、影剧院、宾馆大厅、体育馆等。

（2）风机盘管加新风系统（半集中式系统）：办公室建筑、宾馆客房等。

（3）家用空调（局部空调系统）：住宅、办公室等。

二、空气-水的风机盘管系统

空气-水风机盘管系统习惯上称为风机盘管加独立新风系统。它是空气-水系统中的一种形式，是目前应用广泛的一种空调系统方式，室内的冷、热负荷和新风的冷热负荷由风机盘管与新风系统共同来承担。

1. 新风系统的功能与划分

新风系统承担着向房间提供新风的任务。风机盘管加独立新风系统一般用于民用建筑中，因此，新风系统的主要功能是满足稀释人群活动所产生污染物的要求和人对室外新风的需求。新风量可以根据规范和有关设计手册按照人数或建筑面积进行确定。新风系统的划分原则：

（1）按照房间功能和使用时间划分系统，即相同功能和使用时间基本一致的可合为一个新风系统；

（2）有条件时，分楼层设置新风系统；

（3）高层建筑中，可用若干楼层合用一个新风系统，但切忌系统太大，否则各个房间的风量分配很困难。

2. 房间中新风的送风方式

房间中新风供应有以下两种方式：

（1）直接送到风机盘管吸入端，与房间的回风混合后，再被风机盘管冷却（或加热）后送入室内。这种方式的优点是比较简单，缺点是一旦风机盘管停机后，新风将从回风口吹出，回风口一般都有过滤器，此时过滤器上灰尘将被吹入房间；如果新风已经冷却到低于室内温度，将导致风机盘管进风温度降低，从而降低风机盘管的出力。因此，一般不推荐采用这种送风方式。

（2）新风与风机盘管的送风并联送出，可以混合后再送出，也可以各自单独送入室内。这种系统的安装稍微复杂一些，但避免了上述两条缺点，卫生条件好，应优先采用这种方式。

3. 新风处理状态点的分析

房间的显热冷负荷和湿负荷（包括新风负荷）是由风机盘管与新风共同来承担的，因此，风机盘管与新风如何分配这些负荷是设计者必须考虑的。目前有4种设计方案。方案一：新风冷却去湿处理到低于室内的含湿量，承担室内的湿负荷及部分显热冷负荷。这时风机盘管只承担室内部分显热冷负荷，在干工况下运行。为使盘管在干工况下运行，必须提高冷冻水温度，一般在15~18℃。新风的这种处理方案的优点是：

（1）盘管表面干燥，无霉菌滋生条件，卫生条件好；

（2）风机盘管用的冷冻水温度高，如盘管用冷冻水由单独的冷水机组制备，则它的制冷系数高、能耗低；

（3）在室外湿球温度低时，可利用冷却塔的水做风机盘管冷源，或采用地下水做冷源，以降低人工制冷的能耗。缺点是：

1）新风系统需要温度比较低的冷冻水，而盘管需要温度比较高的冷冻水，因此冷冻水系统比较复杂；

2）盘管在干工况下运行，其制冷能力大约只有原来标准工况（7℃冷冻水）的60%以下，虽然风机盘管负荷减少了，但所选用的风机盘管规格并不能减小，而这时新风系统的冷却设备因负荷增加而需要加大规格；

3）一些不可预见的原因使室内湿负荷增加（如室内人员密度增加，室外湿空气渗入房间），风机盘管也可能出现所不希望的湿工况。当空调冷源采用冰蓄冷系统时，有温度很低的冷冻水供应，这时宜选用这种新风处理方案。

方案二：新风冷却去湿处理到室内空气的焓值，而风机盘管承担室内人员、设备冷负荷和建筑维护结构冷负荷。室外新风被冷却处理到机器露点；此点的温度根据设计的室内状态点的焓值线与相对湿度90% ~ 95%线的交点确定，一般可取17~19℃。实际工程中，就按照确定的温度控制对新风的处理，而不因室内焓值的变化修正控制的温度。

MR为处理后空气送入室内的状态变化过程。这种处理方案并不能满足房间对温湿度的要求。原因如下：在已确定条件下，室内的冷负荷和湿负荷是一定的，即室内的热湿比（en）是确定的，因此，要求风机盘管处理后状态点F与新风处理后状态点D混合后的状态点M刚好落在室内 εR线上，才有可能最终达到所要求的室内状态点R。然而，风机盘管处理过程的热湿比 εFC在一定水温、水量、进风参数及风机转速下是一定的，并不一定满足上述要求。如果混合点在 εR左侧，室内相对湿度会比设计值低些，这在夏季是有利的；如果混合点在 εR的右侧，室内相对湿度会比设计值高，太高就不能满足舒适的要求。因此，设计者必须对此进行校核。

方案三：新风经除湿（非冷却除湿）后承担室内湿负荷，风机盘管承担室内显热冷负荷。新风与用15~18℃冷冻水冷却的盐溶液（如氯化钠溶液）直接接触，实现对新风冷却去湿处理，使新风处理后的含湿量<dR（满足除去室内湿负荷的要求），温度降到室内温度；风机盘管也采用15~18℃冷冻水对室内空气进行冷却（承担室内显热冷负荷）。这种方案的特点是风机盘管与新风分别对室内的温度和湿度进行独立控制。这种温湿度独立控制方案，既保留了方案一的优点，又避免了要求有低温冷冻水和要求有高、低两种温度冷冻水的缺点。

对于冬季工况，新风一般可以加热到室内温度，并根据房间的湿负荷确定对新风的加湿量。

对新风的处理通常采用组合式空调机组或整体式新风机组。机组一般具有过滤、冷却、加热、加湿等功能。在冬季室外新风低于0℃的地区，新风机组应有防冻措施，如在新风入口处设电动保温密闭阀，与风机联动。当停机时，密闭阀将自动关闭。另外，加热盘管应位于机组。

4. 空气 - 水风机盘管系统中风机盘管的选择

风机盘管容量的确定应考虑新风系统所承担的室内冷负荷。风机盘管所承担的冷负荷 $\dot{Q}_{FC}(\text{kW})$ 应为：

$$\dot{Q}_{F} = \dot{Q}_{C} - p\dot{V}_{O}(h_{R} - h_{D})$$

式中符号同前。根据 $\dot{Q}_{FC}$ 先选择风机盘管的规格。若采用方案二的新风处理方案，则风机盘管直接根据室内冷负荷进行选择。

5. 空气 - 水风机盘管系统的运行调节

空气 - 水风机盘管系统的运行调节分为两大部分：设在房间内的风机盘管和新风系统的运行调节；房间内的风机盘管的供冷量或供热量根据房间内的温度进行调节。新风系统的运行调节相对于全空气空调系统来说比较简单。夏季将新风冷却并恒定在设计确定的新风温度（t_{D}）。当室外新风温度 $t_0 < t_D$，且室内有冷负荷时，新风可以不经冷却或加热处理直接进入室内；但当室外空气温度较低时，就不宜直接进入室内，以避免室内有吹冷风感。对于一般的舒适性空调建筑，当送新风的高度在 5m 以下时，送入新风的温度不宜低于 14 ~ 15℃；当送新风的高度在 5m 以上时，新风的温度不宜低于 10~11℃。因此，当室外温度低于上述温度时，即使室内仍有冷负荷，也应对新风进行加热，并保持某一允许的较低温度值。冬季若新风系统所负担的区域室内有热负荷，则应将新风加热到室内温度，并进行必要的加湿；若新风系统担负的区域中有的需供冷（如内区）有的需供热（周边区），则宜将新风加热和加湿到制冷工况所确定的新风状态点。这时对于需要供热的区域来说，新风给室内带来一些热负荷，必须由风机盘管来承担。由于风机盘管的供热能力远大于制冷能力，新风所带人的热负荷完全有能力承担。

6. 空气 - 水风机盘管系统的优缺点

空气 - 水风机盘管系统与全空气系统相比的优点是：

（1）各房间的温度可独立调节；当房间不需要空调时，可关闭风机盘管（关闭风机），节约能源和运行费用。

（2）各房间的空气互不串通，避免交叉污染。

（3）风、水系统占用建筑空间小，机房面积小，原因是新风系统风量小，一般仅为全空气系统的 15% ~ 30%；水的密度比空气的大，输送同样能量时水的容积流量不到空气流量的千分之一，水管比风管小很多。

（4）水、空气的输送能耗比全空气系统小，原因同上。

它的缺点是：

1）末端设备多且分散，运行维护工作量大；

2）风机盘管运行时有噪声；

3）对空气中悬浮颗粒的净化能力、除湿能力和对湿度的控制能力比全空气系统弱。

第四节　冷剂式系统

冷剂式空调系统是空调房间的负荷由制冷剂直接负担的系统。制冷系统蒸发器或冷凝器直接从空调房间吸收（或放出）热量。冷剂式空调系统也称机组式系统。这是一项室内热湿环境的有效控制技术。

空调机组是由空气处理设备（空气冷却器、空气加热器、加湿器、过滤器等）、通风机和制冷设备（制冷压缩机、节流机构等）组成的空气调节设备。它由制造厂家整机供应，用户按照机组规格、型号选用即可，不需对机组中各个部件与设备进行选择计算。目前，空调工程中最常见的机组式系统有：

1. 房间空调器系统；

2. 单元式空调机系统；

3. 变制冷剂流量空调系统；

4. 水环热泵空调系统。

一、冷剂式空调系统的特点

1. 空调机组具有结构紧凑、体积小、占地面积小、自动化程度高等优点。

2. 空调机组可以直接设置在空调房间内，也可以安装在空调机房内，所占机房面积较小，只是集中空调系统的 50%，机房层高也相对低些。

3. 由于机组的分散布置，可以使各空调房间根据自己的需要启停各自的空调机组，以满足不同的使用要求，因此，机组系统使用灵活方便。同时，各空调房间之间也不会互相污染、串声，发生火灾时，也不会通过风道蔓延，对建筑防火有利。但是，分散布置，使维修与管理较为麻烦。

4. 机组安装简单、工期短、投产快。对于风冷式机组来说，在现场只要接上电源，机组即可投入运行。

5. 近年来，热泵式空调机组的发展很快。热泵空调机组系统是具有显著节能效益和环保效益的空调系统。

6. 一般来说，机组系统就地制冷、制热，冷、热量的输送损失少。

7. 机组系统的能量消费计量方便，便于分户计量，分户收费。

8. 空调机组能源的选择和组合受到限制。目前，普遍采用电力驱动。

9. 空调机组的制冷性能系数较小，一般为 2.5~3。同时，机组系统不能按照室外一般气象参数的变化和室内负荷的变化实现全年多工况节能运行调节，过渡季也不能用全新风。

10. 整体式机组系统，房间内噪声大，而分体式机组系统房间的噪声低。

11. 设备使用寿命较短，一般约为 10 年。

12. 部分机组系统对建筑物外观有一定的影响。安装房间空调机组后，经常破坏建筑物原有的建筑立面。另外，还有噪声、凝结水、冷凝器热风对周围环境的污染。

二、多联式空调机组

多联式空调机组（简称多联机）是由室外机配置多台室内机组成的冷剂式空调系统。为了适时地满足各房间冷、热负荷的要求，多联机采用电子控制供给各个室内机盘管的制冷剂流量和通过控制压缩机改变系统的制冷剂循环量，因此，多联机系统是变制冷剂流量系统。20 世纪 80 年代初，日本创立和采用并将这种系统注册为 VRV 系统，它代表了单元式空调机组发展的新水平。

几十年来，几十万瓦以上的空调系统，一般采用集中式中央空调系统。但是，由于多联机系统是以制冷剂作为热传送介质，其每千克传送的热量是 205kJ/kg，几乎是水的 10 倍和空气的 20 倍，同时，可根据室内负荷的变化，瞬间进行容量调整（采用变频技术或多台压缩机组合或数码涡旋技术等改变制冷系统的质量流量），使多联机系统能在高效率工况下运行，是一种节能型的空调系统。多联机系统又常以其模式结构组合成灵活多变的系统。这样，多联机系统就可以解决集中式中央空调系统存在的诸如输送管道断面尺寸大、要求建筑物层高增加、占用大量的机房面积、维修费用高等难题。因此，多联机系统的诞生向传统的集中式中央空调系统发出了强劲的挑战，成为几百到上万平方米空调区域的新建及改建工程中实用而有意义的空调方式。

目前，中国市场上常见的多联机系统产品，主要有日本大金公司的 G，H，K 系列产品和超级 VRV 变频控制空调系统；大连三洋空调机有限公司的 ECO 一拖多机系统；海尔、美的、格力、新科、小天鹅等多联机产品。

多联机系统与传统的空调系统相比，具有如下特点。

1. 设备少、管路简单、节省建筑面积与空间。多联机系统常采用风冷方式，并将制冷剂直接送入室内，不需要冷却水和冷冻水系统，从而省去冷却水循环水泵、冷冻水循环水泵、冷却塔等辅助设备及相应的水管系统；多联机系统不需要庞大的风道系统，从而减少了建筑物中的占用空间，可以降低楼层高度；超级多联机系统由于采用组合式室外机，可使制冷剂管道约减少 30%，约节省 70% 的管道井面积及空间；室外机安装在室外或屋顶，不占用制冷机房，同时也不需要空调机房。

2. 布置灵活。设计者可以根据建筑物的用途、负荷、装饰风格等来灵活地选择室内机。由于多联机系统有很长的配管系统和较大的高度差，布置安装灵活方便，可满足各种建筑物的要求。

3. 具有节能效益。例如，超级 VRV 系统由于采用变频型室外机与恒速型室外机组合，使系统的容量可在 5%~100% 之间调节，完全可以满足不同季节不同负荷的要求，同时也使组合式室外机与室内机有更佳的匹配关系，即使在低负荷（额定负荷的 30%）下运行时，机组的性能系数值仍可达 3.4 左右，VRV I 新产品 8HP 机 COP（制冷）达 4.27，平均 COP 为 3.75，由此带来节能效益。室内机可单独控制，故不需要空调的房间可以根据使用者的要求关闭室内机，减少了能源的浪费。不同房间可以设定不同的温度，既提高了舒适水平，又避免了集中控制造成的无效能源浪费。将制冷剂送入室内，直接冷却室内空气，无二次换热，提高了能源利用率。

4. 运行管理方便、维修简单。多联机系统具有多种控制方式，对室内机可选用有线或无线遥控器，根据用户的需要分别采用单遥控、双遥控、组控及中央控制等方式，也可与楼宇自控系统联网，实现计算机统一控制管理，十分方便。系统可视需求分层、分区、分户控制，分别计量，分别计费。系统具有故障自动诊断功能，可以自动显示出故障的类型和部位，以便迅速而简单地进行维修，因而，不需要专门的管理人员，提高了检修效率。

5. 多联机系统的经济效益显著。多联机系统的初投资要大些。现以 VRV 系统为例，一般来说，VRV 系统比一般集中式空调装置约贵 30%。但年运行费用低，据统计，VRV 变频系统与风冷式冷水机组的年运行费用之比是 69.7∶100，这意味着可节约 30% 的运行费用。据介绍，由于安装费用、运转成本、维修成本和能量消耗等较低，所以，多联机系统总的寿命成本仅是冷水机组系统的 86% 左右。由此可见，其经济效益是十分显著的。但是，目前多联机产品的价格偏高，仍难以让用户接受多联机系统。

6. 联机系统容量可根据建筑物负荷的大小自由组合，并具有灵活的扩展能力，因此，多联机系统是一种灵活多变的空调系统。

7. 多联机系统制冷剂管路过长，导致系统的制冷（热）能力下降。众所周知，系统配管长，制冷剂流动阻力损失就大，使室外机（主机）吸气压力降低，这又引起吸气比容的相应增大，最终管路延长导致系统能力衰减。

8. 多联机系统内制冷剂充灌量大，微小的泄漏也会影响系统的正常运行。

第五节　空调系统的选择与划分原则

一、系统形式的选择

本章介绍了各种空调系统形式，那么究竟如何选择这些系统呢？对于某一特定建筑，排除满足不了基本要求的系统外，一般都有几种系统形式可供选择。通常不可能有绝对最好的系统，只可能几项主要指标是最优或较优的系统。需要考虑的指标也有很多，也只能择其重要的或比较重要的指标进行考虑。通常需要考虑的指标有：经济性指标初始投资和运行费用或其综合费用；功能性指标—满足对室内温度、湿度或其他参数的控制要求的程度；能耗指标—能耗实际上已反映在运行费用中，但有时被其他费用所掩盖，而节能是我国的基本国策，应当优先选择节能型系统；系统与建筑的协调性—如系统与装修、系统与建筑空间和平面之间的协调；还有维护管理的方便性、噪声等。在选择系统之前，还必须了解建筑和空调房间的特点与要求，如冷负荷密度（即单位面积冷负荷）、冷负荷中的潜热部分比例（即热湿比）、负荷变化特点、房间的污染物状况、建筑特点、室内装修要求、工作时段、业主要求和其他特殊要求等。系统的选择实质上是寻求系统与建筑的最优搭配。下面举例说明系统选择的分析方法。

1.空气系统在机房内对空气进行集中处理，空气处理机组有多种处理功能和较强的处理能力，尤其是有较强的除湿能力。因此，适用于冷负荷密度大、潜热负荷大（室内热湿比小）或对室内含尘浓度有严格控制要求的场所，例如，人员密度大的大餐厅、火锅餐厅、剧场、商场、有净化要求的场所等。系统经常需要维修的是空气处理设备，全空气系统的空气处理设备集中于机房内，维修方便，且不影响空调房间的使用，因此，全空气系统也适用于房间装修高级、常年使用的房间，例如，候机大厅、宾馆的大堂等。但是，全空气系统有较大的风管及需要空调机房，在建筑层低、建筑面积紧张的场所，它的应用受到了限制。

2.高大空间的场所宜选用全空气定风量系统。在这些场所，为使房间内温度均匀，需要有一定的送风量，故应采用全空气系统中的定风量系统。因此，像体育馆比赛大厅、候机大厅、大车间等宜用全空气定风量空调系统。

3.一个系统有多个房间或区域，各房间的负荷参差不齐，运行时间不完全相同，且各自有不同要求时，宜选用全空气系统中的变风量系统、空气-水风机盘管系统、空气-水诱导器系统等。如果这些系统中有多个房间的负荷密度大、湿负荷较大，应选用单风道变风量系统或双风道系统。空气-水风机盘管、空气-水辐射板系统和空气-水诱导器系统适用于负荷密度不大、湿负荷也较小的场合，如客房、人员密度不大的办公室等。

4.一个系统有多个房间，且需要避免各房间污染物互相传播时，如医院病房的空调系统，应采用空气-水风机盘管系统、一次风为新风的诱导器系统或空气-水辐射板系统。设置于房间内的盘管最好干工况运行。

5.建筑加装空调系统，比较适宜的系统是空气-水系统；一般不宜采用全空气集中空调系统。因为空气-水系统中的房间负荷主要由水来承担，携带同样冷、热量的水管比风管小很多，在旧建筑中布置或穿过楼层较为容易；空气-水系统中的空气系统一般是新风系统，风量相对较少，且可分层、分区设置，这样风管尺寸很小，便于布置、安装。如果必须采用全空气集中空调时，也应尽量将系统划分得小些。

二、系统划分的原则

一幢建筑不仅有多种形式的系统，而且同一种形式的系统还可以划分成多个小系统。系统划分的原则如下。

1. 系统应与建筑物分区一致。一幢建筑物通常可分为外区和内区。外区又称周边区，是建筑中带有外窗的房间或区域。如果一个无间隔墙的建筑平面，周边区指靠外窗一侧5~7m（平均为6m）的区域；内区是除去周边区外的无窗区域，当建筑宽度<10m时，就无内区。周边区域还可以分为不同朝向的周边区。不同区的负荷特点各不相同。一般来说，内区中常年有灯光、设备和人员的冷负荷，冬季只在系统开始运行时有一定的预热负荷或室外新风加热负荷，但最上层的内区有屋顶的传热，冬季也可能有热负荷。周边区域的负荷与室外有着密切的关系，不同朝向的周边区域的围护结构冷负荷差别很大。北向冷负荷小，东侧上午出现最大冷负荷，西侧下午出现最大冷负荷，南向负荷并不大，但4月、10月南向的冷负荷与东、西向相当。冬季周边区域一般都有热负荷，尤其在北方地区，其中，北向周边区域的负荷最大。在有内、外区的建筑中，就有可能出现需要同时供冷和供热的工况，系统宜分内、外区设置，外区中最好分朝向设置，因为有的系统无法同时满足内外区供冷和供热要求。虽然有再热的变风量系统或空气-水诱导器系统，可以实现同时对内区供冷和对周边区域供热，但会引起冷、热量抵消，浪费能量。因此，最好把内外区的系统分开。

2. 在供暖地区，有内、外区的建筑，且系统只在工作时间运行（如办公楼），当采用变风量系统、诱导器系统或全空气系统时，无论是否分区设置，宜设独立的散热器供暖系统，以在建筑无人时（如夜间、节假日）进行值班供暖，从而可以节约运行费用。

3. 各房间或区的设计参数和热湿比相接近、污染物相同，可以划分为一个全空气系统；对于定风量单风道系统，还要求工作时间一致，负荷变化规律基本相同。

4. 一般民用建筑中的全空气系统不宜过大，否则风管难以布置；系统最好不跨楼层设置，需要跨楼层设置时，层数也不应太多，这样有利于防火。

5. 空气-水系统中的空气系统一般都是新风系统，这种系统实质上是一个定风量系统，它的划分原则是功能相同、工作班次一样的房间可划分为一个系统；虽然新风量与全空气系统中的送风量相比小很多，但系统也不宜过大，否则，各房间或区域的风量分配很困难；有条件时可分层设置，也可以多层设置一个系统。

6. 工业厂房的空调、医院空调等在划分系统时要防止污染物互相传播。应将同类型污染的房间划分为一个系统，并应使各房间（或区）之间保持一定的压力差，导致室内的气流从干净区流向污染区。

第十一章　典型建筑暖通空调系统设计

第一节　多层实验办公建筑供暖工程设计

一、建筑概况及室内外参数

供暖系统设计一般需进行如下的设计过程：列出室内外气象参数、建筑热工、形体构成条件，按照程序计算出房间供暖热负荷，散热器计算选用，确定室内供暖系统方式，进行系统水力计算，展示出主要的平、系、节点图。本项目为沈阳市某高校实验办公楼，建筑概况及围护结构传热系数见表 11-1，室内外设计参数见表 11-2。

表 11-1　建筑概况及室内外参数

建筑概况				建筑围护结构传热系数（W/m² · K）						
地点	建筑类别	层数	高度 /m	建筑面积 /m²	外墙	门、窗	屋顶	地面 I	地面 II	地面 III	地面 IV
沈阳	实验、办公	5	22.7	5800.6	0.41	2.20	0.37	0.47	0.23	0.12	0.07

表 11-2　室内外设计参数

室外设计参数		冬季供暖室内计算温度 /℃			
冬季供暖室外计算温度	冬季室外平均风速	实验室	会议、办公	走廊	卫生间
-16.9℃	2.6m/s	18	18	16	16

二、系统设计

1. 热源及热媒参数

本建筑为实验办公用途，对室内温湿度环境无特殊严格要求，采用热水集中供暖，热水由换热站供应，系统供回水温度为 70℃ /50℃。

2. 室内供暖系统形式

该建筑不要求分层热量计量，建筑层高满足于管布置要求，系统形式采用上供下回垂直单管跨越式系统。供暖引入口设置于建筑中部，有利于系统分环，尽量平均分配环路热负荷，两环路作用半径相近，各环路采用同程式布置，有利于水力平衡。供水干管设置于顶层楼板下，明装敷设，坡度为 0.003。经验算，地面上和楼板下水平干管的安装高度符合要求。回水干管设置于底层地面上，过门及走廊处采用不通行地沟敷设，管道坡度为0.003，地沟设有检查井方便检修。立管靠墙设置并尽量靠近墙角，不影响美观和少占用使用空间，立管上下设置阀门。

3. 热负荷计算

热负荷按照稳定传热连续供暖计算，系统总热负荷为 208.5kW，室内供暖设计热负荷指标为 35.9W/m²。

4. 散热器选择计算

散热器采用 TZ4-6-5（四柱 760），其工作压力为 0.5MPa，传热系数为 K=2.503 $\Delta t_p^{0.298}$，散热面积为 0.235m²/ 片，散热器标准散热量为 129W/ 片（ Δt =64.5℃）。散热器供水支管设置恒温控制阀。散热器明装于外窗窗台下或靠近外墙设置。

选择一层散热器立管为例进行散热器面积计算。设立管各段水温为 t_i，各层散热器出口水温为 t'$_i$。该立管管径组合为 DN25 × DN25 × DN20（立管×跨越管×散热器支管），立管流速为 0.22m/s，查得散热器进流系数 α 为 0.160。

（1）立管各段水温计算。各层散热器放热量见表 11-3，立管总放热量为 7760W，按照式

$$t_i = t_g - \frac{\sum\limits_{i}^{N} Q_i}{\sum Q}(t_i - t_h)$$

，计算立管各段水温：

$$t_5' = \frac{t_5 - (1-2\alpha)t_g}{2\alpha} = \frac{64.81 - (1-2\times0.160)\times70.00}{2\times0.160} = 53.78°C$$

立管各段水温计算结果见表 11-3。

（2）各层散热器出口水温计算。根据散热器支管连接形式，则有

$$2\alpha t_i' + (1-2\alpha)t_{i+1} = t_i$$

则

$$t_i' = \frac{t_i - (1-2\alpha)t_{i+1}}{2\alpha}$$

$$t_5' = \frac{t_5 - (1-2\alpha)t_g}{2\alpha} = \frac{64.81 - (1-2\times0.160)\times70.00}{2\times0.160} = 53.78°C$$

各层散热器出口水温计算结果见表 11-3。

（3）各层散热器所需面积计算。

由式 $F=\dfrac{Q}{K(t_{p}-t_{n})}\beta_1\beta_2\beta_3$，根据散热器支管连接方式及安装方式，$\beta_2=1$，$\beta_3=1.02$，设 $\beta_1=1$，则各层散热器面积：

$$F_5=\dfrac{Q_5}{2.503\left(t_{pj^5}-t_n\right)^{1+0.298}}\beta_1\beta_2\beta_3$$

$$=\dfrac{2015}{2.503\times\left[(70.00+53.77)/2-18\right]^{1.298}}\times1\times1\times1.02=6.06m^2$$

（4）散热器片数计算。取整按照进位方法，该建筑供暖系统散热器总量为3012片，散热器计算结果见表11-3。

表 11–3　立管 L_j 散热器计算

散热器所在楼层数	散热器放热量 /W	立管各段水温 t_j/℃	第 i 层散热器出口水温 t'_j/℃	散热器面积 /m²	每组片数	各层片数
5	2015（双侧）	64.81	53.78	6.06（双侧）	14	644
4	1327（双侧）	61.39	54.12	4.30（双侧）	10	433
3	1327（双侧）	57.97	50.70	4.81（双侧）	11	498
2	1327（双侧）	54.55	47.28	5.43（双侧）	13	570
1	1764（双侧）	50.00	40.33	8.91（双侧）	20	867
合计	7760	-	-	29.51	68	3012

5. 水力计算

该实验楼不要求室温的严格控制与调节，采用等温降的水力计算方法。选定东侧环路为最不利环路，外网在热力入口处资用压力为50kPa，资用压力足够大，控制最不利环路比摩阻在60~120Pa/m，最不利环路总阻力损失10425.7Pa。控制最佳环路与最远环路不平衡率不超过 +5%，其余立管不平衡率不超过 ±10%。

6. 供暖系统人口参数

系统工作压力为0.4MPa，设计热负荷为208.5kW，阻力损失10.4kPa。供暖人口设置热计量装置，参见标准图集《居住建筑供暖热计量系统设计安装》（辽标2009T907-15），并于回水管上安装静态水力平衡阀。

7. 供暖方式比较

依据现行设计标准可采用表11-4所示的系统形式：

对比表11-4中的系统形式，本建筑为实验办公用公共建筑，不需分层热量计量，每层房间数量较多且各层房间分割不同，屋顶和地面设置水平干管不受限制，若采用水平式系统，各层地面管路布置不便，且绕柱过多。建筑层数为 5 层，不适于采用单双管系统，为了避免垂直失调，不适于采用垂直双管系统。上分式全带跨越管的垂直单管系统管路布置简单、造价低，可分室控制温度，可减轻垂直失调，所以，本建筑采用上供下回单管跨越式系统。

表 11-4　供暖系统形式比较

序号	系统形式	适用范围	特点
1	上 / 下分式垂直双管	室温有调节要求的四层以下建筑	①室温可调节； ②上分式排气方便、分式排气不便； ③易产生垂直失调
2	下分式水平双管	室温有调节要求，敷设立管不便的建筑	①室温可调节； ②排气不便； ③易产生垂直失调； ④立管少，美观
3	上分式垂直单双管	八层以上建筑	①避免垂直失调现象； ②可解决散热器管过大问题； ③克服单管顺流系统不能调节问题
4	上分式全带跨越管的垂直单管：	多层建筑和高层建筑	①可解决建筑层数过多垂直失调问题； ②克服单管顺流系统不能调节问题； ③系统简单，造价低于双管
5	下分式全带跨越管的水平单管	单层建筑或不能敷设立管的多层建筑，且散热器组数过多时	①经济、美观、安装简便； ②每组散热器可调节； ③排气不便

第二节　高层住宅建筑供暖工程设计

一、建筑概况及室内外参数

本项目为沈阳某花园小区住宅楼，地上共 18 层，总建筑面积为 10028.6m²，建筑高度为 59.4m。建筑概况及围护结构的传热系数见表 11-5。

表 11-5　建筑概况及围护结构参数

建筑概况					建筑围护结构传热系统 /W/（m²·K）					
地点	建筑类别	层数	高度 /m	建筑面积 /m²	外墙	外窗	屋顶	外门	户门	楼梯间隔墙
沈阳	住宅	18	59.4	10028.6	0.42	1.90	0.32	1.90	1.50	0.96

二、供暖系统设计

1. 供暖热源

供暖的供回水由地下换热站供给，供暖系统供回水温度为 50℃ /40℃。

2. 供暖系统分区

本住宅建筑 18 层，高度为 59.4m，为保证系统压力状况符合要求，供暖系统分两个区，低区为 1~9 层，工作压力为 0.45MPa；高区为 10-18 层，工作压力为 0.7MPa 高、低区供暖热媒分别由地下换热站供应。

3. 供暖系统形式

本建筑为住宅，换热站供应 50℃ /40℃的热水，从分户热计量和热舒适角度考虑，采用在楼梯间管井设单元立管的下供下回式分户供暖系统，户内系统采用分、集水器式的低温热水地板辐射系统。

4. 气象及设计参数

室内外设计参数见表 11-6。

表 11–6　室内外设计参数

室外设计参数			冬季供暖室内计算温度			
冬季供暖室外计算温度	冬季室外平均风速		卧室	带浴盆卫生间	客厅	厨房
-16.9℃	2.6m/s		18℃	25℃	18℃	14℃

5. 热负荷计算

热负荷按照稳定传热连续供暖计算，供暖设计热负荷指标为 q=25.0W/m²。

6. 供暖管道系统

该住宅有两个单元，按照单元分别设置供暖入口，每个入口分低区和高区两个系统。西侧单元设 DN-1 低区供暖系统和 GN-1 高区供暖系统，东侧单元设 DN-2 低区供暖系统和 GN-2 高区供暖系统。供暖管道入口位于建筑南侧，东、西入口分别由 9 轴和 10 轴之间、14 轴和 15 轴之间进入地下设备夹层，在 F 轴和 G 轴之间分别引入东西两侧楼梯间前室的供暖管道井之中，低区系统供 1~9 层供暖，高区系统供 10~18 层供暖，高低区单元立管均采用异程式系统，立管顶端设自动排气阀。

各层分户支管由单元立管引出，经分户表箱，供回水管路沿各层地面沟槽引致各户设置于厨房内的分、集水器。在分户箱内设户用热表，分户热量表为 SONOMETER 型超声波热量表，规格为 DNI5，常用流量 Q 为 1.5m²/h，工作压力为 1.0MPa。

户内系统分、集水器设置于厨房，供水管由分水器引出，地热盘管环路按照室内划分，每环路采用恒温控制阀自动调节室温，恒温控制阀型号为 V240T06，回水管接至集水器。

7. 供暖入口装置及主要参数

本建筑两个单元分设供暖入口，每个入口分高低两个供暖分区，共分四个供暖系统，供暖入口设热量表，入口装置详见辽 2009T907-15。各系统参数见表 11-7。

表 11-7 供暖系统主要参数

系统序号	设计热负荷 /kW	阻力损失 /kPa	热量表型号规格	热量表参数
DN-1	73.8	43.1	DN50	Qp=15m³/h 工作压力 1.0Mpa
GN-1	51.8	48.5	DN50	Qp=15m³/h 工作压力 1.6Mpa
DN-2	73.8	43.1	DN50	Qp=15m³/h 工作压力 1.0Mpa
GN-2	51.8	48.5	DN50	Qp=15m³/h 工作压力 1.6Mpa

三、不同类型建筑室内供暖设计比较

表 11-8 不同建筑类型供暖系统特点比较

对比项目	实例一	实例二
建筑功能、层数	实验办公、多层（5层）	住宅、高层（18层）
建筑要求	室温不要求严格控制，无须分室或分层调节室温及热计量	舒适度要求稍高，分室控温，分户热计量
是否需要上下分区	层数少，不需要分区	高层建筑易产生垂直失调和超压问题，需要分区
所选择系统形式	上供下回垂直单管跨越式，系统南北分环，散热器供暖	设置单元立管的低温热水地板辐射供暖，分高、低两个供暖分区
系统形式特点	可有限地调节室温，克服单管顺流系统不能调节问题，系统简单。造价低。施工方便，可南北分环调节。人口设热计量装置，便于维修	上下分区解决垂直失调及系统超压问题，地板辐射供暖舒适度高、提高脚感温度、节能、占建筑面积少、洁净，可分室调节室温，分户设置热计量装置，便于供暖管理
供暖热媒	低温热水，70℃/50℃	低温热水，50℃/40℃
系统设计适宜程度	适宜	适宜

第三节 综合性公共建筑中央空调工程设计

一、建筑概况与设计参数

1.建筑概况

沈阳某科技大厦在功能上是集宾馆、办公、学术报告厅、多功能厅、娱乐餐饮、商务等为一体的综合性公共建筑。建筑特征：面向科技园右侧为宾馆，地下1层，地上12层，一层层高4.5m，二、三层层高4.2m，其余层高均为3.3m，总高为49m；左侧为办公楼，一层高4.2m，五层高3.9m，其余2~4层高3.6m，共5层；正面中部大厅楼分为两层，一层高4.5m，二层高6m。建筑总面积为15000m²。

2.设计条件

（1）围护结构如表11-9。

表11-9 建筑围护结构形式

围护结构名称	围护结构做法	传热系数K/（W/m³·K）
外墙	从外至内：抹面胶浆6mm+聚苯板40mm+砖墙370mm+水泥砂浆15mm；壁厚431mm，保温层40mm	0.63
外窗	塑钢中空玻璃窗	2.60
	PVC框+Low-E中空玻璃窗	2.40
屋面	从上至下：碎石软石混凝土2200mm，25mm厚，通风层200mm，防水层5mm，水泥砂浆20mm，保温层（水泥膨胀珍珠岩）100m，隔汽层5mm，水泥砂浆20mm，钢筋混凝土空心板240mm，内粉刷20mm	0.59

（2）室内设计参数见表 11-10

表 11-10　室内设计参数

房间名称	夏季			冬季			新风量	噪声级
	t/℃	ϕ/%	U/(m/s)	t/℃	ϕ/%	U/(m/s)	L/{m³/(h.p)}	G/{A(dB)}
KTV包间	26	55	≤0.25	20	50	≤0.15	30	45
餐厅	26	55	≤0.25	18	50	≤0.15	30	45
会议室	26	65	≤0.25	18	50	≤0.15	30	45
客房	26	55	≤0.25	20	50	≤0.15	30	45
办公室	26	55	≤0.25	20	45	≤0.15	30	45
精品屋	26	65	≤0.25	18	50	≤0.15	20	50
商务中心	26	65	≤0.25	20	50	≤0.15	20	45
宾馆大堂	26	65	≤0.25	16	50	≤0.15	20	45
报告厅	26	65	≤0.25	16	50	≤0.15	20	45
休息室	26	65	≤0.25	20	50	≤0.15	20	45

（3）室外气象参数如下

1）室外计算干球温度：冬季空调 -22℃；冬季通风 -12℃；夏季空调 31.4℃；夏季通风 26℃。夏季空调室外计算湿球温度：25.4℃。

2）室外计算相对湿度：最热月月平均 78%；最冷月月平均 64%。

3）室外风速：冬季平均 3.1m/s；夏季平均 2.9m/s。

（4）动力与能源资料

1）工业动力用电；

2）热媒为 95℃ ~70℃热水，由外网供给；冷媒为 79℃ ~12℃冷水，由自备集中冷冻机房供给。

二、系统设计

1. 空调方案分析与选定

空调方案要根据建筑物的功能用途、规模、结构特征、连续或间歇使用等因素综合确定。本建筑物由宾馆楼、办公楼和中部大厅三部分组成。

（1）宾馆、办公两部分建筑空调方案

由间隔不大的多个房间单元体组成，空间也不大，使用时间有一定的连续性，这两部分适合于采用风机盘管系统＋新风机组系统的方案，这种方案风机盘管安设在空调房间内直接制冷与制热。

宾馆4~12层上下客房对应，有管道竖井，空调水管路适合采用垂直双管形式布置；宾馆楼1~4层与办公楼1~5层相对楼层上下房间不对应，空调水管路适合采用水平双管形式布置，在各层楼梁下敷设。

本设计采用单设新风机组系统独立送风供给室内，新风机组安设在各楼层走廊内，通过管道向各房间送新风。这种方案又分两种情况：一种是新风负担室内负荷，另一种是新风不负担室内负荷，结合情况对各房间风机盘管与新风机进行负荷分配，本设计采用新风不负担室内负荷。

（2）中部大厅及房间空调方案

一层入口大厅、过厅、多功能厅及附属房间，二层学术报告厅及附属房间，总体两层具有厅房面积大、空间大、使用间隙较长、使用时人员聚集的特点，这部分建筑适合采用全空气系统的方案。这种方案的室内负荷全由处理过的空气负担，空气比热、密度小，需要的空气量多，风道断面大，输送耗能大。这种全空气系统又分几种：混合式、一次回风与二次回风系统，结合情况采用，本设计采用一次回风系统。

2. 空调水系统走向流程与敷设

空调冷热源设备主要设置安装在宾馆楼地下室机房内，冷源靠两台冷水机组的制冷系统，供回水温度7~12℃；热源靠一台水-水换热器的制热系统，供回水温度60℃~50℃；在机房内夏、冬季进行冷、热水切换，空调水、风系统的空调冷、热负荷，实现大厦各处室内空调的制冷制热效果。

机房内夏季制冷系统产生的冷源水、冬季制热系统产生的热源水都是通过分水器供水管路流向大厦各处，进行空调制冷、制热，确保全年的室内空调温、湿度；然后将大厦各处已释放过空调冷、热能量的回水通过回水管路回到机房集水器，再回到制冷或制热系统，进行循环制冷、制热，确保大厦各处房间所需要的温、湿度。

大厦由右部宾馆楼、中部大厅楼、左侧办公楼组成，从宾馆楼地下室机房分、集水器出来的供回水管路共分四大环路，第一环路与宾馆楼1~3层供回水总管路相连接，管径DN150，第二环路与宾馆楼4~12层供回水总管路相连接，管径DN125；第三环路与中部大厅空调机房1和空调机房2的两台组合式空调机组总管路相连接，管径DN125；第四环路与左侧办公楼1~5层供回水总管路相连接，管径DN150。管路尽量敷设于竖井、梁下吊顶内、室内地沟等，结合实际进行敷设。

第四节　特殊建筑环境暖通空调工程设计——医院手术部净化空调

一、手术室净化空调系统的运行模式

1. 分类和构成元素

结合手术室设施的不同，净化空调系统可分成分散化、半集中化、集中化三种系统，而我国当前大部分医院采取集中化净化空调系统。针对集中化净化空调系统的构成元素来讲，其主要是由净化系统和冷战系统构成，冷战系统服务于净化系统，也就是冷战系统提供给净化系统冷源或热源，从表冷器通过的冷水或热水对空调机组内的空气进行降温或加热处理；其中送回风道系统和空调机组组成了空调净化系统。通常来讲，医院对手术室空气环境的质量标准要求较高，且手术室设施种类繁多，所以对净化空调系统的要求也相应较高。具体有以下几点：

（1）空气过滤装置，根据空气净化要求的不同，可分为粗效、中效和高效三种；

（2）循环风机，其一般负责空气流动；

（3）表冷器；

（4）加湿加热装备，其主要负责对手术室空气进行加湿或加热处理；

（5）传感设备，其通常用于感应手术室湿度、温度等，同时将感应值传递至控制服务器之中；

（6）气压变送装置；

（7）风量调节开关，可调控手术室内空气的风量流动；

（8）监控装置等，对保障手术质量有重要作用。

2. 设计原则

医院手术室环境对疾病感染有直接影响，由于医院手术室的独特性，其采取的净化空调系统和日常生活使用的有所不同，手术室内更强调净化功能，比如无菌环境、风量大小、风速高低、湿度温度等。根据以上手术室空气净化标准，需要注意以下两点设计原则：

（1）区分对待手术室和其他空间的净化空调系统，不可将两者混淆；

（2）针对不同级别的无菌手术室，要采取对应的净化空调控制方式，其中对于三级以上标准的无菌手术室可采用相同的净化空调系统。

除此之外，还要将各类装置设施集中安装在空调机房内，再通过送风管道将净化的空气输入手术室，进而实现控制手术室环境的目标。

3. 各功能段净化空调系统的介绍

一般而言，各医院手术室的空调净化系统的构成各不相同，并且各功能段也相对较复杂，此处就各功能段展开详细介绍。第一，就新风净化部分来讲，新风机组与循环机组中都具备，这部分处于空调机组的前端，可净化空气中大颗粒的物质，实现了从前端净化空气环境的目标。新风净化部分的构成有风阀、控制装置、气压传感设备、粗效过滤器等。第二，就预加热部分来讲，其处于前端空调机组之中，通常在冬天发挥作用，对外部的冷空气进行预加热处理，在空气温度适中后输入新风机组之中进行其他操作处理。第三，就循环机组内新风回风交替部分而言，通常负责预先处理新风，同时和手术室回风相交替，最后经由循环机组输送至手术室内。第四，就风机部分而言，其主要是由气压传感设备、变频器、风机等几部分构成，负责对空气进行变频处理，保证空气环境达到手术室标准。第五，就均流部分而言，其功能是实现空气流动的平衡，并且检测维修空调机组内的故障部位，有效延长医院净化空调系统的使用寿命。第六，就加热或冷却功能而言，其是借助表冷器来运行的，即表冷器在开启冷源之后会冷却系统内的回风新风，在开启热源之后会加热系统内的回风新风，从而维持医院手术室内的温度。除此之外，医院净化空调系统还具备中效净化功能、加湿功能、除菌功能等，都在空气机组内运行操作。因此，只有加强医院净化空调系统的运行管理，才能保证手术室环境达到标准要求。

二、关于手术室净化空调管理系统运行管理的研究

关于手术室净化空调系统的运行，存在问题较多，医院工作者要及时发现和尽快检修，与此同时，还要保证其他正常运行设施的有效管理和控制。下文根据手术室净化空调系统中的常见问题展开深入研究，以期通过措施改善提高其运行管理水平。

1. 手术室内的温湿度调节波动较大

对于手术室的温湿度调节波动较大这类情况，要先了解其产生原因，通常造成该现象的原因有如下几点：

（1）在净化空调系统温湿度调节管理时，调节顺序发生紊乱；

（2）关于系统的实际操控，操控方式相对落后简单，导致净化空调系统运行效果和预期相偏离；

（3）目前医院净化空调系统未实现对新风机组内空气温湿度的有效调节控制，使得未经调控的空气进入手术室内，对内部空气环境造成一定程度的影响。

对于上述手术室内温湿度调节波动较大的问题，可采取以下解决措施：第一，在净化空调系统前端新风机组内安装温湿度调控设备，适当增加定风量阀门，在系统运转时，要始终保证先调节湿度后调节温度的顺序，才能提高传感设备、变频器等的监测水平；第二，要定期培训相关工作人员，只有在工作人员对净化空调系统的功能和操作全面掌握的前提下，才能保证手术室环境的高质量。

2. 手术室内的气压不稳或风压偏离

关于手术室内气压不稳或风压偏离等问题，往往是由净化空调系统内送风机组阀门控制部分引起的，未定期检测送风机组内长期工作的阀门，使得其造成的局部问题显著。针对这类问题，可采取以下几种方式：第一，要定期检测系统内各定风量阀门，保证新风机组内、排风装置上各自动或手动调控阀门的有效运转；第二，对于已使用一年以上的中效净化设备或已使用三年以上的高效净化设备，要及时检修或更换过滤器，与此同时，在检修更换过程中，要控制好系统内的新风回风量，一旦风压变化不明显，可调节风量至最高点，且控制好新风机组内的定风量阀门，观测其功能发挥情况，如果发现异常情况，要进行专业检测，或及时更换此处的装置设施。

除此之外，还应在日常工作时加强对各装置的功能维护和检修管理。例如：要每隔半月对新风机组内的粗效过滤装置进行清理；每隔一月对回风处进行保养清洗，防止医疗纱布或被单等漂浮物堵塞回风口，影响手术室内的空气质量；同时还应保持手术室内周围墙壁、仪器工具等的干净无菌，间接提升手术室内的空气质量。

3. 送风量的确定和气流组织

进行该医院手术部空调设计时，国家尚未颁布有关医院手术室洁净空调设计的标准与规范，当时国内已有的医院手术室洁净空调设计基本上由于工业洁净室的设计思路将设计工业洁净室的思路照搬到医院手术室洁净空调设计中会带来两个问题：

（1）高级别洁净室风量过大。按照《洁净厂房设计规范》（以下简称《规范》），100级手术室应在顶棚满布高效过滤器风口，则一间 36 m² 手术室的送风量为 32 400~45 360 m³/h（对应断面风速为 0.25~0.35 m/s），送风功耗达 17.0~19.0 kW 送、回风管道占用建筑空间大，风系统噪声控制困难。

（2）对于 1 000 级以下手术室，在相同风量下手术室关键区域污染度控制不理想原因是按《规范》规定 1000 级以下手术室应采用乱流形式的气流组织。该做法通常是在全室顶棚均匀设置高效过滤器风口，理论依据是全室稀释和净化然而根据德国标准 DIN 1946/4 中关于污染浓度的概念，此种全室稀释和净化的气流组织形式在理想情况下可以使室内达到相同的细菌浓度，此时污染度为 1，而如果突破全室稀释和净化的工业洁净室气流组织方式。会在手术室关键区域获得更低的污染度。针对以上问题设计者参考德国 Weiss 手术室卫生空调系统的设计经验，在手术室风量计算和气流组织两方面，突破了工业洁净室设计思路，引入了降低总风量，强化手术床及器械桌区域局部送风的设计概念具体做法如下：

1）对于所有级别的手术室，均突破了全室稀释和净化的概念采用局部强化净化方法将所有手术室的送风口均集中布置在手术床的上方，即以无影灯吊杆为中心设置层流送风箱，根据不同级别采用不同送风断面尺寸。

2）对于 100 级或 1000 级手术室，采用洁净气流覆盖区域面积乘以此送风区域断面风速的方式确定风量，如本工程的 1 000 级手术室送风层流箱覆盖面积为 2.4m × 2.4m，断面流速 0.35m/s，因此送风量为 7 258 m³/h，100 级送风层流箱覆盖面积为 3.0m × 3.0m，断面流速仍为 0.35m/s，则送风量为 11 340 m³/h，仅为前述工业洁净室计算方法送风量的 40%。虽然此设计思路借鉴了德国 Weiss 手术室卫生空调系统的设计经验，但本工程并未采用德国学者介绍的大面积、小送风量（即大面积、低风速）的方式，因为采用小风速对客观条件要求过于苛刻且小风速时没有足够的动量保持单向流送风，很难达到理想的空调和净化效果。而当断面风速 ≥ 0.35 m/s 时，如回风口设置恰当不仅可以使送风保持较好的单向流型，而且其单向流的分流高度会小于 0.6m，即分流高度低于手术床的操作面标高。

3）对于 10 000 级、10 万级手术室采用换气次数法确定送风量，10 000 级取 30hT-1，10 万级取 20h-1 尽管此换气次数取值为《规范》规定的下限值，但由于全部送风量都由手术床部位上方的层流送风箱送出，手术区的细菌浓度为室内其他区域的 50%，即手术区域空气的污染度由全室稀释和净化方式的 1 降为局部强化送风方式的 0.5，本工程 10000 级与 10 万级手术室的层流送风箱送风面积分别为 2.4m×1.2 m 和 1.5m×1.5m，送风断面风速均为 0.35 m/s。

总之，采用以上设计思路的该医院手术室，在投入使用后效果良好，用较小的风量在手术室关键区域形成了比手术室其他区域更洁净、更卫生的空气环境。

4. 在新风通路上设置粗效 + 中效过滤机组

在一些手术室的净化空调系统设计中，新风的过滤问题未能引起充分的重视新风常常不经过独立的过滤处理就直接与空调回风混合，其结果是导致中效、高效过滤器寿命缩短，更换频繁，系统的运行维护成本加大甚至影响手术室的正常使用。这是因为新风与回风混合前，两者的空气含尘浓度相差过大新风即便经过粗效处理，其含尘浓度也比 10 万级空调回风在同粒径范围内的含尘浓度大 70 倍左右，是 100 级空调回风同粒径范围内含尘浓度的几万倍，从而使中效乃至高效过滤器没有足够的保护。为解决此问题，我们在新风通路上设计安装了独立的粗效 + 中效过滤机组使新风经过两级过滤后再与回风混合，此时的新风与回风在同粒径范围的含尘浓度比较接近，真正起到了保护中效、高效过滤器的作用，而且新风过滤机组的粗、中效过滤器清洗、更换方便，与更换高效过滤器相比投资少，维护简便。在新风通路上设置新风过滤机组的另一优点是确保了新风量，因为定风量的新风过滤机组本身就相当于一台计量泵。

5. 采用定风量阀解决空气平衡问题

手术部各区域的压力分布对于洁净手术室效果影响很大，而如何保证合理的压力分布，除正确计算空气平衡外，更重要的是对送风、回风进行精确的调节，以往风量调节装置主要是手动对开多叶调节阀，此种阀门用于风量的精确调节并不理想，实践中有着调节困难、调试周期长的问题。针对此问题，在该医院手术室空调系统的送、回风管上设计安装了德国某公司的自力式定风量阀，此阀可以自动消除风管压力对风量的影响，阀体外部有风量调节刻度盘，调节十分方便。安装此阀后，手术室的压力调节变得十分简单。

医院手术室空气质量对手术成功与否有关键作用，高质量的手术室空气环境可有效预防手术疾病感染等问题，而净化空调系统对保障手术室空气环境质量有重要作用。然而关于手术室净化空调系统的运行管理，需要有效检修维护各功能段，还要就其运行中出现的问题进行合理解决，最终从湿度、温度、风量、加热、冷却、风压、控制等方面来提高医院手术室空气环境质量。

三、建筑概况及设计参数

1. 工程概况

本工程为内蒙古鄂尔多斯某医院手术部净化空调工程。洁净手术部设置在大楼七层，共有洁净手术室六间。其中Ⅰ级手术室一间，Ⅱ级手术室一间，Ⅲ级手术室三间，Ⅳ级手术室一间，其余还有万级、十万级洁净走廊，十万级辅房，三十万级辅房等。空调制冷机房设在九层屋顶，经八层往七层手术部各手术室及辅房各部分按照设计需要送回风和七层的排风，确保各部分室内温度、湿度、压差值、洁净度的参数要求。

2. 净化空调系统划分与技术特征

为了达到手术室要求的洁净环境，防止交叉污染，各手术室空调系统在条件允许时尽量独立，互不干扰。结合本工程的实际情况，采用如下方案：百级手术室一间单独设一个系统JK-1；千级手术室间单独设一个系统JK-2；万级手术室三间设一个系统JK-3；Ⅳ级手术室间与洁净辅房和走廊设一个系统JK-4，共四个空调系统。

四、系统设计

1. 净化空调系统形式

本设计采用全空气处理系统，其形式为：净化空调机组送出的风经各房间棚顶的末端设备，即净化送风天花或末端高效过滤器，过滤后送入室内；同时，室内空气通过设置在手术室两长边下侧的可调侧壁式百叶回风口（带中效过滤器）回风到组合式空调机组。经过净化空调机组的新回风混合段、初效过滤段、表冷（加热）段、加湿段、风机段、杀菌段、中效过滤段、出风段等功能段的处理后，再次送入室内。净化空调的新风系统统一设置，新风净化集中处理。各手术室单独排风，排风经过中效过滤器过滤后，再排至室外。

2. 净化空调的技术指标控制

（1）手术室的温湿度保证措施。夏季空气处理过程为：新风与室内回风混合后，经空调机组的表冷段进行冷却降温，以达到要求的送风状态。冬季空气处理过程为：新风与室内回风混合后，经空调机组的加热段进行加热，然后经过加湿器加湿，以达到要求的送风状态。手术室内温湿度可通过设置在每台空气处理机冷热媒管路上的电动阀和执行器调节阀门的开度，精确控制表冷段（加热段）的冷却量（加热量），以及加湿量，以达到要求的送风温湿度。

（2）手术室的正压保证措施。为了防止室外污染物侵入，保持无菌区域的正压值是最好的选择。手术部各房间洁净级别不同，维持整个手术部有序的压力梯度，才能保证各房间之间正压气流的定向流动。每间手术室对应的净化空调系统均有循环送风、回风、新风和排风系统，维持房间合理的正压差值是通过对密闭房间控制新风量与排风量之差来实现的。同时，在排风管上应设置止回阀和中效过滤器，防止室内空气污染室外和室外空气倒灌入室内。

（3）手术室的空气洁净度保证措施。送入手术室的循环送风：首先，新风部分在新风机组中经过了初效和中效二级过滤；回风部分在手术室风口后经过了中效过滤，然后回到组合净化空调机组的混合段中，两部分混合后又经过中效或亚高效过滤，最后在送风管路末端又经过高效过滤器，送入手术室的空气洁净度是可以得到保证的。

（4）手术室细菌浓度保证措施。空调设备部件及管路系统要保证气密性好，内表面应光洁不易积尘和滋生细菌；采用表面冷却器时，通过盘管气流速度 $u \leqslant 2m/s$ ；冷凝水排出口应能防倒吸并能顺利排出冷凝水，凝结水管不与下水道相连；在加湿过程中不应出现水滴，水质卫生；系统材料应抗腐蚀，防止微生物二次污染。通过自动控制系统，在空调系统停止运行后，将表冷器及过滤器吹干，以免滋生细菌。在组合式空调机组中增设杀菌功能措施。

3.空调冷热源设置

空调冷源在九层空调制冷机房独立设置，采用风冷冷水机组一台，Q 冷 =156kW。由冷水系统分水器分别给四台空调机组和台新风空调机组的表冷器提供冷源水，与空调机组的空气换热，空气降温，冷源水升温后回到系统集水器中。再由系统循环水泵抽集水器中的冷源水压入冷水机组蒸发器换热管中，经制冷，冷源水降温后再压入冷冻水系统分水器中，这样循环制冷。空调热源水由甲方医院提供，热水供水管与空调机房水系统的分水器预留管头相连接，热水回水管与机房水系统循环泵压出管段预留管头相连，压入甲方医院设置的热源换热器，热源水升温后压入空调机房水系统分水器，后到空调机组换热器，空气升温，水降温后回到集水器，再经循环水泵压入甲方医院热源换热器，这样循环制热。

第五节　特殊建筑环境暖通空调工程设计——建筑防排烟

一、建筑火灾烟气的危害、流动规律与控制方式

建筑物火灾是一种多发性、突发性的灾难，对人民的生命财产是一种严重的威胁。火灾不仅导致巨大的经济损失和大量的人员伤亡，甚至对政治、文化造成巨大影响，产生无法弥补的损失。建筑物一旦发生火灾，就有大量的烟气产生，这是造成人员伤亡的主要原因。避免烟气蔓延，这就需要一个防排烟系统来控制火灾发生时烟气的流动，及时将其排出，在建筑物内创造垂直疏散通道无烟和水平疏散通道无烟的安全区，以确保人员安全疏

散，并为消防扑救员创造条件。

1. 烟气的成分

火灾烟气是指火灾时各种可燃物在热分解和燃烧的作用下生成的产物与剩余空气的混合物，包括悬浮的固态粒子、液态粒子和气体的混合物。火灾发生时，燃烧可分为两个阶段：热分解过程和燃烧过程。由于可燃物的不同，燃烧的条件千差万别，因而烟气的成分、浓度也不会相同。但建筑物中绝大部分可燃材料都含有碳、氢等元素，燃烧的生成物主要是 CO_2、CO 及水蒸气，如燃烧时缺氧，则会产生大量的 CO。另外，塑料等含有氯，燃烧会产生 Cl_2、HCl、$COCl_2$（光气）等；很多织物中含有氮，燃烧后会产生 HCN（氯化氢）、NH3 等。

2. 烟气的危害性

前已述及，火灾中烟气是夺取人的生命最凶恶的杀手，其危害性大致可以分为对人体的危害、对疏散的危害和对扑救的危害等几个方面。

（1）对人体的危害

在火灾中，引起人员伤亡的主要原因是烟气中大量的 CO，醛类、聚氯乙烯燃烧产生的氢氯化合物，其他有毒气体使人体中毒、缺氧，甚至窒息死亡；其次是人员直接被烧死或者跳楼引起的危害等。

一氧化碳被人吸入后与血液中的血红蛋白结合，成为一氧化碳血红蛋白，从而阻碍血液把氧输送到人体各部分去。当氧化碳与血液中 50% 以上的血红蛋白结合时，便能造成脑和中枢神经严重缺氧，继而失去知觉，甚至死亡。即使一氧化碳的吸入在致死量以下，也会因缺氧而发生头痛无力及呕吐等症状，最终仍可导致不能及时逃离火场而造成重大伤亡事故。

木材制品燃烧产生的醛类，聚氯乙烯燃烧会产生的甲醛、乙醛、氢氧化物、氢化氰等有毒气体，给人体造成极大的伤害，甚至是致命的。例如烟中丙烯醛的允许浓度为 0.1ppm，而木材燃烧的烟中丙烯醛的含量已达 50ppm 左右，当丙烯醛的含量达到 5.5ppm 时，便会对上呼吸道产生刺激症状，达到 10ppm 以上时，就能引起肺部的变化，数分钟内即可死亡。随着新型建筑材料及塑料的广泛使用，烟气的毒性也越来越大。

在着火区域，燃烧需要大量的氧气，造成空气的含氧量大大降低，甚至可以降到 5%以下，此时人体会受到强烈的窒息作用而死亡。高层建筑中大多数房间的气密性较好，有时少量可燃物的燃烧也会造成含氧量急剧降低，使缺氧现象更加严重。

火灾时人员可能因头部烧伤或吸入高温烟气而使口腔及喉头肿胀，以致引起呼吸道阻塞窒息。此时，如不能得到及时抢救，就有被烧死或被烟气毒死的可能性。

在烟气对人体的危害中，以一氧化碳的增加和氧气的减少影响最大。但在实际中，起火后这些因素往往是相互混合地共同作用于人体的，这比各有害气体的单独作用更具危险性。

（2）对疏散的危害

在着火区域的房间及疏散通道内，充满了含有大量一氧化碳及各种燃烧成分的热烟，甚至远离火区的部位及其上部也可能烟雾弥漫，这对人员的疏散带来了极大的困难。烟气中的某些成分会对眼睛和鼻、喉产生强烈刺激，使人的视力下降且呼吸困难，即所谓的被烟呛晕或呛死。而且浓烟能造成极为紧张的恐惧心理状态，使人们失去行动能力甚至采取异常行动。

除此之外，由于烟气集中在疏散通道的上部空间，通常使人们掩面弯腰地摸索行走，速度既慢又不易找到安全出口，甚至还可能走回头路。火场的经验表明，人们在烟中停留一两分钟就可能晕倒，四五分钟即有死亡的危险。

由上述可见，烟气对安全疏散具有非常不利的影响，这也说明在疏散通道进行防排烟设计具有极为重要的意义。

（3）对扑救的危害

消防队员在进行灭火与救援时，同样要受到烟气的威胁。烟不仅有引起消防队员中毒、窒息的可能性，还会严重妨碍他们的行动：弥漫的烟雾影响视线，使消防队员很难找到起火点，也不易辨别火势发展的方向，灭火战斗难以有效地开展。同时，烟气中某些燃烧产物还有造成新的火源和促使火源发展的危险：带有高温的烟气会因气体的热对流和热辐射而引燃其他可燃物。上述情况导致火场的扩大，给扑救工作加大了难度。

3. 火灾烟气的流动规律

当建筑物发生火灾时，烟气在其内部的流动扩散一般有三条路线：第一条，也是最主要的一条是着火房间—走廊楼梯间—上部各楼层—室外；第二条是着火房间—室外；第三条是着火房间—相邻上层房间—室外。引起烟气流动的因素很多，如烟囱效应、浮力作用、热膨胀、风力作用、通风空调系统等，下面介绍主要因素；

（1）烟囱效应

"烟囱效应"指室内温度高于室外温度时，在热压的作用下，空气沿建筑物的竖井（如电梯井、楼梯间等）向上流动的现象。当室外温度高于室内温度时，空气在竖井内向下流动，称为"逆向烟囱效应"。当发生火灾时，烟气会在"烟囱效应"的作用下传播。当室内温度 tn 高于室外空气温度 tw 着火层在中和面以下，假定楼层间无其他渗漏时，火灾初期烟气的流动情况。烟气进入竖井后，竖井内空气温度上升，"烟囱效应"的抽吸作用增强，烟气竖直方向的流动速度也会提高。此时，在中和面以下、着火层以上的各层是相对无烟的。当着火层温度持续上升、窗户爆裂后，烟气自窗户逸出，则可能通过窗户进入这些楼层。

（2）浮力作用

着火房间温度升高，空气和烟气的混合物密度减小，与相邻的走廊、房间或室外的空气形成密度差，引起烟气流动。实质上着火房间与走廊、邻室或室外形成热压差，导致着火房间内的烟气与邻室或室外的空气相互流动，中和面的上部烟气向走廊、邻室或室外流动，而走廊、邻室或室外的空气从中和面以下进入。这是烟气在室内水平方向流动的原因之一。由于受到建筑物烟囱效应或风压的影响，窗洞的中和面将上移或下移，同样也影响室内洞口的中和面上移或下移。

（3）热膨胀

着火房间由于温度较低的空气受热，体积膨胀而产生压力变化。若着火房间门窗敞开，可忽略不计，若着火房间为密闭房间，压力升高会使窗户爆裂。

（4）风力作用

建筑物在风力作用下，迎风侧产生正风压；而在建筑侧部或背风侧，将产生负风压。

当着火房间在正压侧时，将引导烟气向负压侧的房间流动；当着火房间在负压侧时，风压将引导烟气向室外流动。

（5）通风、空调系统传播

通风空调系统的管路是烟气传播的路径之一。当系统运行时，空气流动方向也可能是烟气流动的方向，例如空气由新风口或室内回风口经空调机或通风机，通过风管送至房间。如有火灾发生就会通过这些系统传播、蔓延。

建筑物火灾发生时烟气的流动是诸多因素共同作用的结果，而且火灾的燃烧过程也各有差异，因而准确地描述烟气在各时刻的流动是相当困难的。但是了解烟气流动的各种因素的影响和烟气的流动规律，有助于防排烟系统的正确设计，采用正确的防烟、防火措施。

4.烟气的控制原则

（1）创造条件使烟气控制在本区域内并迅速由着火点直接排向室外，防止烟气蔓延到其他区域—阻隔并排除。

（2）增加被保护区域内的压力使其高于着火区和烟气区的压力，以阻止烟气蔓延到保护区域—加压防烟。

5.烟气的控制方式

烟气控制的主要目的是在建筑物内创造无烟区，如防烟楼梯间及前室和人的特征高度（1.8m）以下无烟的疏散内走道。烟气控制的实质是控制烟气合理流动，也就是使烟气不流向疏散通道、安全区和非着火区，而向室外流动。其主要方法有：防火和防烟区域划分；疏导排烟；加压防烟。

（1）防火和防烟区域的划分

1）防火分区

为了把火灾控制在一定范围内，阻止火势蔓延扩大，用防火墙、耐火楼板、防火门和防火卷帘来隔断，将建筑平面和空间划分为若干防火单元，以利于火灾时的扑救和疏散。

在建筑设计中通常规定水平分区为：用耐火墙和防火门将各层水平方向分成若干防火区域；垂直分区为：一般以每层划分防火分区。楼梯间、通风竖井、风道空间、电梯、自动扶梯升降通道等形成竖井的部分作为防火分区。

根据《高层民用建筑设计防火规范（GB50045-95）》（以下简称《高规》)8.1条的规定，每个防火分区允许最大建筑面积，不应超过规定。

2）防烟分区

　　为了将烟气控制在一定的范围内，利用防烟隔断将一个防火分区划分成多个小区，称为防烟分区。所以，防烟分区是对防火分区的细化。防烟分区不能防止火灾的扩大，仅能有效地控制火灾产生的烟气的流动。首先要在有发生火灾危险的房间和用作疏散通道的走廊间加设防烟隔断，在防烟楼梯间设置前室，并设能自动关闭的防火门，作为防火防烟的分界。

　　根据《高规》5.1条的规定：每个防烟分区的建筑面积不宜超过 500m²；防烟分区不应跨越防火分区；采用挡烟垂壁、隔墙或从顶棚下突出不小于 0.5m 的横梁划分防烟分区。

　　防烟分区有如下规定：需设排烟设施的走道、净高不超过 6m 的房间，应采用挡烟垂壁、隔墙或从顶棚下突出不小于 50cm 的梁划分防烟分区，每个防烟分区的建筑面积不宜超过 500m²，且防烟分区不应跨越防火分区。

　　（2）疏导排烟

　　利用自然或机械作为动力，将烟气排至室外，称为排烟。排烟的目的是排除着火区的烟气和热量，不使烟气流向非着火区，以利于人员疏散和进行扑救。

　　（3）机械加压送风防烟

　　利用送风机供给防烟楼梯间前室和防烟楼梯间等部位一定量的新鲜空气，使这些部位的室内压力比着火房间相对高些以抵御烟气的入侵，而着火房间所产生的烟气则通过专设的排烟口或外窗，以机械排烟或自然排烟方式排至室外，这种防烟方式称为机械加压送风防烟，防烟楼梯间前室和防烟楼梯间等室内压力较着火房间高，所以新鲜空气会漏入着火房间，从而助长火灾的发展。两部分之间的压力相差越大，漏入的空气量越多，因此应保证过剩空气通过排气口排至室外。严格控制加压区域的室内压力，是保证这种防烟方式效果的关键。

二、自然排烟

1. 自然排烟方式

　　自然排烟方式是利用火灾时产生的热烟气流的浮力和外部风力作用，通过建筑物的对外开口把烟气排至室外的排烟方式。这种排烟方式实质上是利用热烟气与室外冷空气的对流运动原理，产生烟窗效应的结果。在自然排烟设计中，必须有冷空气的进口和热烟气的排烟口，排烟口可以是建筑物的外窗，也可以是专门设置在侧墙上部或屋顶上的排烟口。

　　自然排烟方式的优点是，不需要动力和复杂设备，容易实现；但排烟受诸多因素影响，效果不够稳定。例如受风向的影响，当排烟口处在背风面时，排烟效果良好；与此相反，当排烟口处于迎风面时，不仅排烟效果大大降低，还可能出现烟气倒灌现象，并使烟气扩散、蔓延到未着火的区域。

2. 排烟口面积

　　自然排烟对外的开口有效面积，应根据需要的排烟量和可产生的自然压差来确定。但是燃烧产生的烟气量和烟气温度与可燃物的许多因素有关，而对外开口有效面积又与整个建筑诸多复杂因素有关，因此要考虑如此多的参数来求解这个问题在实际设计中几乎是行不通的。目前各国都是根据实际经验及在一定试验基础上得出的经验数据来确定自然排烟的对外有效开口面积。我国《高规》规定：需要排烟的房间可开启外窗面积应大于等于房间面积的2%。

三、机械排烟

机械排烟的实质是依靠机械动力，强制将烟气排至室外，并在失火区域内形成负压，防止烟气向其他区域扩散。简单来说，机械排烟实际上就是一个排风系统。

火灾发生时，着火区域内产生大量高温烟气，导致烟气体积膨胀，压力上升，一般平均压力高出其他区域10~15Pa，短时间可能达到35~40Pa，这将使烟气能够通过门窗缝隙、开口及其他缝隙处泄漏出去。机械排烟的目的就是将着火区域内的高温烟气抽吸至室外，既排除了大量因燃烧而产生的热量，保护了建筑构件，又可保持着火区域内一定的负压，这样既能防止烟气扩散，又能减小烟气浓度，便于人员疏散。

根据《高规》规定，一类高层建筑和建筑高度超过32m的二类高层建筑以下部位，应设置机械排烟设施：无直接自然采光，且长度超过20m的内走道或虽有直接自然通风；但长度超过内走道；面积超过100m²，且经常有人停留或可燃物较多的地上而且无窗房间或设固定窗间；不具备自然排烟条件或净空高度超过12m的中庭；除利用窗井等进行自然排烟的房间外，各房间总面积超过200m²或一个房间面积50m²；且经常有人停留或可燃物比较多的地下室。

机械排烟方式：

机械排烟可分为局部排烟和集中排烟两种方式。局部排烟是在每个需要排烟的部位设置独立的排烟风机直接进行排烟；集中排烟是将建筑物划分为若干个区，在每个区内设置排烟风机，通过排烟风道排烟。

1. 局部排烟

局部机械排烟就是在每个房间内设置独立的排烟机直接排烟，当某个房间着火时，就启动该房间的排烟机运转，实现负压排烟。由于其投资高，排烟机分散，维护比较麻烦，费用也高，故一般可与通风换气相结合，即平时兼做通风换气用。

2. 集中排烟

集中机械排烟就是把建筑物划分为若干个区，每个区内设置排烟机，系统内的各个房间的烟气通过排烟口进入排烟风道，引到排烟机直接排至室外，这种集中排烟方式已成为目前普遍采用的机械排烟方式。

第十二章 绿色建筑暖通空调设计

第一节 绿色建筑的内涵及基本要求

一、绿色建筑定义

我国《绿色建筑评价标准》（GB/T 50378-2014）中对绿色建筑的定义：在建筑的全寿命周期内，最大限度地节约资源（节能、节地、节水、节材）、保护环境和减少污染，为人们提供健康、适用和高效的使用空间，与自然和谐共生的建筑。

"绿色建筑"中的"绿色"并不是指一般意义上的立体绿化、屋顶花园，而是代表一种概念或象征，是指建筑对环境无害，能充分利用自然资源，不破坏环境基本生态平衡。绿色建筑又可称为可持续发展建筑，它涵盖了节能建筑、低碳建筑、生态建筑的主基调。

绿色民用建筑的核心是"四节一环保"，即节能、节地、节水、节材、保护环境。绿色工业建筑的核心是"四节二保一加强"，即节能、节地、节水、节材、保护环境、保障职工健康、加强运行管理。

绿色建筑以人、建筑和自然环境的协调发展为目标，在利用天然条件和人工手段创造良好、健康的居住环境的同时，尽可能地控制和减少对自然环境的使用和破坏，充分体现向大自然的索取和回报之间的平衡。绿色建筑是将可持续发展理念引入建筑领域的成果，它将成为未来建筑的主导趋势。

我国人均耕地只有世界人均耕地的1/3，水资源仅是世界人均占有量的1/4。石化资源探明储量仅为世界平均水平的1/2，其中90%以上为煤炭，石油人均储量仅为世界平均水平的11%，天然气人均储量仅为世界平均水平的4.5%。随着中国经济的发展，人民的生活水平逐渐提高，人们对生存环境及居住舒适性的要求不断提高。生活理念的变化造成了过度的开发与建设，使现代建筑不仅疏离了人与自然的天然联系和交流，也给环境和资源带来了沉重的负担。我国拥有世界上最大的建筑市场，全国房屋总面积已超过400亿平方米，随着国家"十二五"规划中关于改善民生、提高全国城镇化水平的要求，房屋面积还会有大幅度的增长。建筑是用能大户，而我国建筑单位面积能耗是发达国家的2~3倍以上，生活水平提高和相关技术产业发展明显滞后的矛盾已经严重影响到国家经济的健康发展。

要在未来 15 年内保持 GDP 年均增长 7% 以上的目标，将面临巨大的资源约束瓶颈和环境恶化压力。实现建筑业的可持续发展，必须走绿色建筑之路。

二、绿色建筑的基本内涵

绿色建筑的基本内涵可归纳为：减轻建筑对环境的负荷，即节约能源及资源；提供安全、健康、舒适性良好的生活空间；与自然环境亲和，做到人及建筑与环境的和谐共处、永续发展。节能建筑、低碳建筑和生态建筑的主基调被涵盖绿色建筑之中。

节能建筑：遵循气候条件和采用节能的基本方法，对建筑规划分区、群体和单体、建筑朝向、间距、太阳辐射、风向及外部空间环境进行综合研究，按照节能设计标准设计和建造的，在使用过程中能降低能耗的建筑。

低碳建筑：在建筑全寿命周期内，从规划、设计、施工、运营、拆除、回收利用等各个阶段，通过减少碳源和增加碳汇实现建筑生命周期碳排放性能优化的建筑。

生态建筑：一般而言，生态是指人与自然的关系，那么生态建筑就应该处理好人、建筑和自然三者之间的关系，它既要为人创造一个舒适的空间小环境（即健康宜人的温湿度、清洁的空气、良好的光环境、声环境及具有长效且适应性好、灵活开敞的空间等），同时又要保护好周围的大环境——自然环境（即对自然界的索取要少，同时对自然环境的负面影响要小）。生态建筑其实就是将建筑看成一个生态系统，通过组织建筑内外空间中的各种物态因素，使物质、能源在建筑生态系统内部有秩序地循环转换，获得一种高效、低耗、无废、无污、生态平衡的建筑环境。

三、绿色建筑的暖通空调设计

"绿色建筑"是指在建筑的全寿命周期内，最大限度地节约资源（节能、节地、节水、节材），保护环境和减少污染，为人们提供健康、适用和高效的使用空间、与自然和谐共生的建筑。

1. 绿色建筑设计理念

从生态方面来讲，人类的建筑行为实质上就是一种破坏性行为，它不但会消耗自然资源，而且还可能会造成自然资源的改变和恶化，对生态环境造成影响。在建筑设计的过程中，为了尽可能减少建筑对生态环境造成的影响，就必须采取一系列合理的建筑设计手段来保证，保证人与自然和谐相处、协调发展。这种理念也就是通常人们所说的"可持续发展"的理念，是未来建筑与设计的主导理念。

在建筑设计的过程中，引入绿色建筑设计理念，将建筑和周围的环境进行综合考虑，并将它们作为一个整体进行设计。在进行设计的过程中，除了要综合考虑建筑与环境之间的关系，还要综合考虑建筑的各组成系统之间的相互关系。根据调查分析，通过绿色建筑设计理念建设出来的建筑，其能耗比普通建筑的能耗能够节约 50% ~ 72%。这样，通过引入绿色建筑理念，既保证了人与自然的和谐共处，又使建筑物节约了能耗。

2.绿色建筑设计的原则

（1）对建筑的过程进行全程监控。建筑建设的过程是一个相当复杂的过程，要想使建筑符合绿色节能设计的原则，必须密切关注建筑从设计、选材、建造、使用到拆除的整个过程，对整个过程实行全程监控。不但保证所选材料符合低能耗、环保的条件外，还要保证在建筑的设计、建设、使用和拆除的各个阶段符合低能耗、环保的条件。

（2）综合利用各种资源。在建筑建设的过程中，要选择合适的原材料，通过适当的技术加以整合，这样，可以优化资源的配置，不但可以减少资源的浪费，而且还可以提高资源的综合利用效率，延长建筑物的使用时间。

（3）节能设计。绿色建筑的最主要的特征就是节能设计。在建筑的规划、设计、建设和使用的过程中，要严格按照规定的标准，使用各项先进的技术手段，达到节约能源的目的。在设计过程中，要积极筹划各种材料、设备，充分利用自然界中的光、热、风等自然资源，在保证建筑物功能的前提下，尽量减少使用供暖供热、空调制冷等设备。在设计过程中，要注意新技术、新材料的使用，注意使用节能材料，以达到节约能源的目的。

第二节　绿色建筑的暖通空调技术措施

一、绿色建筑暖通空调系统能源

1.在技术可行、经济合理的前提下，暖通空调系统的能源宜优先选用可再生能源（直接或间接），如地热能、风能和太阳能等。

2.在技术经济比较合理的情况下，宜综合利用建筑内的多种能源，如利用热泵系统在提供空调冷冻水的同时提供生活热水、回收建筑排水中的余热作为建筑的辅助热源（污废水热泵系统）等。

3.建筑空调、供暖系统应优先选用电厂的余热作为热源。

4.邻近河流、湖泊的建筑，可考虑采用水源热泵（地表水）作为建筑的集中冷源。

5.在技术经济许可的条件下，可考虑采用土壤源热泵或水源热泵作为建筑空调，供暖系统的冷、热源。

6.不得采用电锅炉和燃煤锅炉作为直接空调和供暖的热源。

7.冬季不应开启冷水机组作为冷源。

8.空调冷、热源设备数量和容量选择，应根据建筑使用功能，考虑部分负荷及低负荷情况下设备的高效运行。

9.当公共建筑内区较大，冬季内区有稳定和足够的余热量时，宜采用水环热泵空调系统。

10. 通过定性计算或计算机模拟的手段，来优化冷、热源的容量、数量配置，并确定冷、热源的运行模式。

二、民用建筑暖通空调系统节能措施

1. 当住宅建筑采用集中空调系统时，有关住宅节能设计标准未具体规定时，所选用的冷水机组或单元式空调机组的性能系数、能效比应符合《公共建筑节能设计标准》的有关规定。

2. 当公共建筑采用集中空调系统时，所选用的冷水机组或单元式空调机组的性能系数、能效比相对于《公共建筑节能设计标准》中的有关规定值高一个等级。多联式空调（热泵）机组的能效值 IPLV（C）必须达到《多联式空调（热泵）机组能效限定值及能源效率等级》中规定的第 2 级。

3. 采用集中供热或集中空调系统的住宅，应设置室温调节和热量计量设施。

采用集中供热或集中空调机组供热（冷）时，应设置用户自主调节室温的装置。设置用户用热（冷）量的相关测量装置及制定合理的费用分摊计算方法是实现行为节能的根本措施之一。

对于集中供热系统，楼前安装热量表，房间内设置调节阀（包括三通阀），末端设温控器及热计量装置。对于集中空调系统，应设计住户可对空调的送风或空调给水进行分档控制的调节装置及冷量计量装置。

4. 建筑设计应选用效率高的用能设备和系统。集中供热系统的锅炉额定热效率、热水循环水泵的耗电输热比，集中空调系统风机单位风量耗功率和冷热水输送能效比应符合《公共建筑节能设计标准》的规定。

选用分散式供暖空调设备时，房间空调器应选用《房间空气调节器能效限定值及能效等级》中的节能型产品（即第 1、2 级）：空气源热泵机组冬季 COP 不小于 1.8；户式壁挂炉的额定热效率不低于 89%，部分负荷下的热效率不低于 85%。

5. 采用集中供热或集中空调系统的民用建筑，如设置集中新风和排风系统，由于供暖、空调区域（或房间）排风中所含的能量十分可观，在技术经济分析合理时，应利用排风对新风进行预热（或预冷）处理，降低新风负荷。集中加以回收利用可以取得很好的节能效益和环境效益。

不设置集中新风和排风系统时，可采用带热回收功能的新风与排风的双向换气装置，这样，既能满足对新风量的卫生要求，又能大量减少在新风处理上的能源消耗。

6. 一般不得采用电热锅炉、电热水器作为直接供热和空气调节系统的热源。

高品位的电能直接用于转换为低品位的热能进行供暖或空调，热效率低，运行费用高。绿色建筑应严格限制"高质低用"的能源利用方式。考虑到一些采用太阳能供热的建筑，夜间利用低谷电进行蓄热补充，且蓄热式电锅炉不在日间用电高峰和平段时间启用，该做法有利于减小昼夜峰谷、平衡能源利用，因此，是一种宏观节能措施，作为特例，可不在限制范围内。

7. 公共建筑采用集中空调时，房间内的温度、湿度、风速、新风量等参数应符合《公共建筑节能设计标准》的要求。

8. 公共建筑外窗可开启面积不小于外窗总面积的30%，建筑幕墙有可开启部分或设有通风换气装置。

9. 合理采用蓄冷蓄热技术。蓄冷技术就是利用某些工程材料（工作介质）的蓄冷特性，储存冷能并加以合理使用的一种实用蓄能技术。常见的蓄冷蓄热技术、设备有冰蓄冷、水蓄冷、溶液除湿机组中的储液罐、太阳能热水系统的蓄水池等。

蓄冷蓄热技术虽然从能源转换和利用本身来讲并不节能，但其对于昼夜电力峰谷差异的调节具有积极的作用，能满足区域能源结构调整、减少发电厂的建设，带来行业节能和环境保护效果。

10. 全空气空调系统采取实现全新风运行或可调新风比的措施。

空调系统设计时不仅要考虑设计工况，还应考虑全年运行模式。在过渡季，空调系统采用全新风或增大新风比运行，可有效改善空调区域内空气的品质，大量节省空气处理所消耗的能量，故应大力推广应用。但要实现全新风运行，设计时必须注意风机风量是否合适，认真考虑新风取风口和新风管所需的截面积及新风阀是否可调，妥善安排排风的出路，并应确保室内合理的正压值。

11. 建筑物处于部分冷热负荷或仅部分空间使用时，采取有效措施节约通风空调系统的能耗。

大多数公共建筑的空调系统都是按照最不利（满负荷）工况进行系统设计和设备选型的，而实际上建筑绝大部分运行时间是处于部分负荷工况，这既是气候变化的因素引起的，又是同一时间内仅有部分空间处于使用状态或室内负荷变动形成的。针对部分负荷和部分建筑房屋使用时，能根据实际需要供给恰当的能源，同时不降低能源的转换利用效率。要实现该目的，就必须以节能为出发点，区分房间的朝向、使用状况等，细分空调区域，分别进行空调系统和自动控制系统的设计，实现冷热源、相关输配系统在部分负荷下的调控，保证高效、低耗运行。

12. 新建的公共建筑中，冷热源、输配系统等各部分能耗进行独立的分项计量。对于商业用途的建筑，应建立合理的用冷（热）计量公示或收费制度。

用冷（热）计量公示或收费制度的施行，有利于用户的行为节能。但对于改建和扩建的公共建筑，有可能受到建筑原有状况和实际条件的限制，增加了分项计量实施的难度。鼓励在建筑改建和扩建时，尽量考虑能耗分项计量的实施（如对原有线路进行改造等）。

13. 公共建筑采用分布式燃气冷热电三联供技术，提高能源的综合利用率。

分布式燃气冷热电三联供系统为建筑或区域提供电力、供冷、供热（包括供热水）三种需求，实现能源的梯级利用，能源利用效率可达80%；又可大大减少固体废弃物、温室气体、氯氧化物、硫氧化物和粉尘的排放，还可应对突发事件，确保安全供电，在国际上已得到广泛应用。

14. 合理采用温湿度独立控制系统，既满足高品质的空气要求，又带来节能效果。

热量传递的驱动力是温差，水分传递的驱动力是水蒸气分压力差。温度越低，空气的饱和水蒸气分压力越低，表冷器冷凝除湿正是利用不同温度时饱和水蒸气分压力的不同来实现除湿的。空调系统中温度和湿度分别独立的控制系统，具有较好的控制和节能效果，表现在温、湿度的分控，可消除参数的耦合，各控制参数容易得到保证。

15. 空调冷却水应采用循环供水系统，并应具有过滤、缓蚀、阻垢、杀菌、灭藻等水处理功能。冷却塔应设置在空气流通条件好的场所，冷却塔补水管应设置计量装置。

三、工业建筑暖通空调系统节能措施

1. 有供暖要求的高大厂房，有条件时采用辐射供暖系统。

2. 除负荷计算合理外，根据实际情况选择适宜的空调系统是空调节能的关键。第一，有条件时，采用温度和湿度相对独立的控制技术；第二，有条件时，采用蒸发冷却技术；第三，其他节能空调系统。

3. 根据工艺生产需要及室内、外气象条件，空调制冷系统合理地利用天然冷源。利用天然能源时，要根据工艺生产需要、允许条件和室内外气象参数等因素进行选择。有多种方式可选且情况复杂时，可经技术经济比选后确定，例如，第一，采用"冷却塔直接供冷"；第二，运用地道风；第三，空调系统采用全新风运行或可调新风比运行等。

4. 在满足生产工艺的条件下，空调系统的划分、送回风方式（气流组织）合理并证实节能有效。

5. 正确选用冷冻水的供回水温度。

6. 集中空调的循环水系统的水质应符合国家或本行业相关标准、规范的规定。

7. 建筑的供暖和空调合理采用地源（利用土壤、江河湖水、污水和海水等）热泵。

8. 在有热回收条件的空调、通风系统中合理设置热回收系统。

9. 设置工艺过程和设备产生的余（废）热回收系统，有效加以利用。

10. 合理利用空气的低品位热能。

第三节　绿色建筑设计示例

清华大学超低能耗示范楼位于清华大学校园东区，西侧紧贴建筑馆南楼，此示范楼地上四层、地下一层，立面覆盖浅灰色遮阳板和玻璃幕墙，建筑内部几乎没有装饰装修。该

示范楼以每平方米 8000 元的造价，集成了世界上 80% 的节能技术、产品，仅在建筑的东南两面墙就使用了七种不同的节能系统。

一、建筑节能技术

1.建筑布局

建筑南侧设计了一处小型的人工湿地，把建筑馆屋顶的雨水收集汇聚到这个人工湿地里，通过专门选择和搭配的水生植物的根系对所收集到的雨水进行净化，使其水质满足景观用水的标准。

场地内的人工湿地分成两部分，西侧为水生植物净化区，东侧为蓄水景观区。下雨时，屋面的雨水首先通过雨落管汇集到西侧的水生植物净化区，然后再进入东侧的蓄水景观区，并用水泵使水体不断地循环，以保持水体的水质。

在超低能耗楼的场地和环境设计中，在有限的范围内采用了植被屋面和人工湿地的方式，对生态环境进行补偿，减少建筑的热岛效应，尽量避免因为建造活动对环境造成的负面影响。

由于超低能耗楼西墙的南侧与建筑馆紧邻，在这里无法开窗，采光通风都难以实现，在楼梯间顶部设计一个天窗，并与热压通风井道结合，巧妙地同时解决了自然采光和自然通风的问题。

2.结构形式

超低能耗除地下室部分为现浇钢筋混凝土结构外，其主体建筑地上部分采用了钢框架结构体系。地上部分结构体系采用钢梁、钢柱和现浇钢筋混凝土楼板、屋面板，楼板位于主梁的下翼缘，屋面板则位于主梁的上翼缘以上。钢框架梁横向最大跨度为 10.4m，纵向跨度为 6.3m，钢柱为 400m×400mm 箱型柱，主梁及次梁为日型钢，主梁梁高为 1050mm。主梁腹板上所开圆孔及桁架杆件的间隙中可以穿行新风管道、电缆桥架和水管等。

超低能耗楼的维护体系设计采用了"智能型"的维护结构。这种"智能型"的建筑围护体系可以根据外界不同的气候条件，调整自身的工作状态，从而适应气候条件的变化和室内环境控制要求的变化。超低能耗楼在建筑围护体系的设计上，使用了多种具有不同针对性的技术来满足高标准的节能要求。

3.可调节外遮阳百叶

在超低能耗楼层的立面设计中，南立面东侧采用了可调节的水平外遮阳百叶与高性能玻璃幕墙配合的方式。水平外遮阳百叶采用叶片宽度为 600mm 的大型金属百叶，玻璃幕墙所选用的玻璃为 5mm+6A+4mm+V+4mm+6A+5mm 双中空加真空 Low-e 玻璃，其上设计有可开启的平开窗扇。在东立面上，与外遮阳百叶配合的玻璃幕墙则采用了 4mm+9A+5mm+9A+4mm 的双中空双 Low-e 玻璃。

4. 生态舱

在建筑四层北部设置生态舱，将绿色植物引入室内，创造与自然接触的人性化空间。在生态舱的斜玻璃屋顶内外分别安装卷帘式内遮阳和外遮阳。在夏季白天，两道卷帘同时放下，可以形成一个类似双层皮幕墙的结构。其间的空腔宽度约为 1000mm，底部的上悬窗开启作为进风口，顶部设有三个出风的烟囱，这样，就可以形成热压通风的状态，避免生态舱夏季温度过高。

5. 相变蓄热地板

在超低能耗楼的设计中，为了增加建筑的热情性，采用了相变蓄热地板的方案设计，将相变温度为 20 ～ 22℃的定型相变材料（用石蜡作为芯材，高分子材料作为支撑和密封材料，将石蜡包在其组成的一个个微空间中，在相变材料发生相变时，材料能保持一定的形状）放置于常规地板下侧作为蓄热体，减少室内的温度差。冬季白天，相变蓄热地板可以蓄存直射进入室内的阳光辐射热；晚上时，材料相变向室内放出蓄存的热量，使室内房间的昼夜温度波动在 6℃以内。

二、室内环境控制技术

1. 湿热独立控制的空调系统

为满足节能的要求，在建筑中采用热湿独立处理的方式，将室内热湿负荷分别处理。新风通过液体除湿设备的处理，提供干燥新风，用来消除室内的湿负荷，同时，满足室内人员的新风要求。室内显热负荷用 18℃的冷水消除（常规空调采用 79 的冷冻水），空调系统节能效果显著。同时，热湿独立控制的空调系统通过送干燥新风降低室内湿度，在较高温度下也可以实现同样的热舒适水平，并彻底改变了高湿度带来的空气质量问题。

对于温湿度独立控制空调系统，在温度控制中的冷热源，冬天采用 22 ～ 24℃低温热水，夏天采用 18~20℃高温冷水。而温度控制的末端则采用干式空调末端（毛细管式辐射板、贯流型干式风机盘管、改进型干式风机盘管）。在湿度控制中，由溶液除湿全热回收新风机组提供干燥新风。新风系统采用置换通风形式（下送风用的地板送风器、设上下两组回风口的回风柱）、工位置换通风、个性化送风末端等。

2. 室内自然通风控制

根据建筑本身及周围环境的特点，建筑二、三、四层北侧利用风压进行通风，建筑二、三、四层的南侧及一层全部利用热压进行自然通风。在热压通风系统的设计中，结合楼梯间和走廊设置三个通风竖井，分别负责不同楼层的热压通风，保证每个楼层的换气次数达到设计值，并在热压通风竖井顶端设计玻璃的集热顶，利用太阳能强化通风。风压通风的设计比较简单，在建筑物表面正压区和负压区的适当部位设置通风开口，使室外空气可以顺畅地贯穿流过建筑内部。

3. 光导纤维与地下室照明

在超低能耗楼中采用三种阳光传导技术：结合楼梯间利用聚光传导设备把自然光传导到地下室；利用光导纤维把自然光传导到地下室；利用光导管把自然光传导到四层和生态舱夹层。目前，在超低能耗楼中已经安装和使用了可以自动跟踪太阳方向的阳光收集装置和光导纤维技术，能够把阳光最大限度地传导到地下室，使地下室也可以获得自然光照明。

三、建筑能源系统

1. 楼宇式热电冷三联供

超低能耗楼采用楼宇式热电冷三联供系统，大楼所发电力除供本楼使用，还可以并入校园电网供校内其他建筑使用。在建筑中未来打算采用固体燃料电池热冷电三联供系统，容量为 50kW，尖峰电负荷由电网补充，其总的热能利用效率可达到 85%，其中，发电效率 43%，二氧化硫和氮氧化合物可以做到零排放。在燃料电池设备到位以前先使用一台 125kW 卡特彼勒内燃机和一台 20kW 斯特林发动机作为替代方案。

2. 液体除湿系统

液体除湿系统由太阳能驱动，采用集中再生的方式，并使用蓄存溶液的蓄能装置。通过把溴化锂浓溶液送入各楼层中新风机的除湿器中，对新风进行除湿处理，浓溶液吸收空气中的水分以后变为低浓度的溶液，低浓度的溶液经太阳能或内燃机废热驱动再生后循环使用。太阳能再生系统的再生器布置在与超低能耗楼紧邻的建筑屋面上，总面积约为 250m²，低浓度溶液在这里再生为浓溶液。

3. 浅层地热能应用

清华大学校园东区地表浅层温度基本稳定在 15℃，通过在土壤里埋设地管进行热交换，可以获取温度为 16~18℃ 的冷水，通过这种方式，在夏季就可以直接获取冷水供给辐射盘管，而不需要制冷剂。

清华大学超低能耗示范楼的生态设计理念、生态策略和节能技术，可以成为生态建筑设计的技术支持，但在实际应用中，必须结合实际，因地制宜。由于超低能耗的建筑本身是作为一个实验建筑，其中使用的一些技术尚没有在实际工程中广泛采用，通过这个建筑也可以评测一下这些技术的实际使用效果。

结　语

　　"建筑电气"属于建筑技术科学学科，是建筑电气类专业、建筑类专业、建筑环境专业、给水排水专业的特色课程。建筑电气技术是随着建筑技术、电气科技的发展而发展的，尤其是随着信息技术的提高，建筑技术实现了飞跃性的发展。建筑电气是以建筑为平台，以现代电气技术、计算机技术，通信技术及智能化技术为手段，来创造、维护和改善室内空间的电、光、热、声以及通信和管理环境的一门科学，它能使建筑物更充分地发挥其特点，实现其功能。

　　目前阶段我国的建筑施工技术逐步完善，而该工程项目中的排水施工工程一直受到广泛关注。要想排水工程质量有所提高，就应加大监管力度。全面从技术上、建材设备上，以及施工人员的专业素质上入手，只有解决这些难题，监管工作才能高效进行，我国的排水工程也能够随之优化完善。

　　随着社会公众环保意识的增强，要想实现暖通设备节能环保、节能减排，就应该根据工程实际情况使用新型的空调技术，提高设备的性能及对可再生能源和二次能源的利用率，可推广使用更多的暖通空调新技术，提高建筑物内供冷供热效果。

　　总而言之，在建筑市场竞争日益激烈的当下，极高的施工技术管理水平已然成了各施工企业的核心竞争力，即便一个企业资金再充足，但若没有优秀的技术管理技术那么也很难在激烈的市场竞争中占有一席之地，正所谓管理是一个企业的核心竞争力。因此，对于广大施工企业而言要对建筑施工技术管理引起高度重视，要不断建立健全技术管理体系，并广泛学习和借鉴他人先进经验和优势，从而更好地促进企业的发展、为社会做出更大的贡献。

参考文献

[1] 邵莹. 建筑电气施工中的漏电保护技术初探 [J]. 四川水泥 ,2021(08):129-130.

[2] 王新羽. 建筑工程施工中排水系统施工技术研究 [J]. 科技经济导刊 ,2021,29(22):74-75.

[3] 郭凯丽. 建筑电气自动化系统安装的施工技术探讨 [J]. 石河子科技 ,2021(04):15-16.

[4] 张美荣. 暖通空调温度控制系统设计 [J]. 电子制作 ,2021(15):76-78.

[5] 徐军红. 绿色建筑给水排水的节水途径及技术应用 [J]. 中华建设 ,2021(08):110-111.

[6] 胡晓勇. 高层建筑给排水设计施工及管道安装施工工艺 [J]. 科技风 ,2021(21):116-117.

[7] 黄晓东. 建筑给水排水设计标准的应用分析 [J]. 江西建材 ,2021(07):85-86.

[8] 颜晓昌. 建筑暖通空调系统安装的主要问题及解决对策 [J]. 江西建材 ,2021(07):159-160.

[9] 邵莹. 建筑电气中的低压电气安装技术分析 [J]. 江西建材 ,2021(07):232+234.

[10] 苏剑虹. 暖通空调设备安装施工问题探析 [J]. 江西建材 ,2021(07):236-237.

[11] 潘技. 浅析智慧城市建设下建筑电气与智能化专业的发展 [J]. 江西建材 ,2021(07):290+292.

[12] 王胜军. 民用建筑电气施工中防雷接地保护问题探析 [J]. 广西城镇建设 ,2021(07):96-97.

[13] 丁杰. 建筑电气设计中的消防配电设计方案研究 [J]. 中国设备工程 ,2021(14):96-97.

[14] 吴长柏. 建筑电气设计及智能化分析 [J]. 智能建筑与智慧城市 ,2021(07):108-109.

[15] 刘译泽. 建筑电气智能化系统联动控制技术 [J]. 智能建筑与智慧城市 ,2021(07):112-113.

[16] 李小会. 夏热冬暖地区暖通空调节能优化设计分析 [J]. 低碳世界 ,2021,11(07):116-117.

[17] 民用建筑电气设计标准实施指南全国零售窗口开启 [J]. 建筑电气 ,2021,40(07):11.

[18] 吴旭辉 , 王春燕. 装配式建筑电气设计关键技术分析 [J]. 建筑电气 ,2021,40(07):42-47.

[19] 张国强. 浅析建筑暖通空调工程的节能减排设计 [J]. 房地产世界 ,2021(14):55-57.

[20] 张目明. 暖通空调工程中制冷系统管道设计及施工技术研究 [J]. 居舍 ,2021(21):90-

91.

[21] 巨怡雯. 绿色建筑暖通空调设计研究 [J]. 绿色环保建材,2021(07):53-54.

[22] 韩辉. 建筑工程给水排水施工中消防水系统安装策略研究 [J]. 居业,2021(07):116-117.

[23] 魏家财. 建筑给水排水工程质量控制的探讨关键分析 [J]. 居业,2021(07):160-161.

[24] 于明正,林勤豪. 高层建筑给排水消防设计关键技术探究 [J]. 大众标准化,2021(13):46-48.

[25] 王剑儒. 同层排水在现代建筑中的运用分析 [J]. 四川水泥,2021(07):320-321.

[26] 朱要,诸恒. 浅谈高层建筑给水排水的优化设计 [J]. 居舍,2021(19):97-98.

[27] 张金玲. 暖通空调系统制冷管道安装的管理措施分析 [J]. 居舍,2021(19):135-136.

[28] 韩苗苗. 建筑给水排水工程教学中线上线下结合的应用分析 [J]. 中国新通信,2021,23(13):235-237.

[29] 陈振湘. 建筑暖通空调节能问题及对策分析 [J]. 中国设备工程,2021(12):217-218.

[30] 于欣. 机电安装工程暖通空调新技术及发展趋势探索 [J]. 中国设备工程,2021(12):231-232.